高等职业教育系列教材

自动调速系统

主　编　何姣　王伟
副主编　陆祝琴　王晋陶
参　编　陆钦锋　霍亮

机械工业出版社

本书以自动化领域电动机调速技术职业岗位所要求的知识和技能为主线，以训练学生构建调速系统的工程能力为目标，由浅入深、层层递进地展开教材内容。直流电动机调速包括智能小车开环直流调速系统的安装与调试、单闭环直流调速系统的安装与调试、双闭环直流调速系统的设计与仿真；交流电动机调速包括生产线多段速运行系统的安装与调试、智能变频恒压供水系统的安装与调试、自动涂装系统的安装与调试。交流电动机调速部分介绍了目前应用较广的交流异步电动机调速及变频原理、西门子变频器的运行方式与功能。

本书适合作为高职高专电气自动化技术、机电一体化技术等相关专业的教材，也适合作为自动化设备维护、维修人员自学和提高维修工作效率与技能的参考书。

本书配有微课视频，可扫描书中二维码直接观看，还配有授课电子课件、习题答案等，需要的教师可登录机械工业出版社教育服务网 www.cmpedu.com 免费注册后下载，或联系编辑索取（微信：13261377872，电话：010-88379739）。

图书在版编目（CIP）数据

自动调速系统 / 何姣，王伟主编 . -- 北京：机械工业出版社，2025.2. --（高等职业教育系列教材）. ISBN 978-7-111-77352-8

Ⅰ . TM921.5

中国国家版本馆 CIP 数据核字第 20251FB271 号

机械工业出版社（北京市百万庄大街 22 号　邮政编码 100037）
策划编辑：曹帅鹏　　　　　责任编辑：曹帅鹏　赵小花
责任校对：张昕妍　刘雅娜　责任印制：常天培
北京机工印刷厂有限公司印刷
2025 年 3 月第 1 版第 1 次印刷
184mm×260mm · 12 印张 · 310 千字
标准书号：ISBN 978-7-111-77352-8
定价：49.00 元

电话服务　　　　　　　　　网络服务
客服电话：010-88361066　　机　工　官　网：www.cmpbook.com
　　　　　010-88379833　　机　工　官　博：weibo.com/cmp1952
　　　　　010-68326294　　金　书　网：www.golden-book.com
封底无防伪标均为盗版　机工教育服务网：www.cmpedu.com

前言

"自动调速系统"课程是高等职业院校电气自动化技术等专业的一门专业核心课程,它针对工业生产中的电力拖动系统,以自动控制理论为基础,交直流电动机为控制对象,系统地介绍典型自动控制系统分析和参数整定的方法,以及在工业应用中必须注意的有关问题。目前,现有的关于自动调速系统的教材及参考书,主要以电路设计为主,存在理论较深、缺乏实际应用分析等不足之处,并不完全适合高职院校的教学模式。

本书介绍了智能小车开环直流调速系统的安装与调试、单闭环直流调速系统的安装与调试、双闭环直流调速系统的设计与仿真、生产线多段速运行系统的安装与调试、智能变频恒压供水系统的安装与调试、自动涂装系统的安装与调试等内容,知识点编排上遵循从易到难的规律,既避免部分教材因仪器设备的限定而造成应用的局限,又改进了部分教材对应用重视不足的弊端,帮助读者对工业自动化调速系统建立一个相对完整的认识。

本书充分考虑了高等职业教育的教学目标和学生学习模式的特点,选取了工业生产中广泛应用的交直流控制装置,将理论知识分析与实际应用相结合,以项目的形式编写,使学生在项目中学习理论,促进理论知识的融会贯通。此外,本书还引入了"1+X"职业技能等级证书相关内容和技能大赛中的知识点,注重实践应用能力的培养,为技能提升奠定基础。

采用"互联网+"新型教材模式是本书的一个重要特色,编者录制了40个微课视频资源,这些微课视频资源是对教材应用性的拓展,读者可以通过扫描书中的二维码来观看。此外,本书还配套了教学用PPT、习题库和试卷库。

本书由贵州电子科技职业学院何姣、王伟主编。其中,项目1～3由何姣编写,项目4～6由王伟编写,全书技能测试由陆祝琴编写,全书检查评议、问题与思考由王晋陶编写,全书故障及处理由贵州红阳机械有限责任公司陆钦锋编写,全书任务分工与实施计划表由霍亮编写,全书由何姣负责统稿。在编写过程中,参考了一些同行的著作并引用了一些资料,在此一并表示衷心的感谢。

由于编者水平有限,若有错漏之处,恳请各位读者给予指正。

编　者

目 录

前言

项目 1 智能小车开环直流调速系统的安装与调试 ……………… 1
1.1 项目描述 ……………………………… 1
1.2 相关知识 ……………………………… 3
   1.2.1 直流电动机的原理和结构 ………… 3
   1.2.2 直流电动机调速的发展历程 ……… 6
   1.2.3 直流电动机的调速方法 …………… 8
   1.2.4 开环直流调速系统 ……………… 11
   1.2.5 P-N MOS 管 H 桥驱动 …………… 17
1.3 项目准备 ……………………………… 18
1.4 项目实施 ……………………………… 19
   1.4.1 硬件选型 ………………………… 19
   1.4.2 焊接工艺流程 …………………… 21
   1.4.3 驱动板硬件调试 ………………… 23
   1.4.4 项目测试 ………………………… 24
1.5 检查评议 ……………………………… 26
1.6 故障及处理 …………………………… 27
1.7 问题与思考 …………………………… 28
1.8 技能测试 ……………………………… 29

项目 2 单闭环直流调速系统的安装与调试 …………………… 31
2.1 项目描述 ……………………………… 31
2.2 相关知识 ……………………………… 32
   2.2.1 单闭环直流调速系统 …………… 32
   2.2.2 无静差转速负反馈直流调速系统 … 40
   2.2.3 其他形式的单闭环调速系统 …… 44

2.3 项目准备 ……………………………… 49
2.4 项目实施 ……………………………… 50
   2.4.1 硬件选型 ………………………… 50
   2.4.2 硬件焊接与调试 ………………… 52
   2.4.3 单片机软件编程 ………………… 55
   2.4.4 项目测试 ………………………… 55
2.5 检查评议 ……………………………… 56
2.6 故障及处理 …………………………… 57
2.7 问题与思考 …………………………… 58
2.8 技能测试 ……………………………… 58

项目 3 双闭环直流调速系统的设计与仿真 …………………… 60
3.1 项目描述 ……………………………… 60
3.2 相关知识 ……………………………… 61
   3.2.1 双闭环直流调速系统的构成 …… 61
   3.2.2 双闭环直流调速系统的静特性分析 …………………… 65
   3.2.3 双闭环直流调速系统的起动过程分析 …………………… 68
   3.2.4 双闭环直流调速系统的动态性能 … 69
3.3 项目准备 ……………………………… 72
   3.3.1 直流电动机参数 ………………… 72
   3.3.2 电流调节器 ACR 的设计 ………… 72
   3.3.3 转速调节器 ASR 的设计 ………… 73
3.4 项目实施 ……………………………… 74
   3.4.1 仿真模型的建立 ………………… 75

3.4.2　仿真结果分析 ································· 75
　3.5　检查评议 ··· 76
　3.6　故障及处理 ··· 77
　3.7　问题与思考 ··· 77
　3.8　技能测试 ··· 78

项目 4　生产线多段速运行系统的
　　　　　安装与调试 ································· 81

　4.1　项目描述 ··· 81
　4.2　相关知识 ··· 82
　　　4.2.1　三相异步电动机 ····························· 82
　　　4.2.2　三相异步电动机调速 ······················· 88
　　　4.2.3　三相异步电动机常见控制电路 ······ 95
　4.3　项目准备 ··· 100
　4.4　项目实施 ··· 101
　　　4.4.1　硬件选型 ······································ 101
　　　4.4.2　硬件安装 ······································ 102
　　　4.4.3　参数设置 ······································ 103
　　　4.4.4　PLC 编程 ····································· 104
　　　4.4.5　系统调试 ······································ 104
　4.5　检查评议 ··· 105
　4.6　故障及处理 ······································· 106
　4.7　问题与思考 ······································· 107
　4.8　技能测试 ··· 107

项目 5　智能变频恒压供水系统的
　　　　　安装与调试 ······························· 110

　5.1　项目描述 ··· 110
　5.2　相关知识 ··· 112
　　　5.2.1　变频器基本概述 ··························· 112
　　　5.2.2　MM420 变频器 ···························· 119
　　　5.2.3　G120C 变频器 ····························· 124

　5.3　项目准备 ··· 128
　5.4　项目实施 ··· 129
　　　5.4.1　硬件选型 ······································ 129
　　　5.4.2　硬件安装 ······································ 130
　　　5.4.3　参数设置 ······································ 130
　　　5.4.4　系统调试 ······································ 132
　5.5　检查评议 ··· 132
　5.6　故障及处理 ······································· 134
　5.7　问题与思考 ······································· 134
　5.8　技能测试 ··· 134

项目 6　自动涂装系统的
　　　　　安装与调试 ······························· 137

　6.1　项目描述 ··· 137
　6.2　相关知识 ··· 143
　　　6.2.1　伺服系统概述 ······························· 143
　　　6.2.2　伺服电动机 ··································· 148
　　　6.2.3　步进电动机驱动器 ························ 159
　　　6.2.4　伺服驱动器 ··································· 162
　6.3　项目准备 ··· 175
　6.4　项目实施 ··· 175
　　　6.4.1　硬件选型 ······································ 176
　　　6.4.2　电路设计 ······································ 177
　　　6.4.3　参数设置 ······································ 179
　　　6.4.4　软件编程 ······································ 180
　　　6.4.5　项目测试 ······································ 181
　6.5　检查评议 ··· 182
　6.6　故障及处理 ······································· 183
　6.7　问题与思考 ······································· 183
　6.8　技能测试 ··· 184

参考文献 ·· 186

项目 1

智能小车开环直流调速系统的安装与调试

学习目标

■ **知识目标**

- 了解直流电动机调速的 3 种方法及其主要特点。
- 了解直流调速所经历的 3 个发展阶段。
- 了解直流调速系统的性能指标,掌握调速范围、静差率两个稳态性能指标的含义及其相关计算。

■ **技能目标**

- 掌握开环直流调速系统的构成及其特点。
- 掌握开环机械特性的含义。
- 能在实验室熟练完成开环调速系统的接线和调试,会测试开环机械特性。

■ **素养目标**

- 认识维护社会稳定的重要意义及个人责任。
- 培养爱国意识。

1.1 项目描述

1. 开环和闭环

人被蒙住眼去拿杯子相当于开环控制系统,睁眼拿杯子相当于闭环控制系统,如图 1-1 所示。

开环控制是指控制装置与被控对象之间只有顺向作用而没有反向联系的控制过程,按这种方式组成的系统称为开环控制系统。闭环控制是将输出量直接或间接反馈到输入端形成闭环、参与控制的控制方式。

图 1-1 开环和闭环

2. 智能小车开环直流调速驱动电路设计

直流电动机控制系统一般由控制器、电动机驱动模块及电动机 3 个主要部分组成。驱动不但要求电动机驱动系统具有高转矩重量比、宽调速范围、高可靠性,而且由于电动机

的转矩 – 转速特性受电源功率的影响，这就要求驱动具有尽可能宽的高效率区。

直流电动机驱动电路由 4 片 BTN7971B 构成 H 桥，为了增大驱动能力，减少驱动芯片发热量，电路采用两片 BTN7971B 并联的方案。通过控制 P–N MOS 管的导通和关断实现正反转，并控制输入的 PWM 波的占空比来调节电动机两端的平均电压，达到控制电动机转速的目的。开环直流调速驱动原理图如图 1-2 所示，开环直流调速驱动 PCB 设计图如图 1-3 所示。

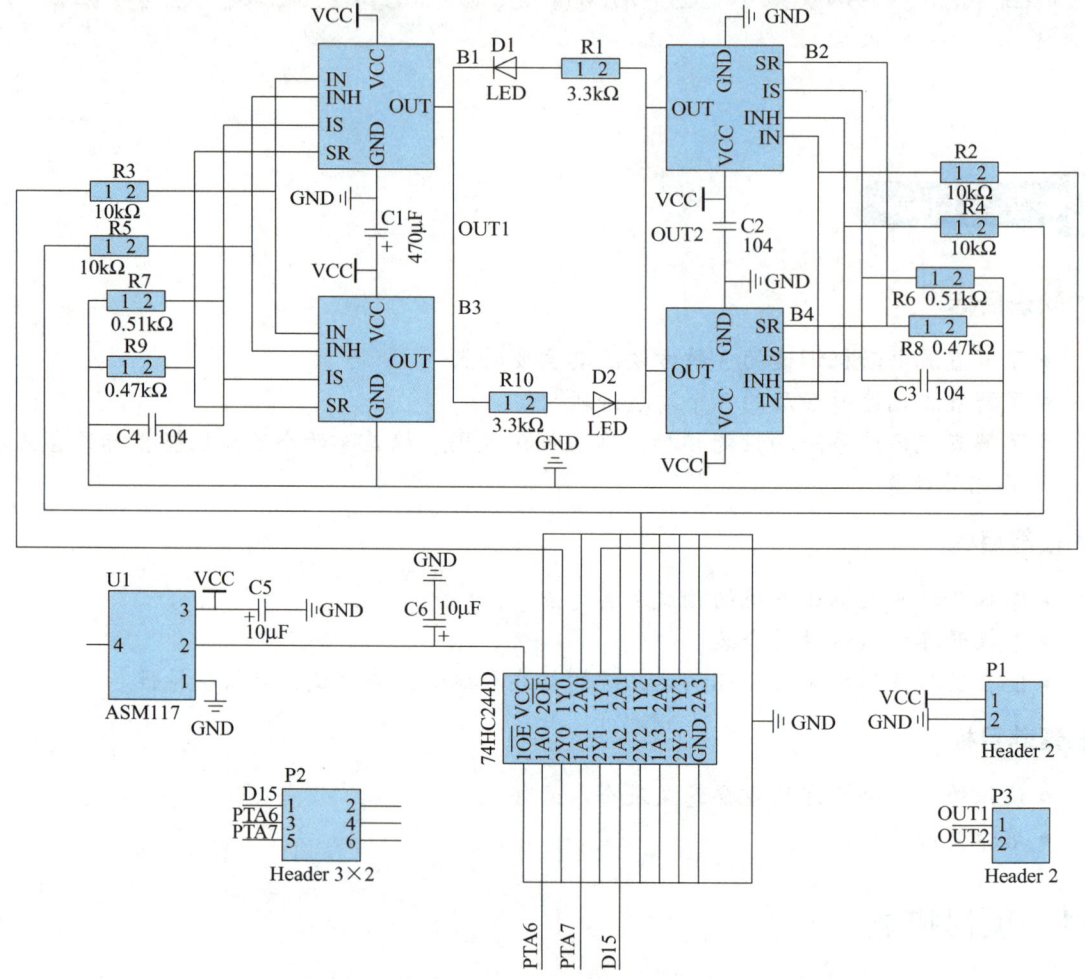

图 1-2 开环直流调速驱动原理图

3. 智能小车开环直流调速控制目标

PWM（脉冲宽度调制）控制通常配合桥式驱动电路实现直流电动机调速，电动机的转速与电动机两端的电压成正比，而电动机两端的电压与控制波形的占空比成正比，因此电动机的转速与占空比成正比，占空比越大，电动机转得越快，当占空比 $\alpha=1$ 时，电动机转速最大。

BTN7971B 的 INH 引脚为高电平，使能 BTN7971B。IN 引脚用于选定 MOSFET 导通。IN=1 且 INH=1 时，高边 MOSFET 导通，OUT 引脚输出高电平；IN=0 且 INH=1 时，低边 MOSFET 导通，OUT 引脚输出低电平。在 BTN7971B 使能的情况下，控制系统调节 PWM 输出参数，即可完成电动机的正反转和调速功能。

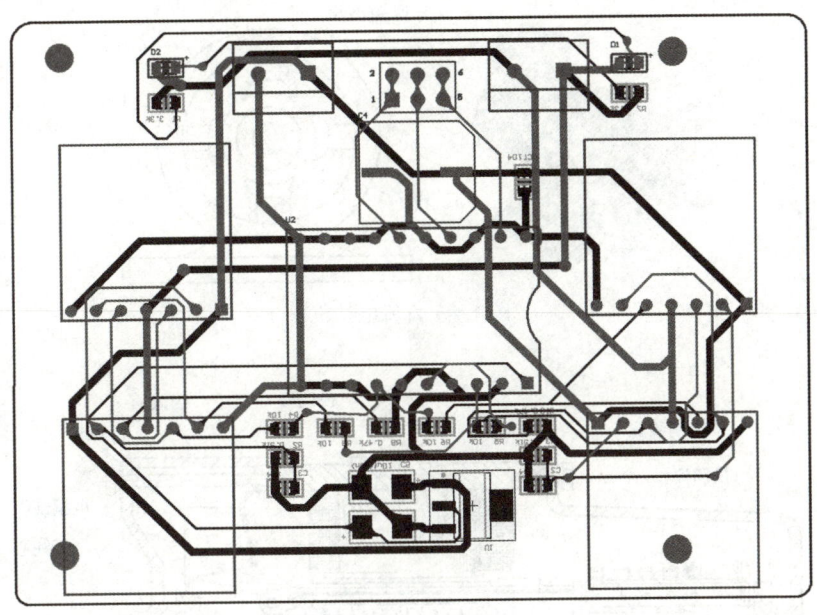

图 1-3　开环直流调速驱动 PCB 设计图

1.2　相关知识

调速就是通过改变电动机或电源的参数使电动机的转速按照控制要求发生改变或保持恒定。调速有两层含义：一是变速控制，即让电动机的转速按照控制要求改变；二是稳速控制，当控制要求没有改变时，系统受到外界干扰，电动机的转速应保持相对恒定，即调速系统应具有抗干扰能力。调速技术广泛应用于各个领域的生产过程中，调速系统性能的好坏直接关系到产品加工精度、质量和生产效率的高低。

直流调速系统是以直流电动机为受控对象，按生产工艺对电动机转速进行控制的电力拖动系统。由于直流电动机具有起动、制动性能好，调速范围宽的特点，因此直流调速系统广泛应用于轧钢、造纸等行业。但是随着电力电子技术和控制技术的发展，交流电动机的变频调速技术得到快速发展，交流调速系统性能也日趋完善，逐渐占据电力拖动控制系统的主导地位。

1.2.1　直流电动机的原理和结构

直流电动机是指能将直流电能转换成机械能的旋转电动机。电动机定子提供磁场，直流电源向转子的绕组提供电流，换向器使转子电流与磁场产生的转矩保持方向不变。它是能实现直流电能和机械能转换的电动机。直流电动机如图 1-4 所示。

1. 直流电动机外形结构

直流电动机由静止的定子和旋转的转子两大部分构成。

定子包括主磁极、机座、换向极、电刷装置等，分为永磁式（由永久磁铁制成）和励磁式（磁极上绕线圈，然后在线圈中通过直流电，形成电磁铁）两种；转子包括电枢铁心、电枢绕组、换向器、轴和风扇等。直流电动机结构如图 1-5 所示。

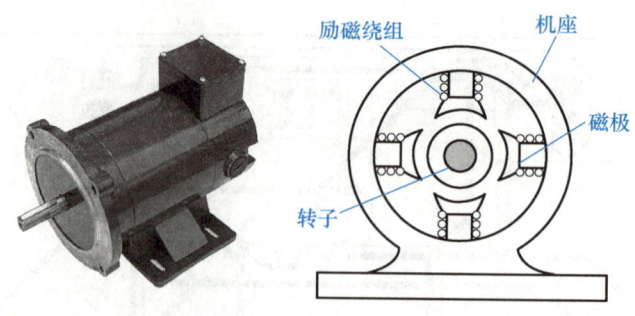

图 1-4 直流电动机

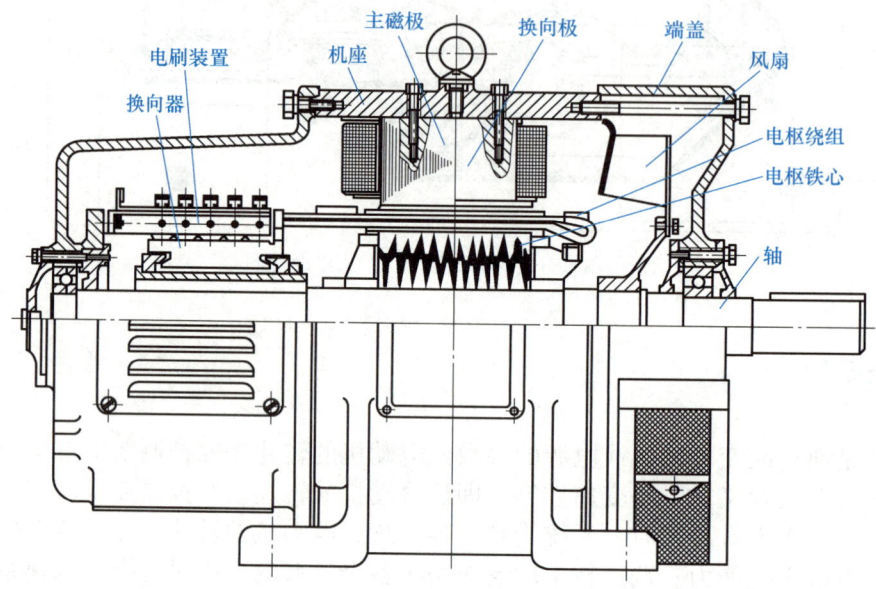

图 1-5 直流电动机结构

（1）定子部分

主磁极：在大多数直流电动机中，主磁极是电磁铁，为了尽可能减小涡流和磁滞损耗，主磁极铁心用 1～1.2mm 厚的低碳钢板叠压而成。整个磁极用螺钉固定在机座上。主磁极的作用是在定、转子之间的气隙中建立磁场，使电枢绕组在此磁场的作用下产生感应电动势和电磁转矩。

换向极：又称附加极或间极，其作用是改善换向。换向极装在相邻两主磁极之间，也由铁心和绕组构成。

机座：机座的作用一是作为电动机磁路系统中的一部分，二是用来固定主磁极、换向极及端盖等，起机械支承的作用。因此要求机座有好的导磁性能及足够的机械强度与刚度。机座通常用铸钢或厚钢板焊成。

电刷装置：电刷的作用是把转动的电枢绕组与静止的外电路相连接，并与换向器相配合，起到整流或逆变器的作用。

（2）转子部分

电枢铁心：电动机主磁路的一部分，用来嵌放电枢绕组，为了减少电枢旋转时电枢铁心中因磁通变化而引起的磁滞及涡流损耗，电枢铁心通常用 0.5mm 厚的两面涂有绝缘漆的硅钢片叠压而成。

电枢部分：电枢部分的作用是通过切割磁感线产生电磁转矩和感应电动势，实现机械能与电能互相转换。电枢绕组由许多线圈、玻璃丝包扁钢铜线或强度漆包线构成。

换向器：又称整流子，在直流电动机中，它的作用是将电刷上直流电源的电流变换成电枢绕组内的电流，使电磁转矩的方向稳定不变。在直流发电机中，它将电枢绕组内的沟通电动势变换为电刷端上输出的直流电动势。

2. 直流电动机功能概述

直流电动机虽然比三相交流异步电动机结构复杂，维修也不便，但由于它的调速性能较好和起动转矩较大，因此，对调速要求较高或者需要较大起动转矩的生产机械往往采用直流电动机驱动。

3. 直流电动机分类

直流电动机按有无电刷分为无刷直流电动机和有刷直流电动机，按励磁方式（指对励磁绕组供电，产生励磁磁动势而建立主磁场）可以分为永磁式和励磁式两种，励磁式又分为串励直流电动机、并励直流电动机、他励直流电动机、复励直流电动机 4 种类型。

（1）按有无电刷分类

1）无刷直流电动机。无刷直流电动机是将普通直流电动机的定子与转子进行了互换。其转子为永久磁铁产生气隙磁通；定子为电枢，由多相绕组组成。在结构上，它与永磁同步电动机类似。

无刷直流电动机定子的结构与普通的同步电动机或感应电动机相同。在铁心中嵌入多相绕组（三相、四相、五相不等）。绕组可接成星形或三角形，并分别与逆变器的各功率管相连，以便进行合理换相。转子多采用钐钴或钕铁硼等高矫顽力、高剩磁密度的稀土材料。根据磁极中磁性材料所放位置的不同，磁极可以分为表面式磁极、嵌入式磁极和环形磁极。由于电动机本体为永磁电动机，所以习惯上把无刷直流电动机也称为永磁无刷直流电动机。

2）有刷直流电动机。有刷直流电动机的两个刷（铜刷或者碳刷）是通过绝缘座固定在电动机后盖上直接将电源的正负极引入到转子的换相器上，而换相器连通了转子上的线圈，3 个线圈极性不断交替变换，与外壳上固定的两块磁铁形成作用力而使转子转动起来。由于换相器与转子固定在一起，而刷与外壳（定子）固定在一起，电动机转动时，刷与换相器不断发生摩擦，产生大量的阻力与热量，所以有刷电动机的效率低下，损耗非常大。但是，它同样具有制造简单、成本极其低廉的优点。

（2）按励磁方式分类

1）永磁式电动机。永磁式电动机由定子磁极、转子、电刷、外壳等组成。定子磁极采用永磁体（永久磁钢），有铁氧体、铝镍钴、钕铁硼等材料。按其结构形式可分为圆筒型和瓦块型等几种。转子一般采用硅钢片叠压而成，漆包线绕在转子铁心的两槽之间（三槽即有三个绕组），其各接头分别焊在换向器的金属片上。电刷是连接电源与转子绕组的导电部件，具备导电与耐磨两种性能。永磁电动机的电刷使用单性金属片或金属石墨电刷、电化石墨电刷。

2）励磁式电动机。

① 串励直流电动机。串励直流电动机的励磁绕组与电枢绕组串联后，再接于直流电源，接线如图 1-6 所示。这种直流电动机的励磁电流就是电枢电流。

② 并励直流电动机。并励直流电动机的励磁绕组与电枢绕组相并联，接线如图 1-7 所示。作为并励发电机，是电机本身产生的端电压为励磁绕组供电；作为并励电动机，励

磁绕组与电枢共用同一电源，从性能上讲与他励直流电动机相同。

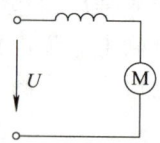

图 1-6　串励直流电动机接线

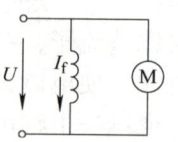

图 1-7　并励直流电动机接线

③ 他励直流电动机。励磁绕组与电枢绕组无连接关系，而由其他直流电源对励磁绕组供电的直流电动机称为他励直流电动机，接线如图 1-8 所示。图中，M 表示电动机。永磁直流电动机也可看作他励直流电动机。

④ 复励直流电动机。复励直流电动机有并励和串励两个励磁绕组，接线如图 1-9 所示。若串励绕组产生的磁动势与并励绕组产生的磁动势方向相同，则称为积复励。若两个磁动势方向相反，则称为差复励。

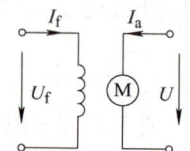

图 1-8　他励直流电动机接线

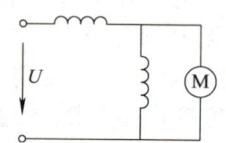

图 1-9　复励直流电动机接线

4. 直流电动机工作原理

图 1-10 所示是直流电动机的基本工作原理图。在不动的磁极 N、S 中间放置电枢线圈，线圈两端分别连在两个换向片上，换向片上压着电刷 A 和 B，将直流电源接在两电刷之间而使电流通入电枢线圈。电流方向：N 极下有效边中的电流总是一个方向，而 S 极下有效边中的电流总是另一个方向。这样才能使两个边上受到的电磁力方向一致，电枢因而转动。因此，当线圈的有效边从 N（S）极转到 S（N）极时，其中电流的方向必须同时改变，以使电磁力的方向不变，而这也必须通过换向片才能实现。电磁力的方向由左手定则确定。

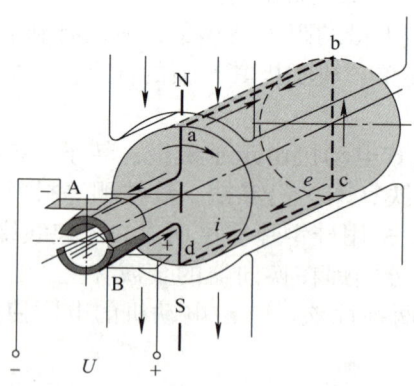

图 1-10　直流电动机基本工作原理图

1.2.2　直流电动机调速的发展历程

直流调速系统是通过改变电动机电枢电压的大小来实现调速

直流电动机调速的发展历程

的,根据获得可调电枢电压方法的不同,将直流调速系统的发展分为 3 个阶段:直流发电机 – 直流电动机调速系统(简称 G–M 调速系统)、晶闸管整流装置 – 直流电动机调速系统(简称 V–M 调速系统)和直流脉宽调速系统(简称 PWM 调速系统)。

1. 变流机组时代(G–M 调速系统)

图 1-11 所示是早期直流电动机的调速方案,称为直流变流机组。系统主要由五大部件组成:原动机、直流发电机、直流电动机、励磁电源和生产机械。其基本工作原理是:一台三相交流电动机拖动一台直流发电机,直流发电机发出直流电,作为直流电动机的供电电源,然后直流电动机拖动生产机械。这样的调速系统就称为直流发电机 – 直流电动机调速系统。通过对励磁电路和放大装置的控制,就能改变直流发电机的输出电压,从而达到控制直流电动机转速的目的。

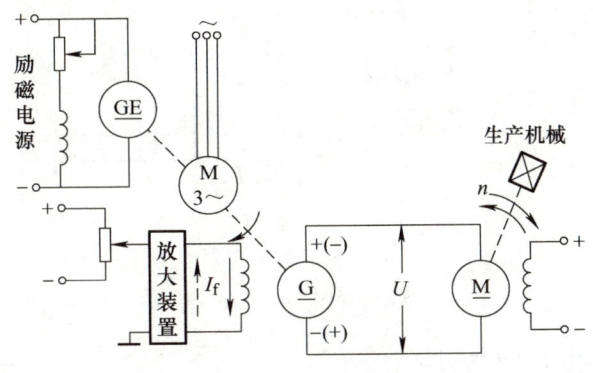

图 1-11 直流变流机组

G–M 调速系统所需设备多,体积庞大,效率低,维护不方便,运行时噪声大,但该系统在 20 世纪 50 年代曾广泛应用,目前在尚未进行设备改造的地方仍沿用这种系统。

2. 相控整流时代(V–M 调速系统)

20 世纪 50 年代末期,随着电力电子技术的早期代表——晶闸管(SCR)的出现,G–M 调速系统逐渐被晶闸管整流装置 – 直流电动机调速系统所代替,直流电动机调压调速技术进入一个新的时期。图 1-12 所示是相控整流电路图。系统由五大部件组成:相控整流器、电抗器、直流电动机、直流励磁控制电路和相控整流器触发电路。其工作原理是:相控整流触发电路根据设定对相控整流器进行控制,输出电压可调的直流电,经电抗器 L 后供给直流电动机。当需要改变直流电动机转速时,只要改变触发电路的触发角,就可实现调速的目的。但是由于晶闸管属于半控型器件,其最大问题就是会对电网造成纹波干扰。

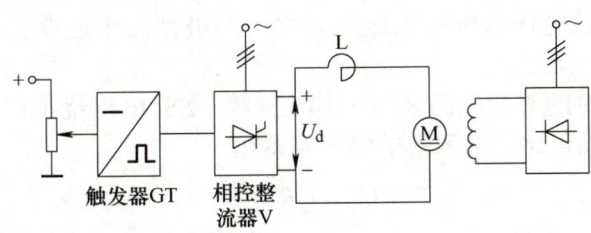

图 1-12 相控整流电路图

3. PWM 变频技术时代（PWM 调速系统）

随着电力电子技术的快速发展，自关断器件（MOSFET、IBGB、GTR、GTO）的开关频率大幅提高。与相控整流器相比，PWM 变换器直流调速系统具有较高的动态性能和较宽的调速范围，其综合性能明显优于相控方式，主要优点如下：

- 主电路结构简单，所需功率器件少。
- 电枢电流连续性好，谐波少，电动机的损耗和发热小。
- 低速性能得到改善，稳速精度提高，因而调速范围增大。
- 系统的频带宽，快速性能好，动态抗干扰能力增强。
- 主电路元件工作在开关状态，导通损耗小。
- 直流电源采用三相可控整流，电网的功率因数提高。

图 1-13 所示是一个典型的 PWM 电路，符号 VT 代表晶体管电子开关。

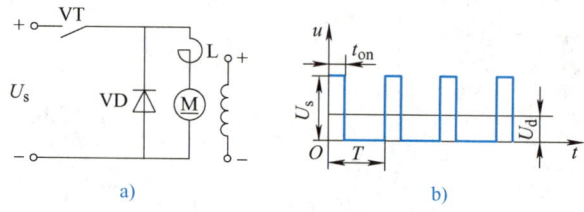

图 1-13 PWM 电路

a）实际电路图　b）电路波形图

1.2.3 直流电动机的调速方法

他励直流电动机的实际电路与稳态运行时的等效电路如图 1-14 所示。

直流电动机的调速方法

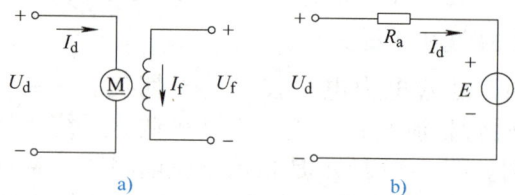

图 1-14 他励直流电动机的实际电路与稳态运行时的等效电路

a）实际电路　b）等效电路

直流电动机的绕组包括电枢绕组和励磁绕组。励磁绕组上加直流励磁电压，产生电动机工作所需的磁通，电枢绕组加电枢电压，电枢绕组中有电流，通电直导线在磁场中受力，带动电动机电枢旋转。通常情况下励磁电压不变，通过调节电枢电压的大小来改变电动机转速。只要电枢电压和励磁电压二者之一的极性发生改变，电动机的转向就随之而变。

电动机稳定运行时的等效电路如图 1-14b 所示，E 为电枢绕组产生的感应电动势，其大小与电动机的转速成正比。由等效电路不难得出

$$U_d = I_d R_a + E \tag{1-1}$$

$$E = K_e \Phi n \tag{1-2}$$

式中　U_d——电枢电压（V）；

I_d——电枢电流（A）；

Φ——励磁磁通（Wb）；

R_a——电枢回路总电阻（Ω）；

K_e——电动机常数，$K_e = \dfrac{pN}{60a}$，p 为电磁对数，a 为电枢并联支路数，N 为导体数。

整理可得直流电动机转速表达式（即机械特性方程）为

$$n = \frac{U_d - I_d R_a}{K_e \Phi} = \frac{U_d}{K_e \Phi} - \frac{I_d R_a}{K_e \Phi} = n_0 - \Delta n \tag{1-3}$$

式中，$n_0 = \dfrac{U_d}{K_e \Phi}$ 为理想空载转速；$\Delta n = \dfrac{I_d R_a}{K_e \Phi}$ 为负载电流引起的转速降。

电动机的转速与 5 个参数有关，其中 K_e 为电动机常数，由电动机结构决定；负载电流由电动机所带负载决定。所以改变他励直流电动机的转速有 3 种方法：改变电枢电压、改变电枢回路电阻、改变磁通。通常只改变 1 个参数，其他参数只保持额定值或固定值。

1. 调压调速

连续改变电枢电压，可以使直流电动机在很宽的范围内实现无级调速。其对应的机械特性方程见式（1-3）。

因为电动机的电枢电压一般以额定电压为上限值，所以电枢电压只能在额定值以下变化。由机械特性方程可知，当电枢电压取不同的值时，对应的理想空载转速改变，机械特性的硬度（或斜率）不变，机械特性曲线如图 1-15 所示。

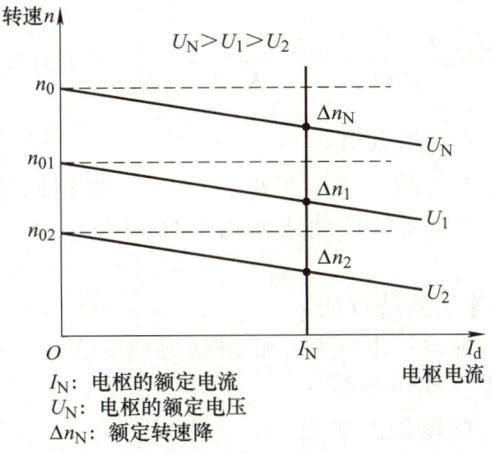

图 1-15　他励电动机调压调速的机械特性曲线

调压调速的特点如下：

1）电枢电压降低，电动机的转速降低；反之，电枢电压升高，电动机的转速升高。

2）电枢电压最大值为额定电压，转速最高值为额定转速。

3）机械特性的硬度不变，即机械特性是一组平行的斜线。

由于获得的机械特性硬度大，调速精度较高，所以调压调速在直流调速系统中应用广泛。在此方法中，由于电动机在任何转速下磁通都不变，只是改变电动机的供电电压，因而在额定电流下，如果不考虑低速通风恶化的影响（也就是假定电动机是强迫通风或为封闭自冷式），则不论在高速还是低速下，电动机都能输出额定转矩，故称这种调速方法为恒转矩调速，这是它的一个极为重要的特点。如果采用反馈控制系统，调速范围可达 50∶1～150∶1，甚至更大。

2. 串电阻调速

串电阻调速即通过改变电枢回路电阻实现调速，如图 1-16 所示。

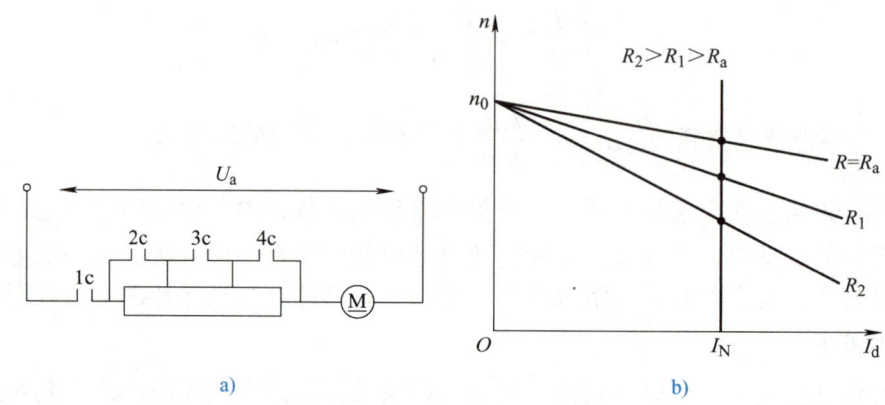

图 1-16　改变电枢回路电阻调速

a）改变电枢电阻调速电路　b）改变电枢电阻调速时的机械特性曲线

各种直流电动机都可以通过改变电枢回路电阻来调速，如图 1-16a 所示。此时转速特性公式为

$$n = \frac{U_d - I_d(R_a + R_{add})}{K_e \Phi} = \frac{U_d}{K_e \Phi} - \frac{R_a + R_{add}}{K_e \Phi} I_d = n_0 - \Delta n \quad (1\text{-}4)$$

式中，R_a 为电枢电阻；R_{add} 为外加电阻。

当负载一定时，随着串入的外接电阻 R_{add} 的增大，电枢回路总电阻 $R=(R_a+R_{add})$ 增大，电动机转速就降低，其机械特性曲线如图 1-16b 所示。R_{add} 的改变可用接触器或主令开关切换来实现。

改变电枢回路电阻调速法的特点如下：

1）保持直流电动机外加电枢电压与励磁磁通为额定值。
2）直流电动机的理想空载转速不变。
3）转速降 Δn 将随 R_{add} 的增加而增大。
4）外加电阻的阻值越大，机械特性的斜率就越大。

这种调速方法为有级调速，调速比一般约为 2∶1，转速变化率大，轻载下很难得到低速，效率低，故现在已极少采用。

3. 弱磁调速

由于直流电动机的额定磁通接近于工作磁通的饱和值，通过改变磁通来调速只能在小于额定磁通的范围内调节，故称为弱磁调速。弱磁调速对应的机械特性方程为

$$n = \frac{U_d}{K_e\Phi} - \frac{R_a}{K_e K_m \Phi^2} T_e = n_0 - \Delta n \qquad (1-5)$$

式中 K_m——由电动机结构决定的转矩常数；

T_e——电动机的电磁转矩（N·m）。

磁通减小时，机械特性曲线的理想空载转速升高，斜率增大，特性曲线的硬度变软，机械特性曲线如图 1-17 所示。

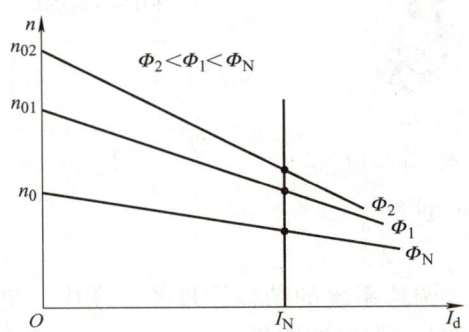

图 1-17 他励电动机弱磁调速的机械特性曲线

弱磁调速的特点如下：

1）可获得高于额定值的转速，磁通越小，转速越高。

2）随着磁通减小，理想空载转速升高。

3）磁通减小，特性的硬度变软。由于其硬度软，调速精度不高，所以弱磁调速一般不单独使用，有时可与调压调速结合，用于获得高于额定值的转速。

以上 3 种调速方法中，最常用的是调压调速。在不做特殊说明的情况下，直流调速均指调压调速。

4. 3 种调速方法的比较

（1）稳定性

1）串电阻调速法只能对电动机转速进行有级调节，转速的稳定性差，调速系统效率低。

2）弱磁调速法能够实现平滑调速，但只能在基速（额定转速）以上的范围内调节转速。

（2）机械特性对比

1）调压调速法所得到的人为机械特性与电动机的固有机械特性平行，转速的稳定性好，能在基速（额定转速）以下实现平滑调速。

2）直流调速系统往往以调压调速法为主，只有当转速达到基速以上时才辅以弱磁调速法。

1.2.4 开环直流调速系统

1. 开环直流调速系统的结构及原理

开环控制系统定义：指控制系统的输入不受输出影响的系统。开环控制系统又称为无反馈控制系统。开环直流调速系统的应用如图 1-18 所示。

开环直流调速系统是控制直流电动机转速的开环控制系统。

自动调速系统

开环直流调速系统特点：结构简单、容易实现、成本较低。
开环直流调速系统的组成如图 1-19 所示。

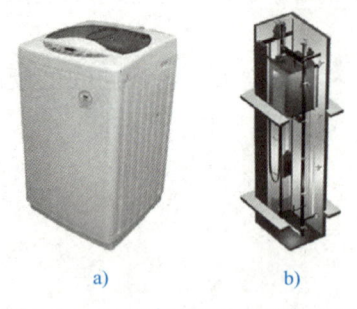

图 1-18 开环直流调速系统的应用
a）自动洗衣机 b）民用电梯

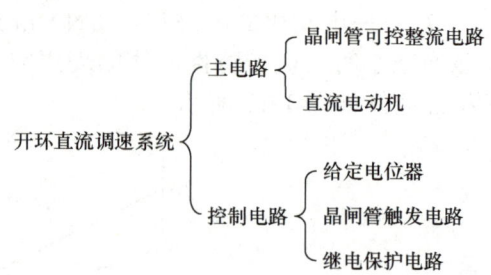

图 1-19 开环直流调速系统的组成

图 1-20 所示为开环直流调速系统的结构原理图。图中，电动机是被控对象，转速 n 是要求实现自动控制的物理量，称为被控量（输出量），给定电压 U_n^* 为系统输入量。当系统输入端给定一个电压 U_n^*（输入量）时，电动机就有一个对应的转速 n（输出量）。当给定电压 U_n^* 增大时，通过触发器 GT 使晶闸管整流装置的控制角 α 减小，晶闸管整流装置输出电压 U_d 增加，电动机的转速增加。

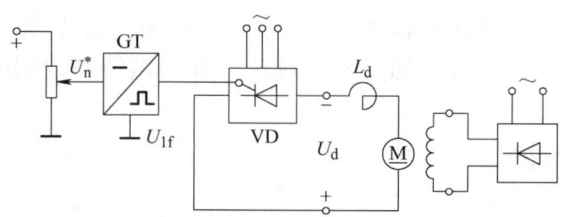

图 1-20 开环直流调速系统的结构原理图

开环控制系统对应的系统框图如图 1-21 所示。图中作用于系统输入端 U_n^* 的量为输入量，作用于被控对象（电动机）U_d 的量称为控制量，转速 n 是要求控制的输出量，亦称为被控量。

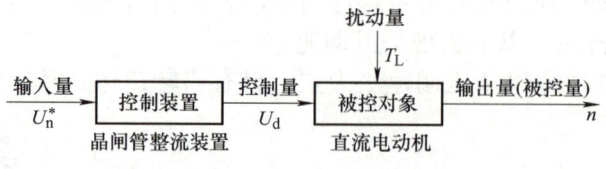

图 1-21 开环控制系统框图

作用于被控对象（电动机）的负载转矩 T_L 称为扰动量。理论上，所有使被控量即转速 n 偏离给定值的因素都是扰动，如电源电压的波动、电动机励磁电流的变化等因素在输入值 U_n^* 不变时，都将引起被控量（转速 n）的变化。

为了分清主次，把各种扰动分为主扰动和次扰动，系统分析时主要考虑主扰动。对于

图 1-20 所示直流电动机控制系统,电动机负载转矩 T_L 为主扰动。上述控制系统输出量(被控量)只能受控于输入量,输出量不反送到输入端参与控制的系统称为开环控制系统。

开环控制系统可以按给定量控制方式组成系统,也可以按扰动控制方式组成系统。图 1-20 所示开环控制系统是按给定量控制的开环控制系统。

按扰动控制的开环控制系统用仪器仪表来测量扰动,使系统按照扰动进行控制,以减小或抵消扰动对输出量的影响,这种开环控制系统也称为前馈控制系统。前馈控制系统是利用可测量的扰动量产生一种补偿作用,能针对扰动迅速调整控制量,使被控量及时得到调整,以提高抗扰动性能和控制精度。

按给定量控制的开环控制系统结构简单、调整方便、成本低,但控制系统抗扰动性能差,控制精度低,往往不能满足生产要求。且由于在加工过程中负载转矩变化而产生不同的转速降,从而引起转速波动,造成加工精度差,不能满足生产要求。为了提高抗扰动性能和控制精度,可采用闭环控制(反馈控制)系统。

2. 晶闸管整流器供电的直流电动机开环调速特性

晶闸管整流器供电由于电流波形的脉动,可能出现电流连续和断续两种情况,这是 V–M 调速系统的又一个特点。当 V–M 调速系统主电路有足够大的电感量,而且电动机的负载也足够大时,整流电流便具有连续的脉动波形。当电感量较小或负载较轻时,在某一相导通后电流升高的阶段里,电感中的储能较少;等到电流下降而下一相尚未被触发以前,电流已经衰减到零,于是,便造成电流波形断续的情况。

当电流连续时,V–M 调速系统的机械特性方程式为

$$U_{d0} = \frac{m}{\pi} U_m \sin\frac{\pi}{m} \cos\alpha \tag{1-6}$$

式中 α ——从自然换相点算起的触发脉冲控制角(°);

U_m——整流电压波形峰值(V);

m——交流电源一周内的整流电压脉波数。

对于不同的整流电路,它们的数值见表 1-1。

表 1-1 不同整流电路的整流电压值

整流电路	单相全波	三相半波	三相全波	六相半波
U_m/V	$\sqrt{2}U_2$	$\sqrt{2}U_2$	$\sqrt{6}U_2$	$\sqrt{2}U_2$
m	2	3	6	6
U_{d0}/V	$0.9U_2\cos\alpha$	$1.17U_2\cos\alpha$	$2.34U_2\cos\alpha$	$1.35U_2\cos\alpha$

改变控制角 α,得一簇平行直线,如图 1-22 所示。图中电流较小的部分画成虚线,表明这时电流波形可能断续,公式已经不适用了。

只要电流连续,晶闸管可控整流器就可以看成是一个线性的可控电压源。

图 1-23 绘出了完整的 V–M 调速系统机械特性,分为电流连续区和电流断续区。由图可见:当电流连续时,特性还比较硬;断续区特性则很软,而且呈显著的非线性,理想空载转速翘得很高。

在进行调速系统的分析和设计时,可以把晶闸管触发和整流装置当作系统中的一个环节来看待。

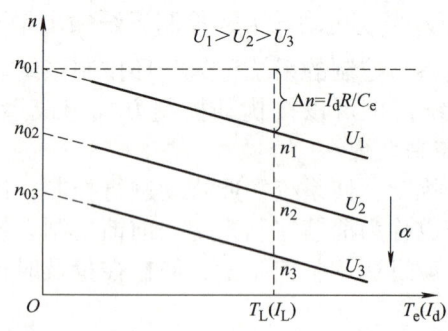
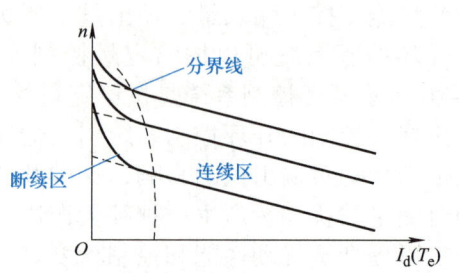

图 1-22　电流连续时 V–M 调速系统的机械特性　　图 1-23　电流断续时 V–M 调速系统的机械特性

在 V–M 调速系统中，脉动电流会产生脉动的转矩，对生产机械不利，同时也增加电动机的发热。为了避免或减轻这种影响，须采用抑制电流脉动的措施，主要有：设置平波电抗器；增加整流电路相数；采用多重化技术。

3. 开环直流调速系统的稳态性能分析

（1）对自动控制系统的性能要求

1）稳定性。系统的稳定性如图 1-24 所示。

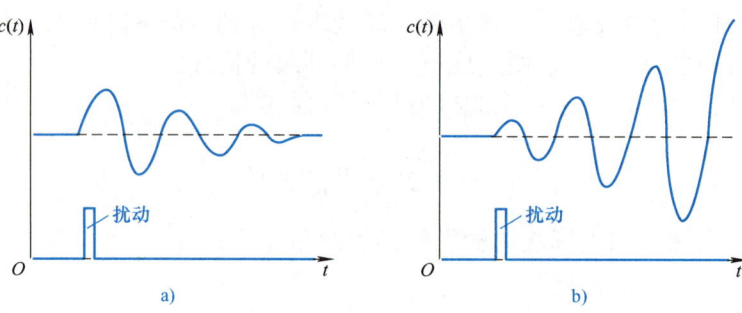

图 1-24　系统的稳定性

a）稳定系统　b）不稳定系统

分析系统稳定性时的注意事项：
- 系统的稳定性分析只针对闭环系统，所以开环系统一般不存在稳定性的问题。
- 通常用最大超调量 σ 和振荡次数 N 作为反映稳定性的性能指标，一般这两个指标数值越小，系统的稳定性就越好。

2）准确性。准确性是指当系统重新达到稳定状态后，其输出量保持的精度，反映了系统的准确程度。一般自动控制系统输出量偏差越小，准确度越高，如图 1-25 所示。

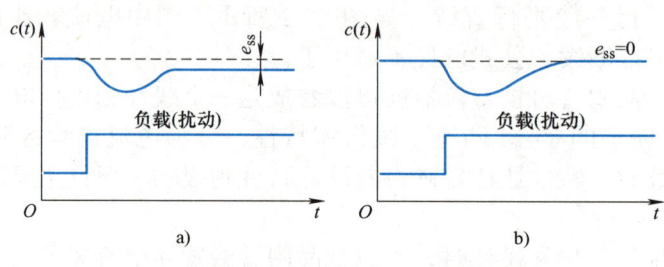

图 1-25　系统的准确性

a）有静差系统　b）无静差系统

3）快速性。快速性是指系统从一种稳定状态达到新的稳定状态过渡时间的长短，如图 1-26 所示。

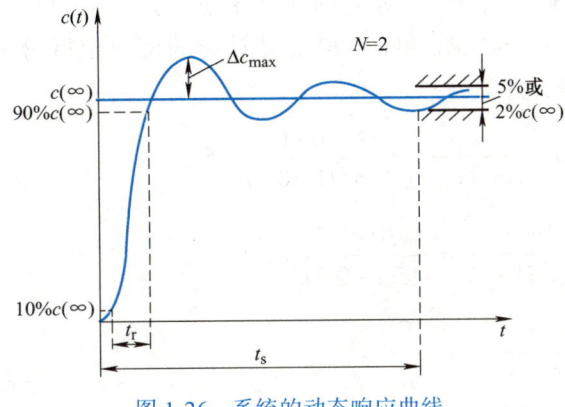

图 1-26　系统的动态响应曲线

（2）调速系统的稳态性能指标

1）调速范围 D。调速范围指电动机在额定负载下，生产机械要求电动机提供的最高转速 n_{max}（一般为额定转速 n_N）和电动机额定负载时的最低转速 n_{min} 之比，即

$$D = \frac{n_{max}}{n_{min}} \tag{1-7}$$

2）静差率 s。调速系统静差率指当电动机在某一转速下运行时，负载由理想空载增加到额定值时所对应的转速降 Δn_N（$\Delta n_N = n_0 - n_N$）与理想空载转速 n_0 之比，即

$$s = \frac{\Delta n_N}{n_0} \times 100\% \tag{1-8}$$

3）静差率与机械特性硬度的区别。硬度相同、静差率不同时的机械特性曲线如图 1-27 所示。

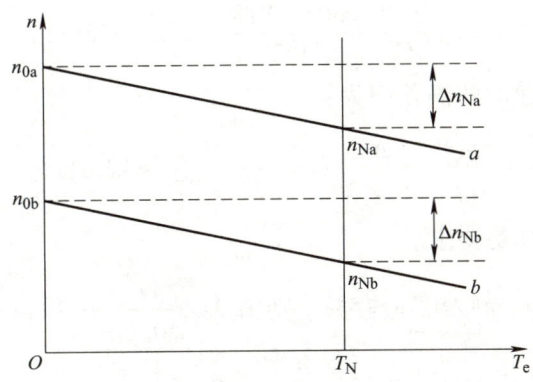

图 1-27　硬度相同、静差率不同时的机械特性曲线

4）调速范围、静差率和额定转速降之间的关系。在直流调速系统中，假设电动机额定转速 n_N 为最高转速，可以推出调速范围、静差率和额定转速降之间的关系为

$$D = \frac{n_N s}{\Delta n_N (1-s)} \tag{1-9}$$

【例 1-1】 某直流调速系统电动机的额定转速为 n_N=1430r/min,额定转速降 Δn_N = 115r/min,当要求静差率 $s \le 30\%$ 和 $s \le 20\%$ 时对应的调速范围分别是多少?若调速范围增大到 10,则对应的静差率为多少?

解: $s \le 30\%$ 时,$D = \dfrac{n_N s}{\Delta n_N (1-s)} = \dfrac{1430 \times 0.3}{115(1-0.3)} = 5.3$

$s \le 20\%$ 时,$D = \dfrac{n_N s}{\Delta n_N (1-s)} = \dfrac{1430 \times 0.2}{115(1-0.2)} = 3.1$

$D=10$ 时,$D = \dfrac{n_N s}{\Delta n_N (1-s)}$

$\Rightarrow s = \dfrac{D \Delta n_N}{n_N + D \Delta n_N} = \dfrac{10 \times 115}{1430 + 10 \times 115} = 0.446 = 44.6\%$

(3) 开环调速系统存在的问题

若调速系统是开环调速系统,调节控制电压就可以改变电动机的转速。如果负载的生产工艺对运行时的静差率要求不高,这样的开环调速系统都能实现一定范围内的无级调速。但是,大多数需要调速的生产机械常常对静差率有一定的要求。在这种情况下,开环调速系统往往不能满足要求。

【例 1-2】 某龙门刨床工作台拖动采用直流电动机,其额定数据如下:60kW、220V、305A、1000r/min,采用 V-M 调速系统。主电路电阻 R=0.18Ω,电动机电动势系数 C_e=0.2V·min·r^{-1}。如果要求调速范围 D=20,静差率 $s \le 5\%$,采用开环调速是否满足要求?若要满足这个要求,系统的额定转速降 Δn 最多能达到多少?

解:

$$n = \frac{U_a - I_a R}{K_e \Phi} = \frac{U_a}{K_e \Phi} - \frac{I_a R}{K_e \Phi} = \frac{U_a}{C_e} - \frac{I_a R}{C_e} = n_0 - \Delta n \Rightarrow \Delta n = \frac{I_a R}{C_e}$$

故 $\Delta n_N = \dfrac{I_N R}{C_e} = \dfrac{305 \times 0.18}{0.2} \text{r/min} \approx 275 \text{r/min}$

开环系统在额定转速时的静差率为:

$$s = \frac{\Delta n_N}{n_{0N}} = \frac{\Delta n_N}{n_N + \Delta n_N} = \frac{275}{1000 + 275} \approx 21.6\% > 5\%$$

采用开环调速不能满足要求。

若要调速范围 D=20,静差率 $s \le 5\%$,则由 $D = \dfrac{n_N s}{\Delta n_N (1-s)}$ 可得:

$$\Delta n_N = \frac{n_N s}{D(1-s)} = \frac{1000 \times 0.05}{20(1-0.05)} \text{r/min} = \frac{1000 \times 0.05}{20 \times 0.95} \text{r/min} \approx 2.63 \text{r/min}$$

额定转速降 Δn 最多能达到 2.63r/min。

1.2.5 P-N MOS 管 H 桥驱动

H 桥驱动电路是为直流电动机而设计的一种常见电路，它主要实现直流电动机的正反向驱动，其典型电路形式如图 1-28 所示。其形状类似于字母"H"，而作为负载的直流电动机是像"桥"一样架在上面的，所以称之为"H 桥驱动"。4 个开关所在位置就称为"桥臂"。

H 桥由两个 P 型场效应晶体管 Q1、Q2 与两个 N 型场效应晶体管 Q3、Q4 组成，所以它叫 P-N MOS 管 H 桥。桥臂上的 4 个场效应晶体管相当于 4 个开关，P 型管在栅极为低电平时导通，高电平时关闭；N 型管在栅极为高电平时导通，低电平时关闭。场效应晶体管是电压控制型元件，栅极通过的电流几乎为零。

正因为这个特点，在连接好电路后，控制臂 1 置高电平（$U=V_{CC}$）、控制臂 2 置低电平（$U=0$）时，Q1、Q4 关闭，Q2、Q3 导通，电动机左端低电平、右端高电平，所以电流沿箭头方向流动，电动机正转，如图 1-28 所示。

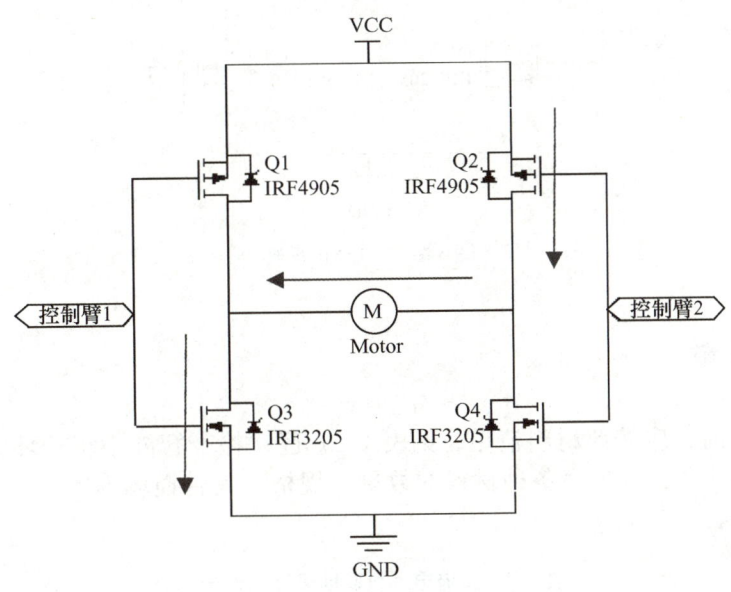

图 1-28 电动机正转

控制臂 1 置低电平、控制臂 2 置高电平时，Q2、Q3 关闭，Q1、Q4 导通，电动机左端高电平，右端低电平，所以电流沿箭头方向流动，电动机反转，如图 1-29 所示。

当控制臂 1、2 均为低电平时，Q1、Q2 导通，Q3、Q4 关闭，电动机两端均为高电平，电动机不转；当控制臂 1、2 均为高电平时，Q1、Q2 关闭，Q3、Q4 导通，电动机两端均为低电平，电动机也不转。

通过改变控制臂开启和关闭的时间比例（即占空比），可以控制电动机接收到的电压大小，从而达到调节电动机转速的目的。一般情况下，电动机的转速与其所受到的电流成正比。因此，通过控制 PWM 的占空比，可以间接地控制电动机所收到的电流，从而调节电动机的转速。例如，当 PWM 占空比较小的时候，电动机所接收到的电压也会相应地降低，进而降低电动机的转速；当 PWM 占空比较大的时候，电动机所接收到的电压也会相应地增加，进而增加电动机的转速。

自动调速系统

此电路有一个优点就是无论控制臂状态如何（绝不允许悬空状态），H 桥都不会出现"共态导通"（短路），很适合直流电动机驱动使用。另外还有 4 个 N 型场效应晶体管的 H 桥，内阻更小，有"共态导通"现象，栅极驱动电路较复杂，或用专用驱动芯片，如 MC33883，原理基本相似，不再赘述。

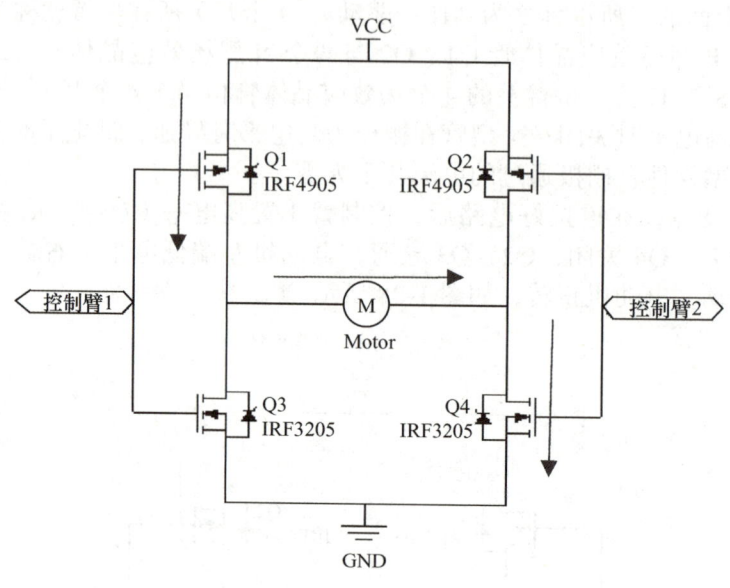

图 1-29　电动机反转

1.3　项目准备

在实施项目前，应按照材料清单（见表 1-2）逐一检查智能小车开环调速系统的所需材料、工具是否齐全，并填写各种材料的数量、规格、是否损坏等情况。直流电动机驱动设计元件清单见表 1-2。

表 1-2　直流电动机驱动设计元件清单

序号	材料名称	规格	数量	是否损坏
1	双排针			
2	单排母			
3	接线端子			
4	直插电解电容包			
5	金属膜色环电阻			
6	发光二极管			
7	电动机电桥驱动芯片			
8	三态输出八路缓冲器			
9	直流电动机			

1.4 项目实施

在学习了前面的知识后,我们对开环直流调速基础知识有了全面的了解,为了顺利完成本次项目,要先做好任务分工和实施计划表。

直流电动机驱动单元焊接

1. 任务分工

三人一组,每名成员要有明确的分工、角色分配及责任,任务分工如下。

1)焊接员:小组组长,负责硬件选型及电路焊接,并统筹协调与安排小组成员的任务分工。

2)现场调试员:小组成员,安全员,负责硬件测试、调试,以及小组项目实施过程中的安全事项。

3)资料整理员:小组成员,资料收集整理员,负责项目实施过程中的资料收集、整理等事项。

2. 实施计划表

项目实施计划表见表1-3。

表1-3 智能小车开环直流调速实施计划表

实施步骤	实施内容	计划完成时间	实际完成时间	备注
1	硬件选型			
2	电路焊接			
3	电路板调试			
4	项目测试			
5	资料整理			
6	项目评价			

1.4.1 硬件选型

1. 74HC244 隔离芯片

74HC244是一款常见的驱动信号芯片,常用于各种单片机MCU系统中,单片机I/O口输出的电流很小,而74HC244芯片就是用来放大电流,引脚兼容低功耗肖特基TTL(LSTTL)系列。74HC244实物图和框图如图1-30所示。

74HC244是八路正相缓冲器/线路驱动器,具有三态输出:低电平、高电平、高阻态。该三态输出由输出使能端1OE和2OE控制。任意nOE上的高电平将使输出端呈现高阻态。

工作逻辑:当OE引脚为高电平时,无论此时的输入是高电平还是低电平,输出均为高阻抗关断状态;当OE引脚为低电平时,缓冲器使能,输入为高电平时,输出也为高电平,输入为低电平时,输出也为低电平。

做好驱动电路后,一般就可以直接给电动机驱动了,但是特别注意一点,电动机内部是线圈绕组,它相当于电感,在断电的瞬间会产生很大的感应电压,如果没有隔离，这个感应电压可能会将 MCU 击穿。因此，加上 74HC244 隔离电路是有必要的。

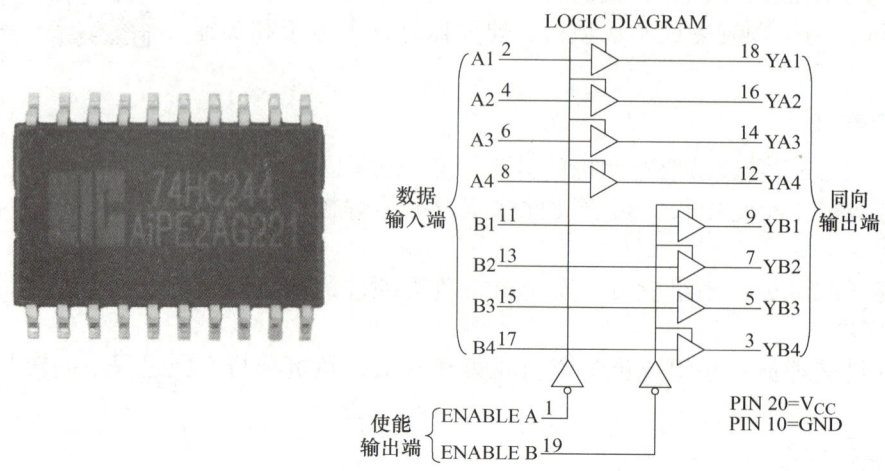

图 1-30　74HC244 实物图和框图

2. BTN7971B 直流电动机驱动芯片

BTN7971B 提供了一种用于保护高电流 PWM 电动机驱动器的成本优化解决方案，具有非常低的电路板空间消耗。BTN7971B 实物图和框图如图 1-31 所示。

BTN7971B 是 Novalistic™系列的一部分，包含 3 个单独的芯片，在一个封装中：一个 P 通道高侧 MOSFET 和一个 N 通道低侧 MOSFET 以及一个驱动 IC，形成一个集成的大电流半桥。3 个芯片均安装在一个通用引线框架上。电源开关采用垂直 MOS 技术，以确保最佳的通态电阻。由于 P 沟道高边开关，电荷泵的需要被消除，从而最小化 EMI。集成驱动芯片易于与微控制器接口，具有逻辑电平输入、电流检测诊断、转换率调整、死区时间产生和过温、过电压、欠电压、过电流、短路保护等特点。BTN7971B 可与其他 BTN7971B 组合，形成 H 桥和 3 相驱动配置。

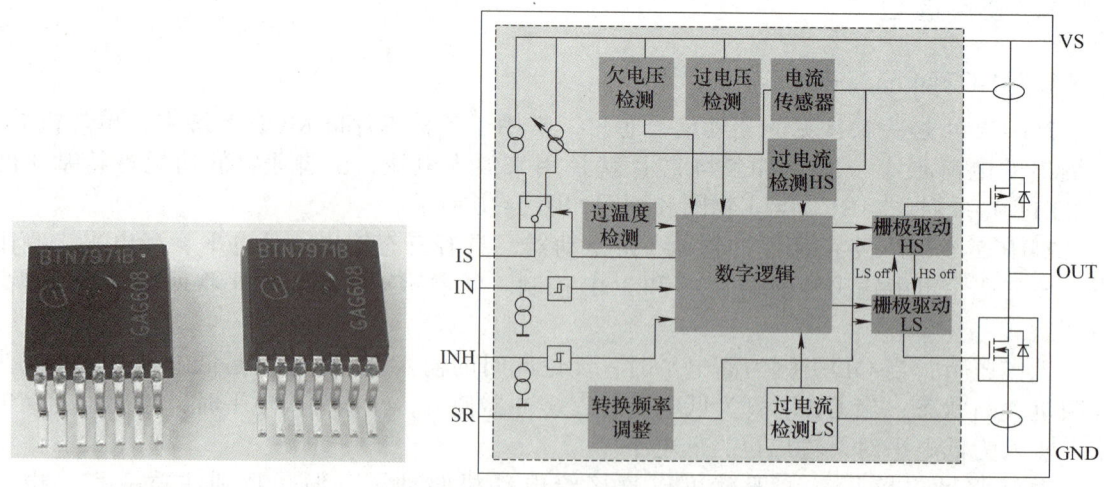

图 1-31　BTN7971B 实物图和框图

3. RS-540 直流电动机

RS-540 是一种直流电动机，其工作电压范围 DC 5.4～9V，额定工作电压 DC 7.2V，属于小型有刷电动机。该电动机供电电压低，转速高，通过 PWM 即可进行速度调节，使用起来非常方便。通常被用于遥控车、遥控飞机、遥控船等模型的动力系统。RS-540 直流电动机如图 1-32 所示。

图 1-32　RS-540 直流电动机

RS-540 直流电动机优点如下：
1）具有较大的转矩，可以克服传动装置的摩擦转矩和负载转矩。
2）调速范围宽，高精度，机械特性及调节特性线性好，且运行速度平稳。
3）具有快速响应能力，可以适应复杂的速度变化。
4）电动机的负载特性硬，有较大的过载能力，确保运行速度不受负载冲击的影响。

4. 硬件选型记录

根据项目描述，正确选择所需要的硬件型号及数量进行初步测量，并记录在表 1-4 中。

表 1-4　硬件选型记录表

序号	元件名称	型号	数量	测量	备注
1					
2					
⋮					
N					

1.4.2　焊接工艺流程

焊接，也称作熔接、镕接，是一种以加热、高温或者高电压的方式接合金属或其他热塑性材料（如塑料）的制造工艺及技术。刚接触的人员在 PCB（印制电路板）焊接制程的过程中，往往不清楚需要准备好什么，该怎么去做。下面就来简单介绍一下电路板焊接的工艺流程。

1. 焊接材料

1）焊料通常采用符合美国通用标准的 Sn60 或 Sn63 焊料，或采用 HL-SnPb39 型锡铅焊料。

2）焊剂通常可采用松香焊剂或水溶性焊剂，后者一般仅用于波峰焊接。

3）清洗剂应保证对电路板无腐蚀、无污染，一般采用无水乙醇（工业酒精）、三氯三氟乙烷、异丙醇（IPA）、航空洗涤汽油和去离子水等清洗剂进行清洗。具体采用何种清洗剂清洗应根据工艺要求进行选择。

2. 焊接工具和设备

1）电烙铁。合理选用电烙铁的功率和种类，对提高焊接质量和效率有直接的关系。建议使用低压控温的电烙铁，烙铁头可以采用镀镍、镀铁或紫铜材料的，形状应根据焊接的需要而定。

2）波峰焊机和再流焊机是适合工业批量生产的焊接设备之一。

3. PCB 焊接的操作要点

（1）手工焊接

1）焊接前要预先检查绝缘材料，不应出现烫伤、烧焦、变形、裂痕等现象，焊接时不允许烫伤或损坏元器件。

2）焊接温度通常应控制在 350℃ 左右，不能过高或过低，否则会影响焊接质量。

3）焊接的时间通常控制在 3s 以内。对多层板等大热容量的焊件而言，整个焊接过程可控制在 5s 以内；对集成电路及热敏元器件的焊接，整个过程不应超过 2s。如果在规定的时间内未焊接好，应等该焊点冷却后重焊，重新焊接的质量标准应与一次焊接时的焊点标准相同。显然，由于电烙铁功率、焊点热容量的差异等因素，实际掌握焊接的火候，绝无定章可循，必须具体条件具体对待。

4）焊接时应防止邻近元器件、电路板等受到过热影响，对热敏元器件应采取必要的散热措施。

5）在焊料冷却和凝固前，被焊部位必须可靠固定，不允许摆动和抖动，焊点应自然冷却，必要时可采用散热措施以加快冷却。

（2）波峰焊接

1）为保证板面及引线表面迅速而完全地被焊料浸润，必须涂敷助焊剂。一般采用相对密度为 0.81～0.87 的松香型助焊剂或水溶性助焊剂。

2）对涂敷了助焊剂的电路板要进行预热，一般应控制在 90～110℃。掌握好预热温度可减少或避免出现拉尖和圆缺的焊点。

3）在焊接过程中，焊料温度一般应控制在（250±5）℃ 的范围之内，其温度是否适合直接影响焊接质量；应调整焊接夹具进入波峰口的倾斜角为 6° 左右；焊料槽锡面波峰高度约为 10mm，峰顶一般控制在电路板厚度的 1/2～2/3，过大会导致熔融的焊料流到电路板的表面，形成"桥接"。

4）电路板经波峰焊接后，必须进行适当的强风冷却。

5）冷却后的电路板需要进行元器件引线的切除。

（3）再流焊接

1）焊接前，焊料和被焊件表面必须清洁，否则会直接影响焊接质量。

2）能在前项工序中控制焊料的施加量，减少了虚焊、桥接等焊接缺陷，所以焊接质量好，可靠性高。

3）可以采用局部加热的热源，因此能在同一基板上采用不同的焊接方法进行焊接。

4）再流焊的焊料是能够保证正确组分的焊锡膏，一般不会混入杂质。

（4）板面清洗

在电路板焊接完毕后，必须及时对电路板进行彻底清洗，以便除去残留的焊剂、油污和灰尘等污物，具体的清洗工艺根据工艺要求进行。

1.4.3 驱动板硬件调试

在硬件电路焊接完成后，进行硬件调试，步骤如下。

直流开环系统项目调试与故障分析

1. 检查电路

任何组装好的电子电路，在通电调试之前，必须认真检查电路连线是否有错误。对照电路图，按一定的顺序逐级对应检查。

特别要注意检查电源是否接错，电源与地是否有短路，二极管方向和电解电容的极性是否接反，集成电路和晶体管的引脚是否接错，轻轻拔一拔元器件，观察焊点是否牢固等。

2. 通电观察

一定要调试好所需要的电源电压数值，并确定电路板电源端无短路现象后，才能给电路接通电源。电源一经接通，不要急于用仪器观测波形和数据，而是要观察是否有异常现象，如冒烟、异常气味、放电的声光、元器件发烫等。如果有，不要惊慌失措，应立即关断电源，待排除故障后方可重新接通电源。然后，测量每个集成块的电源引脚电压是否正常，以确信集成电路已通电工作。

3. 静态调试

先不加输入信号，测量各级直流工作电压和电流是否正常。直流电压的测试非常方便，可直接测量。而电流通常采用两种方法来测量。若电路在印制电路板上留有测试用的中断点，可串入电流表直接测量出电流的数值，然后再用焊锡连接好。若没有测试孔，则可测量直流电压，再根据电阻值大小计算出直流电流。一般对晶体管和集成电路进行静态工作点调试。

4. 动态调试

加上输入信号，观测电路输出信号是否符合要求。也就是调整电路的交流通路元件，如电容、电感等，使电路相关点交流信号的波形、幅值、频率等参数达到设计要求。若输入信号为周期性的变化信号，可用示波器观测输出信号。当采用分块调试时，除输入级采用外加输入信号外，其他各级的输入信号应采用前输出信号。对于模拟电路，观测输出波形是否符合要求。对于数字电路，观测输出信号的波形、幅值、脉冲宽度、相位及动态逻辑关系是否符合要求。在数字电路调试中，常常希望让电路状态发生一次性变化，而不是周期性的变化。因此，输入信号应为单阶跃信号（又称开关信号），用以观察电路状态变化的逻辑关系。

5. 指标测试

电子电路经静态和动态调试正常之后，便可对设计要求的技术指标进行测量。测试并记录测试数据，对测试数据进行分析，最后得出测试结论，以确定电路的技术指标是否符合设计要求。如有不符，应仔细检查问题所在，一般是对某些元件参数加以调整和改变。若仍达不到要求，则应对某部分电路进行修改，甚至要对整个电路重新加以修改。因此，要求在设计的全过程中，要认真、细致，考虑问题要周全。尽管如此，出现局部返工也是难免的。

1.4.4 项目测试

在硬件调试结束后,开始进行项目测试和结果记录,具体步骤见表 1-5。

表 1-5 项目测试步骤

序号	测试步骤	测试结果
1	调节信号发生器参数,输出频率 20kHz、占空比 25%、幅值 3.3V 的脉冲信号	
2	调节直流稳压电源,输出直流 7.0V 的电压	
3	将焊接完成的直流电动机 H 桥驱动和直流电动机 RS-540 按照原理图接线,PTA6 和 PTA7 引脚接信号发生器脉冲,P1 端子接直流电源,P3 端子接直流电动机	
4	调节脉冲占空比 0%,电压表测量输出 0V	

(续)

项目1 智能小车开环直流调速系统的安装与调试

序号	测试步骤	测试结果
5	调节脉冲占空比为10%,电压表测量输出0.82V	
6	调节脉冲占空比为20%,电压表测量输出1.51V	
7	调节脉冲占空比为30%,电压表测量输出2.2V	
8	调节脉冲占空比为40%,电压表测量输出2.89V	

自动调速系统

(续)

序号	测试步骤	测试结果
9	调节脉冲占空比为 50%，电压表测量输出 3.58V	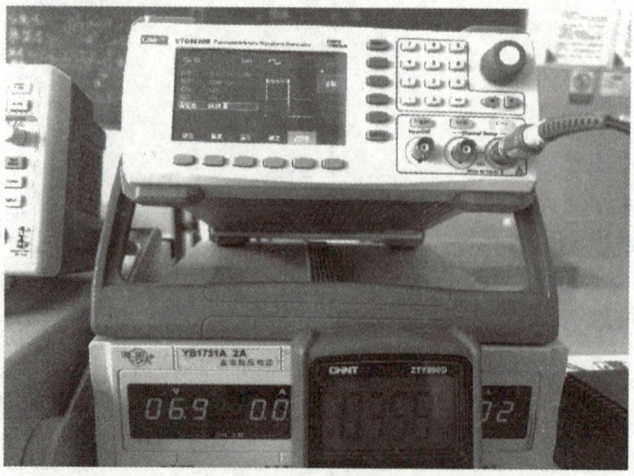
10	调节脉冲占空比为 60%，电压表测量输出 4.27V	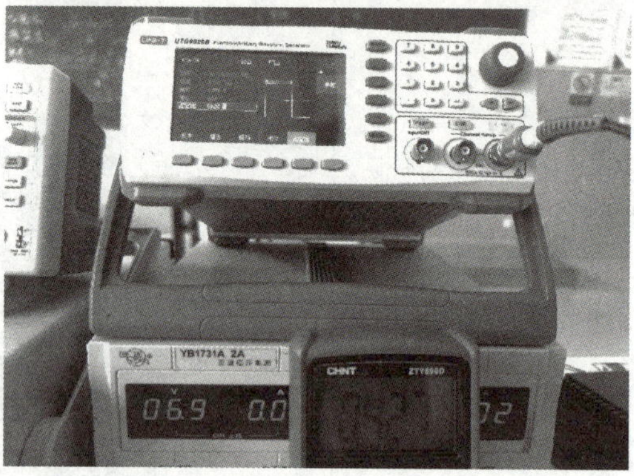

1.5 检查评议

智能小车开环直流调速系统项目自我评价见表1-6，项目考核评定见表1-7。

表1-6 智能小车开环直流调速系统项目自我评价

评价内容	分值	得分	需提高部分
硬件选型	20		
电路焊接	20		
电路板调试	25		
项目测试	25		
资料整理	10		
不足之处			
优点			

项目 1　智能小车开环直流调速系统的安装与调试

表 1-7　智能小车开环直流调速系统项目考核评定

项目分类		考核内容	分值	工作要求	评分标准	教师评分
专业能力 90 分	硬件选型	1. 正确选择所需元器件的型号与数量	10	按照需求，正确选择元件型号及数量，满足项目需求	1. 选择型号或者数量错误，每处扣 2 分 2. 其他每错一处扣 1 分	
		2. 正确填写硬件选型表格	10	将选择的型号及数量正确填写到硬件选型表格中	若有填写错误，每处扣 2 分	
	电路焊接	1. 正确、合理使用电烙铁进行焊接	10	能够正确使用电烙铁，无安全隐患	不会用、错误使用不得分，出现安全隐患不得分（教师提问、学生操作），焊接错误每错一处扣 2 分	
		2. 焊接工艺标准	10	焊接正确且工艺标准，不出现短路、缺焊、漏焊的情况	短路、缺焊、漏焊每处扣 2 分	
	电路调试与测量	1. 按照电路调试步骤依次调试	40	按照调试步骤进行调试，不得跳过步骤直接测量	根据步骤进行调试，少步骤，或者步骤错误每处扣 5 分	
		2. 按照测量步骤测量出结果并记录	10	程序运行结果正确，表述清楚，口试答辩准确	对运行结果记录不清楚或错误扣 5 分	
职业素质能力 10 分		相互沟通、团结配合能力	5	善于沟通，积极参与，与组长、组员配合默契	根据自评、互评、教师点评而定	
		清扫场地、整理工位	5	场地清扫干净，工具、桌椅摆放整齐	不合格，不得分	
合计						

1.6　故障及处理

智能小车开环直流调速系统项目常见故障及处理见表 1-8。

表 1-8　智能小车开环直流调速系统项目常见故障及处理

分类	常见故障	处理方法
焊接过程中常见故障及处理方法	焊接温度不稳定：焊接温度的稳定性直接影响焊点的质量。过高的温度会导致焊接效果不理想，甚至损坏元器件	解决方法包括合理选择焊接设备并进行温度校准，根据元器件的特性和厂商提供的焊接参数调整合适的焊接温度和时间，以确保焊接质量的稳定性

自动调速系统

(续)

分类	常见故障	处理方法
焊接过程中常见故障及处理方法	焊接间距不均匀：这主要是由于元器件排列不规则或焊接面板设计不合理	解决方法包括提前规划好焊接布局，合理安排元器件的位置，并确保焊接间距符合要求。使用辅助定位工具，如焊接模板或引导针，辅助调整焊接位置，可提高焊接质量
	焊点不牢固：焊点的牢固度直接关系到电路板的可靠性和稳定性	解决方法包括选择合适的焊接材料和焊接方式，确保焊点与焊盘之间有良好的接触。在焊接过程中，应掌握适当的焊接时间和焊接压力，避免焊接过度或不足。使用支撑固定的方式，如焊接夹具或固定胶水，增加焊点的稳定性
	元器件热敏感：过高的焊接温度或不合适的焊接方式会导致元器件受损或性能下降	解决方法包括在焊接前对元器件进行合理的保护，如使用热敏胶带或散热片进行遮挡。同时，掌握合适的焊接温度和时间，确保元器件不受过热的影响
	静电防护不足：静电对电路板的影响不可小觑	解决方法包括在焊接前做好静电防护工作，选择防静电工作服、手套和鞋子，并使用合适的静电防护设备，避免静电放电对电路板造成损害
	咬边：咬边是沿着焊趾在母材部分形成的凹陷，影响焊缝的外观和强度	解决方法包括选择合适的坡口角度，按标准要求点焊组装焊件，并保持间隙均匀。编制合理的焊接工艺流程，控制变形和翘曲，正确选用焊接电流，控制好焊接速度，采用恰当的运条手法和角度
	裂纹：裂纹是所有焊接缺陷中危害最严重的一种，可能导致焊接结构失效	解决方法包括消除应力、正确使用焊接材料以及完善的操作工艺
调试过程中常见故障及处理方法	给定输出，直流电动机不转	1. 检查电流是否达到额定值 2. 检查模块的进给定端子是否有 0～10V 电压进来
	无论怎么调节，直流电动机都无法改变转动方向	1. 电动机绕组与控制器之间的接线出现了短路、开路、接错等情况 2. 检查电动机绕组是否烧坏，必要时更换电动机 3. 检查驱动器中的控制芯片损坏、控制电路出现故障等情况
	直流电动机转速过高或者太低	1. 检查电源电压是否过高，主磁场是否过弱，电动机负载是否过轻 2. 检查电枢绕组是否有断路、短路、接地等故障；检查电力及电刷位置；检查电源电压是否过低及负载是否过重；励磁绕组回路是否正常
	直流电动机振动异响	1. 重新校正电枢平衡 2. 增强基础或紧固 3. 重新调整好机组轴线定心
	直流电动机过热	1. 减轻或限制负载 2. 检查风扇是否脱落，风扇转动方向是否正确，通风道有无堵塞，清理电动机内部，改善周围冷却条件 3. 降低电压到额定值

1.7 问题与思考

1. 开环调速系统由哪几部分构成？其工作原理是什么？
2. V-M 调速系统是怎样实现电动机转速控制的？

1.8 技能测试

一、填空题

1. 直流电动机的 3 种调速方法中，能获得高于额定值转速的是_____；调速过程中机械特性硬度不变的是_____；理想空载转速不变的是_____；最常用的调速方式是_____。
2. 直流电动机的机械特性方程是_____。
3. 某调速系统的调速范围是 150～1500r/min，静差率 s=10%，则系统的调速范围 D=_____。
4. 直流调速经历的 3 个发展阶段是：_____调速系统、_____调速系统及_____调速系统。
5. 测试电动机的开环机械特性时，给定电压应取_____（正/负）电压。
6. 开环直流调速系统的硬件结构主要包括主电路和控制电路，分为 5 个主要部分，分别是：晶闸管可控整流电路、直流电动机、_____、晶闸管触发电路、继电保护电路。
7. V-M 调速系统中，采用三相整流电路，为抑制电流脉动，可采取的主要措施是_____。
8. 可逆 PWM 变换器电路的结构形式有_____和_____型。
9. H 型变换器是由_____和_____组成的桥式电路。

二、判断题

1. 晶闸管-电动机系统与发电机-电动机系统相比较，具有响应快、能耗低、噪声小及晶闸管过电压、过载能力强等许多优点。（　　）
2. 发电机-电动机系统是改变发电机励磁电流，改变发电机输出电压，改变电动机电枢电压，从而实现调压调速。（　　）
3. 调速范围是指电动机在额定负载情况下，电动机的最高转速和最低转速之比。（　　）
4. 计算调速范围时，一般取电动机理想空载转速，通常要求调速范围尽量大一些，即调速范围比较宽。（　　）
5. 开环控制系统和闭环控制系统最大的差别在于闭环控制系统存在一条从被控量到输出端的反馈信号。（　　）
6. 晶闸管-电动机系统的主回路电流连续时，开环机械特性曲线是并行的，其斜率是不变的。（　　）
7. 直流电动机变压调速和弱磁调速都可做到无级调速。（　　）
8. 调速系统的负载增大，转速上升。（　　）
9. 弱磁调速时电动机的电磁转矩属于恒功率性质，只能拖动恒功率负载而不能拖动恒转矩负载。（　　）
10. 直流电动机弱磁升速的前提条件是恒定电动势反电势不变。（　　）

三、选择题

1. 直流电机工作在电动状态时，电动机的（　　）。

A. 电磁转矩方向和转速方向相同，将电能变为机械能
B. 电磁转矩方向和转速方向相同，将机械能变为电能
C. 电磁转矩方向和转速方向相反，将电能变为机械能
D. 电磁转矩方向和转速方向相反，将机械能变为电能

2. PWM 型变频器由二极管整流器、滤波电容、（　　）等部分组成。

A. PAM 逆变器　　　B. PLM 逆变器　　　C. 整流放大器　　　D. PWM 逆变器

3. 电枢电压与励磁配合控制的直流调速系统，一般在基速以下通过改变电枢电压来调速，同时保持励磁为额定值不变，此时不同转速时容许输出的（　　）恒定。

A. 转矩　　　　　　B. 功率　　　　　　C. 转速　　　　　　D. 转速反馈量

四、简答题

1. 他励直流电动机的调速方法有哪些？
2. 在 V-M 调速系统中，抑制电流脉动的主要措施是什么？
3. 与 V-M 调速系统相比，PWM 调速系统有什么优点？

五、计算题

某 V-M 调速系统，电动机数据为 $P_N=10kW$，$U_N=220V$，$I_N=55A$，$n_N=1000r/min$，$R_a=0.1\Omega$，要求系统静差率 $s=10\%$，调速范围 $D=10$。若采用开环控制系统，能不能达到控制要求？

项目 2

单闭环直流调速系统的安装与调试

学习目标

■ **知识目标**
- 理解开环调速的缺点及其改进方法。
- 通过与开环调速相比较,掌握闭环调速系统的优点。
- 理解单闭环系统的开环放大倍数对系统稳态、动态性能的影响。

■ **技能目标**
- 掌握转速负反馈调速系统的组成,能画出其原理图。
- 掌握转速负反馈调速系统的工作原理,会分析其抗干扰特性。
- 能在实验室熟练完成单闭环调速系统的接线与调试,会测试单闭环调速系统的静特性。

■ **素养目标**
- 培养学生自主学习的能力。
- 培养学生爱岗敬业的职业精神。

2.1 项目描述

1. 单闭环直流调速系统设计

单闭环直流调速系统旨在实现对直流电动机的精确调速控制。该系统以STC89C52微处理器为核心控制单元,采用增量式PID算法,结合霍尔测速传感器、电动机驱动器以及输入/输出设备,实现对直流电动机转速的实时精确调整与监控,提高生产效率、降低能耗并改善设备性能。未来,随着微处理器技术的不断发展,该系统有望进一步优化和升级,以满足更高层次的控制需求和应用场景。

2. 控制要求

1)调速:在一定的最高转速和最低转速范围内,分档地(有级)或平滑地(无级)调节转速。

2)稳速:以一定的精度在所需转速上稳定运行,在各种干扰下不允许有过大的转速波动，以确保产品质量。

3）加、减速：频繁起、制动的设备要求加、减速尽量快，以提高生产率，不宜经受剧烈速度变化的机械则要求起、制动尽量平稳。

2.2 相关知识

单闭环调速系统的构成及工作原理

2.2.1 单闭环直流调速系统

根据自动控制理论，要想使被控量保持稳定，可将被控量反馈到系统的输入端，构成负反馈闭环控制系统。将直流电动机的转速检测出来，反馈到系统的输入端，可构成转速负反馈直流调速系统，简称单闭环直流调速系统。

闭环控制系统一般由给定元件、比较元件、放大校正元件、执行元件、被控对象、检测反馈元件组成，如图2-1所示。

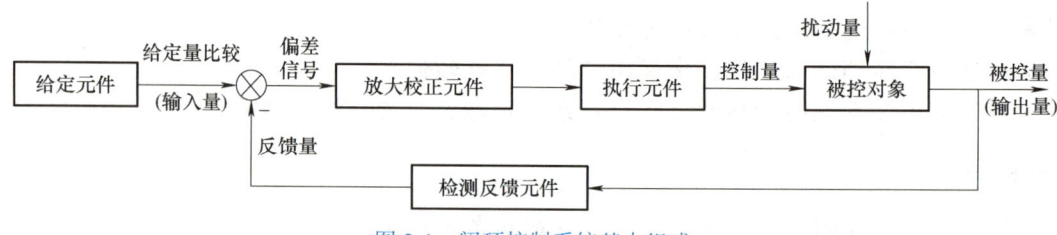

图2-1 闭环控制系统基本组成

图中，⊗代表比较元件，它将检测反馈元件检测到的被控量的反馈量与给定量进行比较，"−"表示给定量与反馈量极性相反，即负反馈，"+"表示给定量与反馈量极性相同，即正反馈。

信号从输入端沿箭头方向达到输出端的传输通道称为前向通道，系统输出量经检测元件反馈到输入端的传输通道称为反馈通道。

各类元件作用如下。

1）给定元件：给出与希望的被控量相对应的系统输入量（给定量）。

2）比较元件：把检测反馈元件检测的被控量实际值的反馈量与给定元件给出的给定量进行比较，求出它们之间的偏差信号。

3）放大校正元件：对偏差信号进行放大与运算，校正输出一个按一定规律变化的控制信号，以提高系统的稳态性能和动态性能。放大校正元件可采用运算放大器和电阻、电容组成。

4）执行元件：根据放大校正元件的输出信号产生一个具有一定功率并能够被被控对象接受的控制量，使被控量与希望值趋于一致。

5）被控对象：自动控制系统中需要进行控制的设备或生产过程，它接收控制量，输出被控量，如电动机。

6）检测反馈元件：对被控量进行检测并输出反馈量。如果这个物理量是非电量，一般再转换为电量，如测速发电机用于检测电动机转速并转换成直流电压。

自动控制系统的信号包括：给定量（输入量）、反馈量、偏差信号、控制量、被控量（输出量）、扰动量等，各种信号作用如下。

1) 给定量（输入量）：给定元件的输出信号，实际输入到系统的输入量。
2) 反馈量：检测反馈元件的输出信号，与被控量成某种函数关系，一般是成比例关系。
3) 偏差信号：给定量和反馈量比较，由比较元件产生。
4) 控制量：执行元件输出信号，作用于被控对象的信号，通常是具有一定功率，并且能够被被控对象所接受的一种物理量。
5) 被控量（输出量）：它是系统要求实现自动控制的物理量，是系统的输出量。
6) 扰动量：它往往是外部扰动信号，影响被控量的控制精度，使被控量偏离期望值。

1. 转速负反馈单闭环调速系统

图2-2所示为转速负反馈单闭环调速系统的原理。

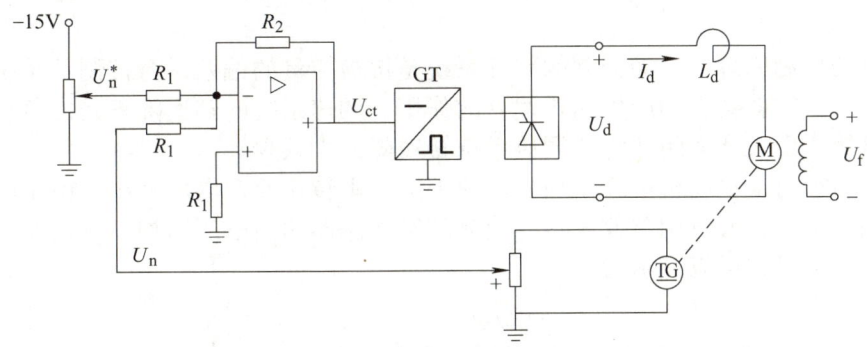

图2-2 转速负反馈单闭环调速系统的原理

转速负反馈单闭环调速系统由以下几部分组成。
1) 给定电路：提供转速控制电压，用于控制电动机转速的大小。
2) 转速调节器：由运算放大器构成的转速调节器有两个输入信号，一个是转速给定信号，另一个是转速反馈信号。转速调节器的输出作为触发电路的移相控制电压 U_{ct}。
3) 触发电路GT：产生触发脉冲的触发角由移相控制电压 U_{ct} 决定。
4) 整流桥和电动机主回路：整流装置输出电压大小决定电动机转速。
5) 转速检测与反馈电路：TG为永磁式直流发电机，将电动机转速转化为电压信号，经可调电阻输出转速反馈电压 U_n，U_n 与电动机转速大小成正比。

给定电压 U_n^* 采用负给定，因为触发电路的控制电压 U_{ct} 总是要求为正，运算放大器具有反相作用，因此 U_n^* 应采用负给定。为保证转速反馈为负反馈，反馈电压 U_n 的极性应为正。

系统的工作原理分析如下。

电动机的转速大小受转速给定电压 U_n^* 控制。给定电压为零时，电动机停转；给定电压增大，转速上升；给定电压减小，转速下降。

当给定电压增大时系统的调节原理为

$$U_n^* \uparrow \to \Delta U = (U_n^* - U_n) \uparrow \to U_{ct} \uparrow \to U_d \uparrow \to n \uparrow$$

自动调速系统

当然转速升高会引起转速反馈电压 U_n 升高，但其增量小于转速给定电压 U_n^* 的增量，偏差电压 ΔU 总体上是增大的，所以转速上升。反之，当给定电压下降时，转速下降，转速反馈也是下降的，但反馈电压的减小量小于给定电压的减小量，总体上 ΔU 是下降的，所以转速下降。直流电动机闭环控制系统的框图如图 2-3 所示。

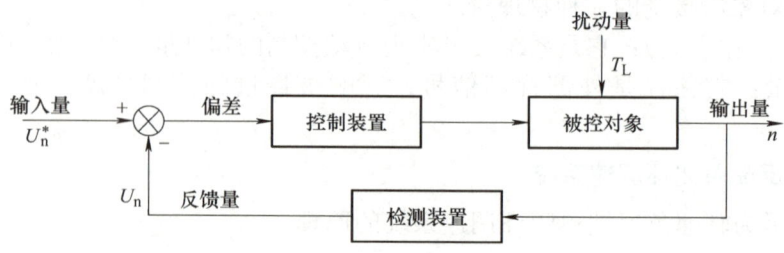

图 2-3　直流电动机闭环控制系统框图

根据自动控制原理，反馈控制的闭环系统是按被控量的偏差进行控制的系统，只要被控量出现偏差，它就会自动产生纠正偏差的作用。调速系统的转速降正是由负载引起的转速偏差，显然，引入转速闭环将使调速系统转速降大大减少。

当负载增加时，电动机负载增加、转速下降，则转速反馈电压减小。由于转速给定电压不变，偏差增加，通过调节放大器，使晶闸管变流器输出电压增加，从而使电动机的转速回升。该调节过程可以表示为

$$负载\uparrow \to I_d\uparrow \to n=\frac{U_d-I_dR}{C_e}\downarrow \to U_n\downarrow \to \Delta U_n\uparrow \to U_{ct}\uparrow \to U_d\uparrow$$
$$n\uparrow \leftarrow \underline{}$$

由此可见，当给定量不变而电动机转速由于某种原因而产生变化时，可通过转速负反馈自动调节电动机转速而维持稳定，从而提高了控制精度。

同理可分析电网电压下降时系统的抗干扰性。电网电压下降时，整流装置输出电压减小，电动机转速下降，系统调节过程为

$$U_d\downarrow \to n=\frac{U_d-I_dR}{C_e}\downarrow \to U_n\downarrow \to \Delta U_n\uparrow \to U_{ct}\uparrow \to U_d\uparrow$$
$$n\uparrow \leftarrow \underline{}$$

比较图 1-21 所示开环控制系统和图 2-3 所示闭环控制系统可以发现，闭环控制系统与开环控制系统最大的差别在于闭环控制系统存在一条从被控量（转速）经过检测反馈元件（测速发电机）到系统输入端的通道，这条通道称为反馈通道。闭环控制系统有 3 个重要功能：检测被控量；将被控量检测所得的反馈量与给定值进行比较得到偏差；根据偏差对被控量进行调节。

综上所述，闭环控制系统建立在负反馈基础上，按偏差进行控制，当系统由于某种原因使被控量偏离期望值而出现偏差时，必定会产生一个相应的控制作用来减小或消除这个偏差，使被控量与期望值趋于一致。

假定忽略各种非线性因素，系统中各环节的输入输出关系都是线性的，或者只取其线性工作段，同时忽略控制电源和电位器的内阻，可以分析闭环调速系统的稳态特性，以确

定它如何能够减少转速降。

2. 系统的稳态结构图

转速负反馈直流调速系统中各环节为稳态时,电压比较环节输出电压为

$$\Delta U_n = U_n^* - U_n \tag{2-1}$$

设反馈系数为 α,则测速反馈环节的反馈电压为

$$U_n = \alpha n \tag{2-2}$$

将式(2-2)代入式(2-1)得

$$\Delta U_n = U_n^* - U_n = U_n^* - \alpha n \tag{2-3}$$

设运算放大器的电压放大系数为 K_P,则放大器构成的调节器输出电压为

$$U_{ct} = K_P \cdot \Delta U_n \tag{2-4}$$

将式(2-3)代入式(2-4)可得

$$U_{ct} = K_P \cdot \Delta U_n = K_P(U_n^* - \alpha n) \tag{2-5}$$

把晶闸管触发和整流装置当作系统中的一个环节来看待,晶闸管触发与整流装置的输入 – 输出电压放大倍数为 K_S,则整个电力电子变流装置输出电压为

$$U_d = K_S U_{ct} \tag{2-6}$$

将式(2-5)代入式(2-6)可得

$$U_d = K_S U_{ct} = K_S K_P (U_n^* - \alpha n) \tag{2-7}$$

而直流电动机开环机械特性为

$$n = \frac{U_d - I_d R}{K_e \Phi_N} \tag{2-8}$$

将式(2-7)代入式(2-8)可得

$$n = \frac{K_S K_P (U_n^* - \alpha n) - I_d R}{K_e \Phi_N} \tag{2-9}$$

整理后,即得转速负反馈闭环直流调速系统的静特性方程式为

$$n = \frac{K_S K_P (U_n^*) - I_d R}{K_e \Phi_N \left(1 + \frac{K_S K_P \alpha}{K_e \Phi_N}\right)} \tag{2-10}$$

令 $K = \frac{K_S K_P \alpha}{K_e \Phi_N}$,称为闭环系统的开环放大系数。令 $C_e = K_e \Phi_N$,称为电动机的电动势系数。则式(2-10)经整理可得转速负反馈闭环直流调速系统的静特性方程式

$$n = \frac{K_S K_P U_n^* - I_d R}{C_e (1 + K)} = \frac{K_S K_P (U_n^*)}{C_e (1 + K)} - \frac{I_d R}{C_e (1 + K)} \tag{2-11}$$

为了便于分析系统的稳态性能,可将以上各环节绘制成闭环系统的稳态结构框图,

首先确定构成系统各个单元的稳态输入–输出关系，进一步建立系统的稳态结构，如图 2-4 所示。

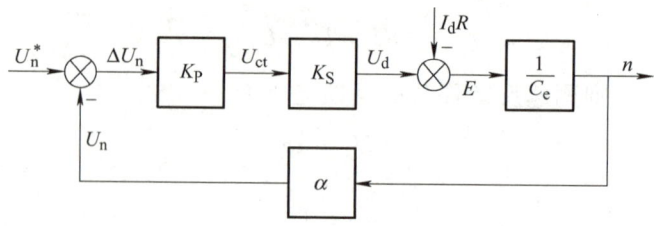

图 2-4　转速负反馈闭环直流调速系统稳态结构框图

图 2-4 中，C_e 为电动势系数。由于调压调速中电动机常数 K_e 和额定磁通 Φ_N 都是定值，所以常将其合并成一个系数 C_e，单位为 V·min/r。

比较环节：运算放大器输入端等效为比较环节，对给定转速和反馈转速加以综合，综合后的电压差 $\Delta U = U_n^* - U_n$。

运算放大器的输出：$U_{ct} = K_P \Delta U$，其中放大器的放大系数 $K_P = -\dfrac{R_2}{R_1}$。

整流装置输出电压：$U_d = K_S U_{ct}$，在直流调速系统中，将整流装置的输出电压与触发控制电压 U_{ct} 看成线性关系，K_S 为其放大系数。

电动机的转速：$n = \dfrac{U_d - I_d R}{C_e}$。

转速反馈电压：$U_n = \alpha n$，其中 α 称为转速反馈系数，其大小由测速发电机及可调电阻参数决定。

无静差转速负反馈直流调速系统

3. 开环和闭环特性分析

闭环调速系统的静特性表示闭环系统电动机转速与负载电流（或转矩）间的稳态关系，它在形式上与开环机械特性相似，但本质上不同，故定名为"静特性"，以示区别。因此根据直流电动机转速公式 $n = n_0 - \Delta n$，可得闭环时

$$n_{0b} = \dfrac{K_S K_P U_n^*}{C_e(1+K)} \tag{2-12}$$

$$\Delta n_b = \dfrac{I_d R}{C_e(1+K)} \tag{2-13}$$

如果断开反馈回路，则上述系统的开环机械特性为

$$n = \dfrac{K_S K_P U_n^* - I_d R}{C_e} = \dfrac{K_S K_P U_n^*}{C_e} - \dfrac{I_d R}{C_e} \tag{2-14}$$

则

$$n_{0k} = \frac{K_S K_P U_n^*}{C_e} \tag{2-15}$$

$$\Delta n_k = \frac{I_d R}{C_e} \tag{2-16}$$

比较一下开环系统的机械特性和闭环系统的静特性可得：

1）在同样的负载扰动下，闭环系统转速降为开环系统转速降的 $\frac{1}{1+K}$ 倍，即

$$\Delta n_b = \frac{\Delta n_k}{1+K} \tag{2-17}$$

2）闭环系统和开环系统的静差率 $n_{0b} = n_{0k}$ 时，闭环系统的静差率为开环系统静差率的 $\frac{1}{1+K}$ 倍，即

$$s_b = \frac{s_k}{1+K} \tag{2-18}$$

3）如果电动机的最高转速不变，而对最低转速静差率的要求相同，则闭环系统的调速范围为开环系统调速范围的 $(1+K)$ 倍，即

$$D_b = (1+K)D_k \tag{2-19}$$

闭环调速系统可以获得比开环调速系统硬得多的稳态特性，从而在保证一定静差率的要求下，能够提高调速范围，为此，须增设电压放大器以及检测与反馈装置。

所以闭环控制系统具有良好的抗扰动能力（无论是来自系统的外部扰动，还是系统内部的参数变化），有较高的控制精度，在实际应用中得到了广泛应用。但是，这种系统需要检测反馈元件，使用元件多、线路较复杂、调整较复杂。

闭环静特性和开环机械特性有着本质上的区别。

1）一条机械特性曲线对应一个电枢电压 U_d，而一条静特性曲线对应一个给定电压 U_n^*。

2）开环调速，转速给定 U_n^* 不变，电枢电压 U_d 就基本不变；而闭环调速，U_n^* 不变，U_d 会随着 I_d 变化。一条静特性对应多条机械特性，如图 2-5 所示。

对于开环调速，当负载电流增加时，由于给定电压没变，整流装置的输出电压不变，转速只能按照机械特性曲线下降；而对于闭环调速，当负载电流增加时，通过闭环自身的调节，会提高电枢电压，减小转速降，如图 2-5 所示。当负载电流为 I_{d1} 时，电枢电压为 U_{d1}，电动机工作于 A 点对应的机械特性上，当负载电流增加为 I_{d2} 时，电枢电压提高为 U_{d2}，电动机工作于 B 点对应的机械特性上。对于同一给定电压，负载电流连续变化时，电动机的工作点在直线 $ABCD$ 上连续变化，这条直线就是闭环系统对应某一给定电压的一条静特性曲线。

为充分认识闭环调速系统的优点，现将闭环系统的静特性同开环机械特性加以比较。

1)闭环静特性比开环机械特性硬得多。当负载电流相等时,$\Delta n_\mathrm{b} = \dfrac{\Delta n_\mathrm{k}}{(1+K)}$。

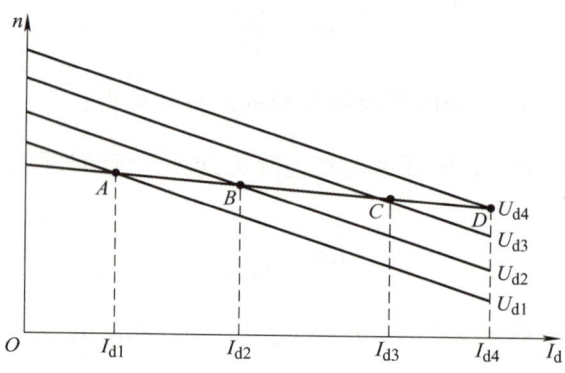

图 2-5　开环机械特性与闭环静特性的关系

2)闭环系统的静差率要比开环系统小得多。当理想空载转速相等时,$s_\mathrm{b} = \dfrac{s_\mathrm{k}}{(1+K)}$。开环静差率$s_\mathrm{k} = \dfrac{\Delta n_\mathrm{k}}{n_0}$,闭环静差率$s_\mathrm{b} = \dfrac{\Delta n_\mathrm{b}}{n_0} = \dfrac{\Delta n_\mathrm{k}}{(1+K)n_0} = \dfrac{s_\mathrm{k}}{(1+K)}$。

3)闭环系统可比开环系统有更大的调速范围。当静差率相等时,$D_\mathrm{b} = (1+K)D_\mathrm{K}$。开环调速范围$D_\mathrm{K} = \dfrac{sn_\mathrm{N}}{(1-s)\Delta n_\mathrm{k}}$,闭环调速范围$D_\mathrm{b} = \dfrac{sn_\mathrm{N}}{(1-s)\Delta n_\mathrm{b}} = (1+K)D_\mathrm{K}$。

4)闭环系统比开环系统的抗干扰性能好。开环系统基本上没有抗干扰性,而闭环系统则对影响转速稳定的常见干扰有抑制作用。

由上述分析可以看出,提高系统的开环放大倍数K对改善调速系统的稳态性能指标是有利的,即增大开环放大倍数K,静差率减小,硬度提高,调速范围增大。但是开环放大系数K增大会降低系统的稳定性,K增大到一定程度时,系统会变得不稳定,即动态性能变差了。这就是控制系统稳态和动态性能之间的相互制约性。

【例 2-1】某 V-M 调速系统为转速负反馈调速系统,电动机转速n_N =1000r/min,系统的开环转速降为 100r/min,D=10,如果要求系统的静差率由 15% 降到 5%,则开环放大倍数K应怎样变化?

解: 当静差率s_1=15%时,系统对应的闭环转速降为

$$\Delta n_{\mathrm{b}1} = \dfrac{s_1 n_\mathrm{N}}{D(1-s_1)} = \dfrac{0.15 \times 1000}{10 \times 0.85} = 17.6(\mathrm{r/min})$$

由$\dfrac{\Delta n_\mathrm{k}}{\Delta n_{\mathrm{b}1}} = 1 + K_1$,得$K_1 = \dfrac{\Delta n_\mathrm{k}}{\Delta n_{\mathrm{b}1}} - 1 = \dfrac{100}{17.6} - 1 = 4.7$

当静差率s_2=5%时,系统对应的闭环转速降为

$$\Delta n_{\mathrm{b}2} = \dfrac{s_2 n_\mathrm{N}}{D(1-s_2)} = \dfrac{0.05 \times 1000}{10 \times 0.95} = 5.3(\mathrm{r/min})$$

由 $\dfrac{\Delta n_k}{\Delta n_{b2}} = 1 + K_2$，得 $K_2 = \dfrac{\Delta n_k}{\Delta n_{b2}} - 1 = \dfrac{100}{5.3} - 1 = 17.9$

即开环放大系数 K 由 4.7 增大到 17.9。

4. 系统的抗干扰性分析

引入转速负反馈的目的在于提高调速系统的抗干扰性，保持转速的相对稳定，那么单闭环调速系统是怎样实现抗干扰作用的呢？以负载电流增大为例分析如下。

当负载电流 I_d 增大时，根据

$$n = \dfrac{U_d - I_d R}{C_e} \qquad (2\text{-}20)$$

可知电动机的转速要下降，转速反馈电压 U_n 减小，而给定电压 U_n^* 没变，故 $\Delta U = U_n^* - U_n$ 增大，控制电压 U_{ct} 增大，整流装置的输出电压 U_d 增大，转速提高，即转速负反馈有如下调节作用。

$$I_d \uparrow \to n \downarrow \to U_n \downarrow \to \Delta U \uparrow \to U_{ct} \uparrow \to U_d \uparrow \to n \uparrow$$

通过这一调节可抑制转速的下降，虽然不能做到完全阻止转速下降，但同开环相比，转速的下降程度会大大降低，从而保持了转速的相对稳定。

5. 闭环调速系统的基本特征

转速反馈闭环调速系统是一种基本的反馈控制系统，它具有以下 3 个基本特征，也就是反馈控制的基本规律。

（1）被调量有静差　从静特性分析中可以看出，由于采用了比例放大器，闭环系统的开环放大系数 K 值越大，系统的稳态性能越好。因为闭环系统的稳态速降为

$$\Delta n_b = \dfrac{R}{C_e(1+K)} I_d \qquad (2\text{-}21)$$

理论上只有当 $K = \infty$ 时，稳态转速降才能为零，这实际上是做不到的。增大放大系数 K 只能减小稳态转速降 Δn_b，却不能消除它。图 2-6 所示为单闭环调速系统的稳态结构图，从结构图上看，转速是由转速给定与转速反馈比较后的偏差电压 ΔU 来控制的，转速越高，要求这一偏差越大。所以转速的实际值与给定值之间总是有偏差的，这种系统称为有静差调速系统。

（2）服从给定，抑制扰动　反馈控制系统具有良好的抗扰性能，它能有效地抑制一切被负反馈环所包围的前向通道上的扰动作用，被控量总是跟随给定量变化，电动机的转速总是随着给定电压 U_n^* 变化而变化。

（3）系统的精度依赖于给定和反馈检测精度　如果系统的给定电压发生波动，反馈控制系统无法鉴别是对给定电压的正常调节还是不应有的电压波动。因此，高精度的调速系统必须有更高精度的给定稳压电源。反馈检测装置的误差不在闭环系统的前向通道上，因此检测精度直接影响系统输出精度。

【例 2-2】图 2-6 所示的调节器为比例调节器，试分析并指出系统对下列参数变化产生的干扰是否有调节作用。①给定电路的电阻 R_0；②供电电网电压 U；③电枢电阻 R；④转速反馈系数 α；⑤电动机励磁电压。

解：干扰①的作用点在闭环外；干扰②的作用点在 K_s 环节上；干扰③的作用点在右综合点上；干扰④的作用点不在前向通道上；干扰⑤的作用点在 C_e 环节上。所以闭环系统对干扰②、③、⑤有调节作用，对干扰①、④没有调节作用。

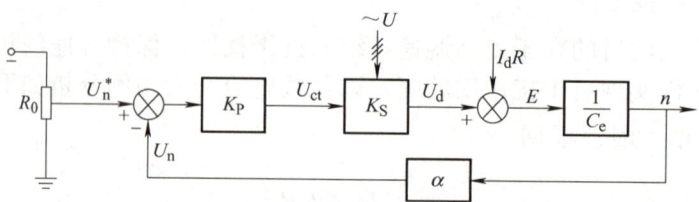

图 2-6 单闭环调速系统稳态结构

2.2.2 无静差转速负反馈直流调速系统

调速系统达到稳定工作状态时，转速反馈与转速给定的值相等，调节器的输入偏差电压等于零，这种调速系统称为无静差调速系统。有静差调速与无静差调速的区别在于调节器的选择不同，从而引起系统的特性不同。

1. 调节器及其特性

调节器是由运算放大器构成的电路单元。调速系统中常见的调节器有：比例调节器、积分调节器、比例 – 积分调节器 3 种。

（1）比例调节器（简称 P 调节器）

比例调节器如图 2-7 所示，也可称为比例放大器。比例调节器电气原理图如图 2-7a 所示，一般采用反相输入。比例调节器的输入 – 输出特性如图 2-7b 所示。

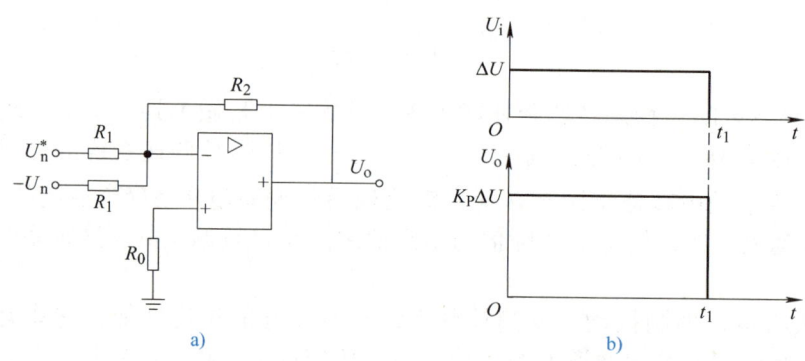

图 2-7 比例调节器

a）电气原理图 b）输入 – 输出特性

比例调节器输入 – 输出关系为

$$U_o = -\frac{R_2}{R_1}(U_n^* - U_n) = -K_P(U_n^* - U_n) = -K_P \Delta U_n \tag{2-22}$$

式中，$K_P = -\dfrac{R_2}{R_1}$ 为比例调节器的放大倍数。

调节器都是由运算放大器的反相输入端输入,式(2-22)中的负号表示输出与输入呈反相关系,即输入偏差为正时输出为负,反之亦然。如果仅考虑输入-输出信号的大小关系,可不考虑负号,但应知道输入-输出的极性是相反的。

比例调节器的特点。输出信号随时跟随输入信号变化,输出响应快,反映到控制作用上,即比例调节器的控制速度快。比例调节器的缺点是不能实现无静差调节,即稳态工作时,其输入偏差 ΔU 不能为零,被控量的实际值与给定值之间总是存在偏差的。比例调节器可实现有静差调速。

(2)积分调节器(简称 I 调节器)

积分调节器就是将比例调节器中的反馈电阻换成电容。积分调节器的电气原理图及其输入-输出特性如图 2-8 所示。

积分调节器的输入-输出关系为

$$U_o = -\frac{1}{R_1 C}\int (U_n^* - U_n)\,dt = -\frac{1}{R_1 C}\int \Delta U_n\,dt = -\frac{1}{T}\int \Delta U_n\,dt \qquad (2\text{-}23)$$

式中,$T = R_1 C$ 为积分时间常数。如图 2-8b 所示,在 $0 \sim t_1$ 时间内,偏差电压为定值,积分调节器的输出从零开始积分,沿斜线上升,t_1 时刻之后,输入偏差电压为零,积分作用停止,输出保持不变。

积分调节器的特点。积分调节器的优点是可以实现无静差调节。积分调节器的输入偏差大于零时,输出量向上积分而增大;输入偏差小于零时,输出量向下积分而减小;输出量恒定的条件是输入偏差为零,即反馈量与给定量相等。所以采用积分调节器可实现无静差调速。积分调节器的缺点是控制作用慢。当输入为阶跃信号时,输出量不能马上跟随给定量变化,要经过一个积分过程,输出才能达到设定值,控制作用不如比例调节器及时。

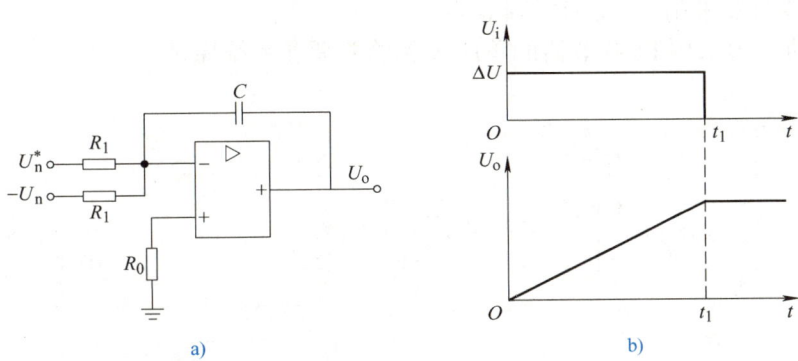

图 2-8 积分调节器

a)电气原理图 b)输入-输出特性

(3)比例-积分调节器(简称 PI 调节器)

比例-积分调节器的电气原理图及其输入-输出关系如图 2-9 所示。

比例-积分调节器的输入-输出特性为

$$U_o = -\left(K_P \Delta U_n + \frac{1}{T}\int \Delta U_n\,dt\right) \qquad (2\text{-}24)$$

比例-积分调节器的输入-输出特性是比例调节器和积分调节器的特性叠加：积分作用之前先经比例放大，输出比积分调节器响应快；输出稳定时，调节器的输入端偏差为零，可实现无静差控制。采用比例-积分调节器的控制系统具有较好的动态性能和稳态性能，因此比例-积分调节器在控制系统中应用广泛。

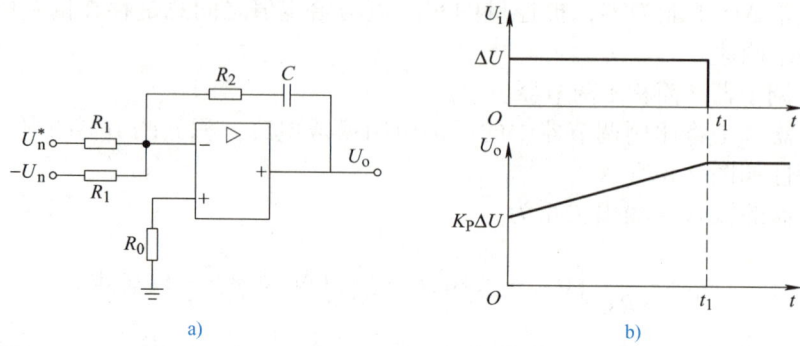

图 2-9 比例-积分调节器

a）电气原理图　b）输入-输出特性

要说明的是，纯积分调节器只是一种理论的模型，实际实现较难，一般不单独应用。转速负反馈调速系统中，转速调节器为比例调节器时可实现有静差调速；若要实现无静差调速，转速调节器应采用比例-积分调节器。

2. 无静差调速系统

实现无静差调速的条件如下：

1）采用转速负反馈。
2）转速调节器采用 PI 或 PID 调节器。

图 2-10 所示为采用 PI 调节器的单闭环无静差调速系统原理。

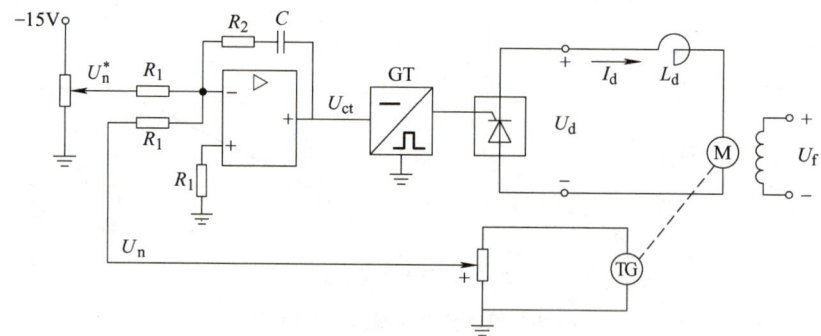

图 2-10 单闭环无静差调速系统原理

当负载转矩 T_{L1} 突增到 T_{L2} 时，负载转矩大于电动机转矩造成电动机转速下降，转速反馈电压随之下降，使调节器输入偏差 $\Delta U_n \neq 0$，于是引起 PI 调节器的调节过程。

由图 2-10 可见，在调节过程的初设系统运行时，电动机转速为 n，偏差电压 $\Delta U_n = U_n^* - U_n = 0$，当负载增大时，自动调节过程如下：

$$T_L\uparrow \to n\downarrow \to \Delta U_n>0 \to |U_c|\uparrow \to U_d\uparrow \to n\uparrow$$

$$\Delta U_n \neq 0$$

只要 $\Delta U_n \neq 0$，调节过程便将一直持续下去。当 $\Delta U_n = 0$ 时，U_{ct} 和 U_d 不再升高，达到新的稳定，这时的 U_{ct} 和 U_d 已经上升，不是原来的数值，但转速已恢复到原值。应当指出，所谓"无静差"只是理论上的，因为积分或比例-积分调节器在静态时电容两端电压不变，相当于开路，运算放大器的放大系数理论上为无穷大，所以才使系统静差 $\Delta n = 0$。实际上，这时放大系数是运算放大器本身的开环放大系数，其数值虽然很大，但还是有限的，因此系统仍存在着很小的静差，只是在一般精度要求下可以忽略不计而已。同时，无静差调速系统只是稳态上的无静差，在动态时还是有静差的。

单闭环无静差调速系统的稳态结构如图 2-11 所示。

无静差调速系统达到稳定工作状态时，系统的一个显著特点就是调节器的输入偏差为零，即

$$\Delta U = U_n^* - U_n = 0 \text{ 或 } U_n^* = U_n = \alpha n$$

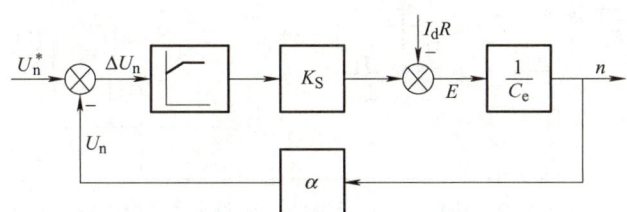

图 2-11　单闭环无静差调速系统的稳态结构

这就是无静差调速系统的静特性方程。

【例 2-3】单闭环无静差调速系统的稳态结构如图 2-11 所示。电动机参数 $U_N = 220\text{V}$，$I_N = 55\text{A}$，$R_a = 1\Omega$，$n_N = 1500\text{r/min}$。整流装置的放大倍数 $K_S = 40$，转速反馈系数 $\alpha = 0.01\text{V}\cdot\text{min/r}$，给定电压 $U_n^* = 12\text{V}$ 时，负载电流 $I_d = 50\text{A}$。试计算电动机的转速 n、整流输出电压 U_d 及转速调节器的输出电压 U_{ct} 分别是多少？

解：由于系统采用 PI 调节器，稳态时 $\Delta U=0$，所以电动机的转速为

$$n = \frac{U_n}{\alpha} = \frac{U_n^*}{\alpha} = \frac{12}{0.01} = 1200(\text{r/min})$$

$$C_e = \frac{U_N - I_N R_a}{n_N} = \frac{220 - 55\times 1}{1500} = 0.11(\text{V}\cdot\text{min/r})$$

由 $n = \dfrac{U_d - I_d R_a}{C_e}$ 得

$$U_d = C_e n + I_d R_a = 0.11\times 1200 + 50\times 1 = 182(\text{V})$$

$$U_{ct} = \frac{U_d}{K_S} = \frac{182}{40} = 4.55(V)$$

2.2.3 其他形式的单闭环调速系统

1. 电压负反馈直流调速系统

转速负反馈需要有测速发电机,测速发电机和电动机必须同轴相联,安装技术和要求精度较高。因此在转速要求不太严格的系统中,根据电动机机械特性关系式 $n = \frac{U_d}{C_e} - \frac{I_d R}{C_e}$,可以通过调节电动机电枢电压来补偿电动机的转速,将电枢电压作为被调节量,而电动机转速作为间接调节量,同样可以自动调速,只是精度要差些。

图 2-12 所示为具有电压负反馈的自动调速系统原理图。图中使用了比例调节器,在电枢回路中接入分压电阻 R_3、R_4,该电阻必须接在平波电抗器后面,以此为分界,前面是平波电抗器和电源,后面是电枢。

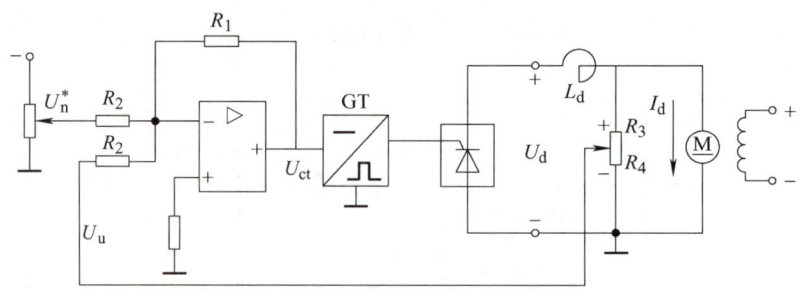

图 2-12 具有电压负反馈的自动调速系统原理图

由分压电阻得 $U_u = \frac{R_3}{R_3 + R_4} U_d$,从电路图所标极性可知,引入比例调节器输入端的是 U_u 负值,所以是电压负反馈。把 $\Delta U = U_n^* - U_u$ 作为比例调节器的输入信号,输出信号为 U_{ct}。U_{ct} 的值决定脉冲触发器产生的控制角 α 的大小,以控制晶闸管的整流输出电压 U_d,从而控制电动机转速。

当负载变化时,例如负载增加,电动机转速下降,而电枢回路的电流将增加,在电枢回路中电源内阻和滤波电抗器内阻上的电压降将增加,使电枢电压下降。反馈电压 U_u 下降,ΔU 增加,使 U_{ct} 上升,促使控制角前移,晶闸管输出电压上升,导致电动机转速的回升。

电压负反馈调速系统的稳态结构图如图 2-13 所示。由于调节的对象是电动机电枢电压,电动机转速是间接调节量,所以,效果不如转速负反馈直流调速系统好。电压负反馈电阻接在电枢前面,这种反馈只能使主回路中的电压变化得到补偿,电动机电枢电阻上的电压变化没有得到补偿,因为前者在反馈圈内,而后者在反馈圈外。同样,对于电动机励磁电流变化所造成的扰动,电压反馈也无法克服。因此,电压负反馈调速系统的静态转速降比相同放大系数的转速负反馈系统更大一些,稳态性能要差一些。在实际系统中,为了尽可能减小静态转速降,电压反馈的两根引出线应该尽量靠近电动机电枢两端。

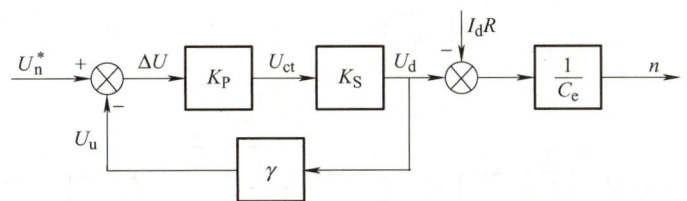

图 2-13 电压负反馈调速系统稳态结构图

虽然调节性能不如转速负反馈系统,但由于电压负反馈系统省略了测速发电机,使系统结构简单,维护方便,所以仍然得到了广泛的使用。一般在调速范围 $D<10$,静差率 s 在 15%～30% 时,可以使用这种系统。

必须指出:在图 2-13 所示的系统中,反馈电压直接取自接在电动机电枢两端的电位器,这种方式虽然简单,却把主电路的高电压和控制电路的低电压串在一起了,从安全角度看是不合适的。对于小容量调速系统还可以将就,而对于电压较高、电动机容量较大的系统,通常应在反馈回路中加入电压隔离变换器,使主电路和控制电路之间没有直接电压联系。

2. 带电流补偿的电压负反馈直流调速系统

在控制系统中,当某个物理量发生变化时,可以产生某种效果,影响输出量,就可以利用该变化的物理量对输出量进行补偿。在自动控制的调速系统中,由于负载转矩(反映在电枢回路中是电枢电流)的变化,产生了电动机的转速降 $\Delta n = \dfrac{R}{C_e} I_d$。可以使电枢电流的变化对电动机的转速进行补偿。电压负反馈带电流正反馈直流调速系统如图 2-14 所示。

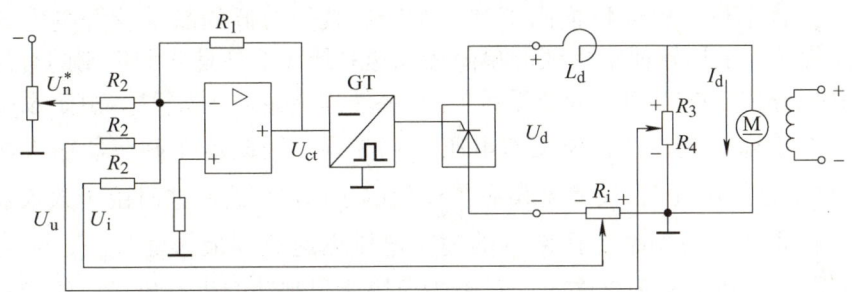

图 2-14 电压负反馈带电流正反馈直流调速系统

为了提高电压负反馈调速系统静特性的硬度,减小静态误差,在系统中加入电流补偿环节(电流正反馈环节)。

设电动机在某转速下运转,若负载转矩增大,除电压负反馈起作用外,电流正反馈也将起作用。由于在电枢回路中串接了一个电流反馈用的电阻 R_i,故电阻 R_i 上的电压降为 $I_d R_i$,作为正反馈信号,接到比例调节器的输入端。从电压极性可以得到, $\Delta U_n = U_n^* - U_u + U_i$,其中 $U_i = I_d R_i$ 即电流正反馈信号。

电压负反馈带电流正反馈补偿调速系统的稳态结构图如图 2-15 所示。假设由于负载增加,引起 $U_i = I_d R_i$ 的增加,使偏差 ΔU 增大,U_{ct} 上升,促使控制角前移,晶闸管输出电压上升,电动机的转速得到补偿。注意:电流正反馈环节是一种补偿环节,而不是反馈环节,但习惯上称它为电流正反馈环节。

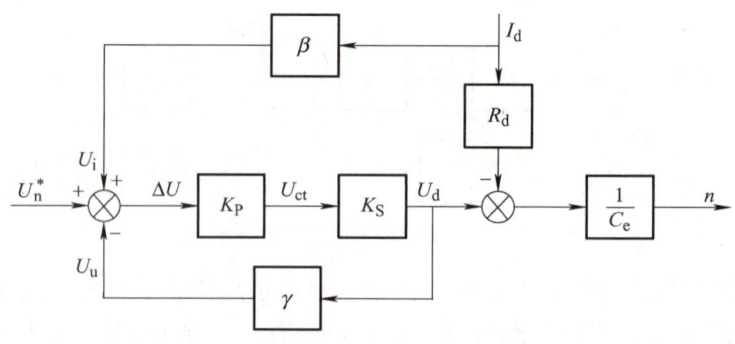

图 2-15　电压负反馈带电流正反馈补偿调速系统的稳态结构图

从理论上讲，只要参数选配得当，可以用电流正反馈的方式完全补偿回路电压降所引起的转速降，使静特性是一条水平线，从而使电动机的转速与负载大小无关。但实际上做不到，主要原因是系统中的各元件参数在系统工作时不是绝对稳定的。例如，电流正反馈电阻 R_i 将随着电流的增加及长期工作而温度升高，电阻值随温度升高而变大。如选择电路参数使得系统的静特性呈水平直线，那么在电阻值随温度升高而变大后，电流正反馈的值 $U_i = I_d R_i$ 将比原先预计得大，而产生过补偿，系统静特性将上翘，引起系统的不稳定。因此，为了保证系统的稳定性，宁可使电流正反馈作用弱些。

根据以上分析过的几种调速系统可知，电压负反馈时对转速有自动调速的功能，但不够理想，具有电压负反馈及电流正反馈的系统对转速的自动调节更进一步。

3. 电流截止负反馈直流调速系统

众所周知，直流电动机全电压起动时，如果没有采取专门的限流措施，会产生很大的冲击电流，这不仅对电动机换向不利，对于过载能力低的晶闸管等电力电子器件来说，更是不允许的。采用转速负反馈的单闭环调速系统（不管是比例控制的有静差调速系统，还是比例积分控制的无静差调速系统），当突然加给定电压 U_n^* 时，由于系统存在的惯性，电动机不会立即转起来，转速反馈电压 U_n 仍为零。因此加在调节器输入端的偏差电压 $\Delta U_n = U_n^* - U_n = U_n^* - 0 = U_n^*$，大概是稳态工作值的（1+K）倍。这时由于放大器和触发驱动装置的惯性都很小，使功率变换装置的输出电压迅速达到最大值 U_{dmax}，对电动机来说相当于全电压起动，通常是不允许的。对于要求快速起制动的生产机械，给定信号多半采用突加方式。另外，有些生产机械的电动机可能会遇到堵转的情况，例如挖土机、轧钢机等，闭环系统特性很硬，若无限流措施，电流会大大超过允许值。如果依靠过电流继电器或快速熔断器进行限流保护，一过载就跳闸或烧断熔断器，将无法保证系统的正常工作。

为了解决反馈控制单闭环调速系统起动和堵转时电流过大的问题，系统中必须设有自动限制电枢电流的环节。根据反馈控制的基本概念，要维持某个物理量基本不变，只要引入该物理量的负反馈就可以了。所以，引入电流负反馈能够保持电流不变，使它不超过允许值。但是，电流负反馈的引入会使系统的静特性变得很软，不能满足一般调速系统的要求，电流负反馈的限流作用只应在起动和堵转时存在，在正常运行时必须去掉，使电流能自由地随着负载增减。这种当电流大到一定程度时才起作用的电流负反馈称为电流截止负反馈。

为了实现截止负反馈，必须在系统中引入电流负反馈截止环节。电流负反馈截止环节的具体线路有不同形式，但是无论哪种形式，其基本思想都是将电流反馈信号转换成电压信号，然后去和一个比较电压 U_{com} 进行比较。电流负反馈信号的获得可以采用在交流侧的交流电流检测装置，也可以采用直流侧的直流电流检测装置。最简单的是在电动机电枢回路串入一个小阻值的电阻 R_s，$I_d R_s$ 是正比于电流的电压信号，用它去和比较电压 U_{com} 进行比较。当 $I_d R_s > U_{com}$ 时，电流负反馈信号 U_i 起作用，当 $I_d R_s \leq U_{com}$ 时，电流负反馈信号被截止。比较电压 U_{com} 可以利用独立的电源，在反馈电压 $I_d R_s$ 和比较电压 U_{com} 之间串接一个二极管组成电流负反馈截止环节，如图 2-16 所示。

也可以利用稳压管的击穿电压 U_{br} 作为比较电压，组成电流负反馈截止环节，如图 2-17 所示，此类线路更为简单。在实际系统中，也可以采用电流互感器来检测主回路的电流，从而将主回路与控制回路实行电气隔离，以保证人身和设备安全。

图 2-16 利用独立直流电源作为比较电压　　图 2-17 利用稳压管产生比较电压

带电流截止负反馈的转速负反馈直流调速系统如图 2-18 所示。图中稳压管 VTS 构成一个比较环节，它的击穿电压提供了一个比较电压。当电枢电流 I_d 小于允许值时，使反馈电压 U_i 小于 VTS 的击穿电压，稳压管 VTS 未导通，对控制不起作用；当电流 I_d 大于允许值时急骤下降，转速 n 随之也急速下降，从而限制了电流增长，起到保护晶闸管和电动机的作用。

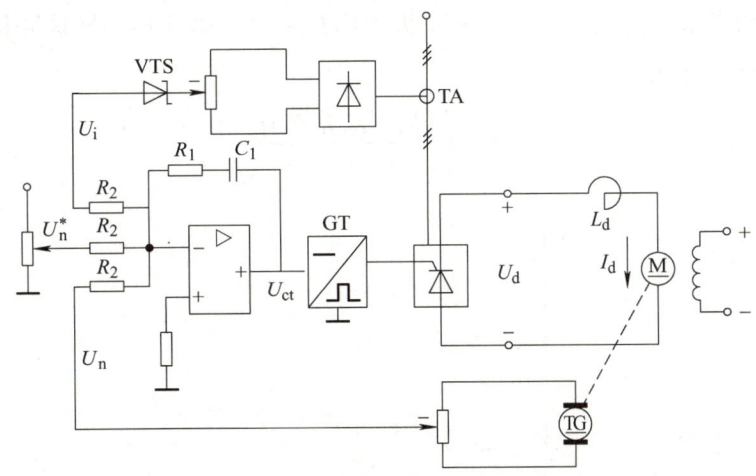

图 2-18 带电流截止负反馈的转速负反馈直流调速系统

带电流截止负反馈的转速负反馈直流调速系统稳态结构图如图 2-19 所示。设截止电流为 I_{dcr}，则当 $I_d \leq I_{dcr}$ 时，电流负反馈被截止，静特性和只有转速负反馈调速系统的静特性公式相同，即

$$n = \frac{K_P K_S U_n^*}{C_e(1+K)} - \frac{R_d I_d}{C_e(1+K)} \qquad (2\text{-}25)$$

当引入电流负反馈时，静特性变成

$$n = \frac{K_P K_S (U_n^* + U_{com})}{C_e(1+K)} - \frac{(R_d + K_P K_S R_s) I_d}{C_e(1+K)} \qquad (2\text{-}26)$$

带电流截止负反馈转速闭环调速系统的静特性如图 2-20 所示。比较两段特性，可以看出 $n_0' \gg n_0$，这是由于比较电压 U_{com} 与给定电压 U_n^* 的作用一致，因而提高了虚拟的理想空载转速 n_0'。

$$n_0' = \frac{K_P K_S (U_n^* + U_{com})}{C_e(1+K)} \qquad (2\text{-}27)$$

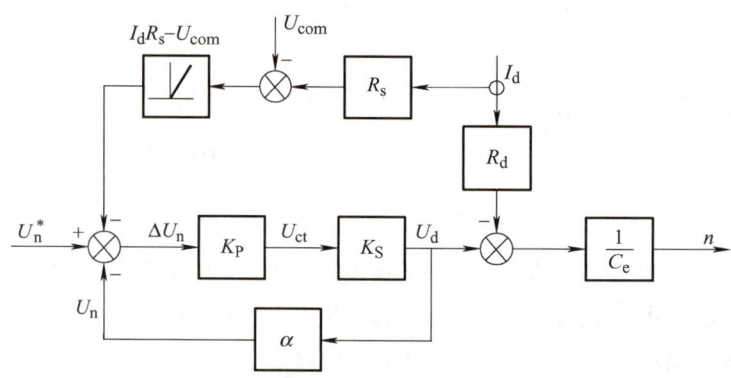

图 2-19　带电流截止负反馈的转速负反馈直流调速系统稳态结构图

图 2-20 中用虚线表示的 n_0'–A 段由于电流负反馈被截止而不存在。$\Delta n' \gg \Delta n$ 说明电流负反馈的作用相当于在主电路中串入一个大电阻 $K_P K_S R_s$，因而稳态转速降极大，特性急剧下垂，表现出限流特性。

$$\Delta n_0' = \frac{(R_d + K_P K_S R_s) I_d}{C_e(1+K)} \qquad (2\text{-}28)$$

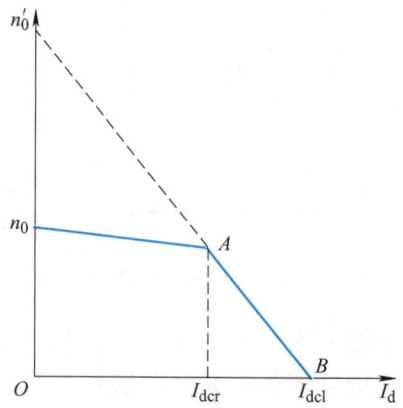

图 2-20　带电流截止负反馈转速闭环调速系统的静特性

这种两段式的静特性常被称为下垂特性或挖土机特性。A 点称为截止电流点，对应的电流是截止电流 I_{dcr}，B 点称为堵转点，对应的电流称为堵转电流 I_{dbl}。

截止电流应大于电动机的额定电流，一般取

$$I_{dcr} \geq (1.1 \sim 1.2)I_N \quad (2\text{-}29)$$

堵转电流应小于电动机允许的最大电流，一般取

$$I_{dbl} = (1.5 \sim 2)I_N \quad (2\text{-}30)$$

上述关系作为设计电流截止负反馈环节参数的依据。

必须指出：电流截止负反馈环节只是解决了系统的限流问题，使调速系统能够实际运行，但它的动态特性并不理想，所以只适用于对动态特性要求不太高的小容量系统。

2.3 项目准备

在实施项目前，应按照材料清单逐一检查的所需材料、工具是否齐全，并填写各种材料的数量、规格、是否损坏等情况。基于单片机的单闭环直流调速系统元件清单见表 2-1。

表 2-1 基于单片机的单闭环直流调速系统元件清单

序号	材料名称	规格	数量	是否损坏
1	9*15 万用板			
2	STC89C52 单片机			
3	12V 直流电动机			
4	40 脚 IC 座			
5	磁铁			
6	直插按钮			
7	4 位共阴极数码管			
8	74HC138 译码器			
9	74HC245 三态收发器			
10	L298N 电动机驱动芯片			
11	1N4003 整流二极管			
12	A3144 霍尔传感器			
13	103 排阻			
14	100Ω 电阻			
15	12M 晶振			
16	30pF 瓷片电容			
17	10μF 电解电容			
18	DC 电源插口			
19	导线			
20	焊锡			

2.4 项目实施

本次实训除了硬件焊接和调试外，还增加了 52 单片机软件编程与调试、PID 控制算法应用与调试等环节，为了顺利完成本次项目，将任务分工和实施计划安排如下。

1. 任务分工

四人一组，每名成员要有明确的分工、角色分配及责任，任务分工如下。

1）硬件焊接与调试：小组组长，负责电路硬件焊接与调试，并统筹协调小组成员的工作任务，配合小组成员完成系统测试。

2）软件编写与调试：小组成员，负责 C 语言编程、增量式 PID 算法参数调试，以及小组项目实施过程中的安全事项。

3）虚拟仿真设计与演示：小组成员，负责 Proteus 虚拟仿真平台搭建。

4）资料整理员：小组成员，负责项目实施过程中的资料收集、整理等事项。

2. 实施计划表

项目实施计划表见表 2-2。

表 2-2 项目实施计划表

实施步骤	实施内容	计划完成时间	实际完成时间	备注
1	硬件选型			
2	电路焊接			
3	电路板调试			
4	电路测量			
5	单片机软件编程			
6	Proteus 虚拟仿真			
7	资料整理			
8	项目评价			

2.4.1 硬件选型

1. L298N 电动机驱动芯片

L298N 芯片拥有工作电压高、输出电流大、驱动能力强、发热量低、抗干扰能力强等特点，通常用来驱动继电器、螺线管、电磁阀、直流电动机以及步进电动机。

（1）芯片介绍 L298N 就是 L298 的立式封装，如图 2-21a 所示，是一款可接受高电压的大电流双路全桥式电动机驱动芯片，内部原理图如图 2-21b 所示。其工作电压可达 46V，输出电流最高可至 4A，采用 Multiwatt 15 脚封装，接收标准 TTL 逻辑电平信号，具有两个使能控制端，在不受输入信号影响的情况下通过板载跳帽插拔的方式，动态调整电路运作方式；有一个逻辑电源输入端，通过内置的稳压芯片 78MOS，使内部逻辑电路部分在欠电压下工作，也可以对外输出逻辑电压 5V。为了避免稳压芯片损坏，当驱动电压大于 12V 时，务必使用外置的 5V 接口独立供电。

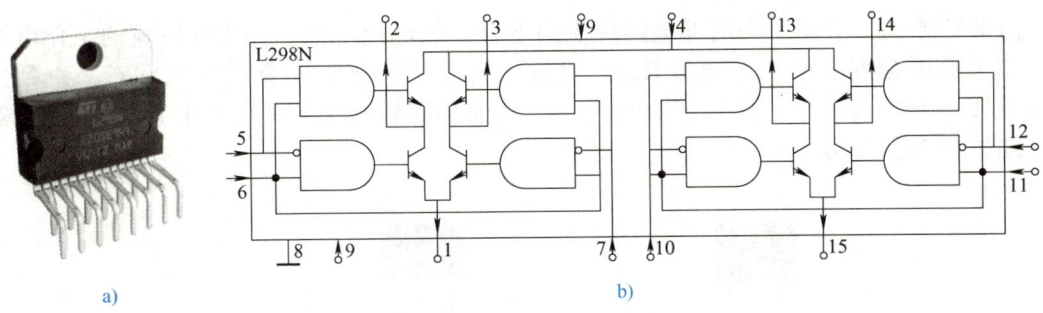

图 2-21 L298N 电动机驱动芯片

a）封装图　b）内部原理图

（2）接线原理图

L298N 接线原理图如图 2-22 所示。IN1 & IN2 引脚为电动机驱动器 A 的输入引脚，控制电动机 A 转动及旋转方向。IN1 输入高电平 HIGH，IN2 输入低电平 LOW，对应电动机 A 正转；IN1 输入低电平 LOW，IN2 输入高电平 HIGH，对应电动机 A 反转；IN1、IN2 同时输入高电平 HIGH 或低电平 LOW，对应电动机 A 停止转动。ENA 接控制使能端，通过 PWM 控制电动机 A 调速。

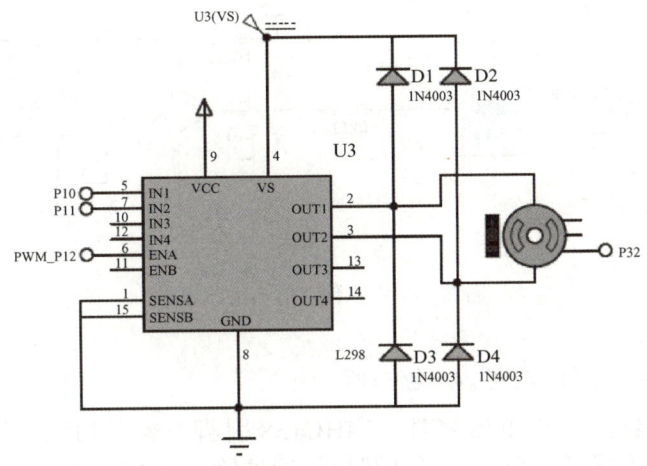

图 2-22 L298N 接线原理图

2. A3144 霍尔传感器

（1）引脚配置

A3144 霍尔传感器有 3 个引脚，如图 2-23 所示。第 1 个引脚是电源引脚，用于传感器供电，例如可以使用 5V 直流电压供电；第 2 个是接地引脚，用于传感器接地；第 3 个是数字输出引脚，它与微控制器等接口连接。需要注意的是，在引脚 1 和 3 之间必须有一个 10kΩ 的上拉电阻，以便在没有任何磁场的情况下保持高输出。类似地，引脚 2 和引脚 3 之间必须有一个 0.1pF 的电容，用于对数字输出进行滤波，因为噪声可能会与该数字输出耦合。

（2）测速原理

霍尔传感器有两种主要类型，一种提供模拟输出，另一种提供数字输出。A3144 是数字输出霍尔传感器，该器件包括一个用于磁感应的片上霍尔电压发生器、一个放大霍尔电压的比较器以及一个施密特触发器，以提供开关滞后来抑制噪声，并具有集电极开路输出。内部带隙调节器用于为内部电路提供温度补偿的电源电压，并允许较宽的工作电源范围。如果磁通密度大于工作阈值 Bop，则输出打开（低电平），保持输出状态，直到磁通密度反转，下降到低于工作阈值 Brp 为止，从而导致输出关闭（高电平）。霍尔传感器测量原理如图 2-24 所示。

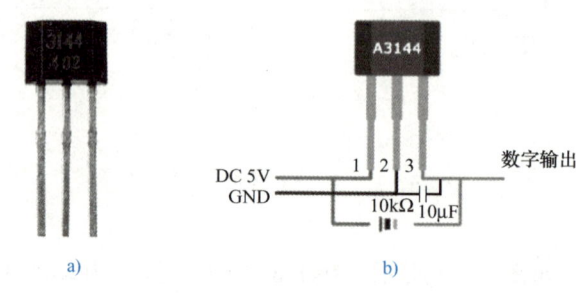

图 2-23　A3144 霍尔传感器

a）封装图　b）接线图

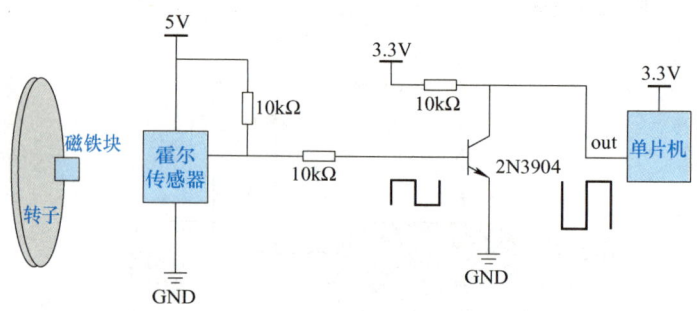

图 2-24　霍尔传感器测量原理图

3. 74HC138 译码器和 74HC245 锁存器

74HC138 是一款高速 CMOS 器件，74HC138 引脚兼容低功耗肖特基 TTL（LSTTL）系列。74HC138 译码器可接受 3 位二进制加权地址输入（A0、A1 和 A2），当使能时，提供 8 个互斥的低有效输出（Y0～Y7）。

74HC245 兼容 TTL 器件引脚的高速 CMOS 总线收发器（bustransceiver）、典型的 CMOS 型三态缓冲门电路和八路信号收发器。由于单片机或 CPU 的数据/地址/控制总线端口都有一定的负载能力，如果负载超过其负载能力，一般应加驱动器。主要应用于大屏显示，以及焊接工艺流程。

2.4.2　硬件焊接与调试

根据硬件选型和系统设计原理图，如图 2-25 所示，完成洞洞板焊接。

1）简单电路直接按照电气连接进行焊接。

2）复杂电路通常连线复杂，一般情况下是包含芯片的电路，芯片引脚多，需要连接的线路较复杂。复杂电路可先在图纸上进行连线配置，再进行焊接，当中可能要用到飞线。

控制单元与控制算法的设计与实现

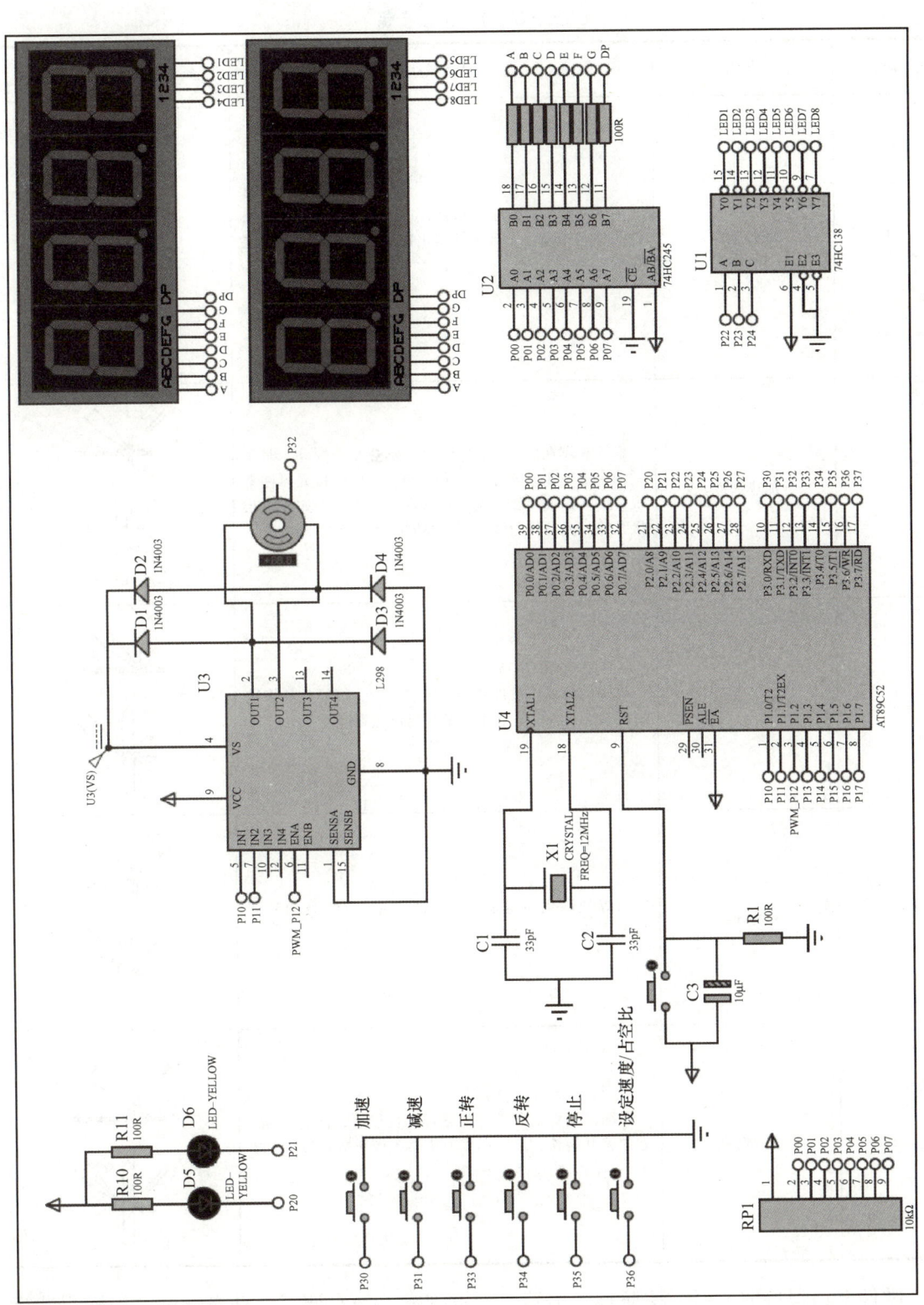

图 2-25 系统设计原理图

自动调速系统

手工焊接步骤见表 2-3。

表 2-3 手工焊接步骤

步骤	名称	任务描述	图片
1	准备施焊	左手拿焊丝，右手握烙铁，进入备焊状态。要求烙铁头保持干净，无焊渣等氧化物，并在表面镀有一层焊锡	
2	加热焊件	烙铁头靠在两焊件的连接处，加热整个焊件，时间大约为 1～2s。对于在印制电路板上的焊接元器件来说，要注意使烙铁头同时接触两个被焊物，如导线与接线柱、元器件引线与焊盘要同时均匀受热	
3	送入焊丝	焊件的焊接面被加热到一定温度时，焊锡丝从烙铁对面接触焊件。注意不要把焊锡丝送到烙铁头上	
4	移开焊丝	当焊丝熔化一定量后，立即向左上 45° 方向移开焊丝	
5	移开烙铁	焊锡浸润焊盘和焊件的施焊部位以后，向右上 45° 方向移开烙铁，结束焊接。从第 3 步开始到第 5 步结束，时间大约也是 1～2s	

硬件电路焊接完成后，按照检查电路、通电观察、静态调试、动态调试、指标测试等指标进行硬件调试。

2.4.3 单片机软件编程

单片机编程采用 Keil 作为开发软件，利用 C 语言模块化的程序结构，设计了矩阵键盘动态扫描程序、8 位共阴极数码管动态显示程序、直流电动机 PWM 驱动程序、增量式 PID 控制算法等，将 4 个程序模块组合在一起，实现单片机控制系统的整体功能。这里主要介绍增量式 PID 控制算法。

单闭环直流调速系统测试故障分析

增量式 PID 算法需要保存历史偏差 $e(t-1)$，$e(t-2)$，即在第 t 次控制周期时，需要使用第 $t-1$ 和第 $t-2$ 次控制所输入的偏差，最终计算得到 $\Delta U(t)$，此时，这还不是我们所需要的 PID 输出量，所以需要进行累加。计算公式为

$$\Delta U(t) = K_P[e(t)-e(t-1)] + K_I e(t) + K_D[e(t)-2e(t-1)+e(t-2)] \qquad (2\text{-}31)$$

1）比例项 $K_P[e(t)-e(t-1)]$。比例项表示当前时刻偏差与上一时刻偏差的差值，并乘以比例系数 K_P。这一项的作用是根据当前时刻偏差与上一时刻偏差的变化情况，调节控制器的输出增量。

2）积分项 $K_I e(t)$。积分项表示当前时刻偏差的累积值，并乘以积分系数 K_I。这一项的作用是消除偏差的稳态误差，即使得系统在长时间内能够稳定地达到期望值。

3）微分项 $K_D[e(t)-2e(t-1)+e(t-2)]$。微分项表示当前时刻偏差与上两个时刻偏差的差值的加权和，并乘以微分系数 K_D。这一项的作用是根据偏差的变化率，预测系统未来的变化趋势，从而调节控制器的输出增量，提高系统的动态响应性能。

基于 Proteus 的单闭环直流调速系统仿真

2.4.4 项目测试

在硬件和软件调试结束后，开始进行项目测试和结果记录，虚拟仿真项目测试步骤见表 2-4，实操项目测试步骤见表 2-5。

开环和闭环系统静特性分析

表 2-4 虚拟仿真项目测试步骤

序号	测试步骤	测试结果
1	按照系统设计原理图，在 Proteus 中绘制系统的电路图	
2	利用 Keil 软件生成 Hex 文件	
3	在 Proteus 虚拟仿真软件中，加载 Hex 文件，并单击开始仿真	
4	单击按钮 K3，电动机正转运行；单击按钮 K4，电动机反转运行；单击按钮 K5，电动机停止运行	
5	单击按钮 K1，目标速度增加 10，观察当前转速是否与目标速度一致	
6	再次单击按钮 K1，目标速度增加 20，观察当前转速是否与目标速度一致	
7	连续测量 5 次，记录实训结果	
8	单击按钮 K2，目标速度减少 10，观察当前转速是否与目标速度一致	

(续)

序号	测试步骤	测试结果
9	再次单击按钮 K2，目标速度减少 20，观察当前转速是否与目标速度一致	
10	连续测量 5 次，记录实训结果	

表 2-5 实操项目测试步骤

序号	测试步骤	测试结果
1	单片机通过 USB 下载线连接计算机	
2	利用 Keil 软件生成 Hex 文件	
3	将生成的 Hex 文件通过程序烧录软件写入单片机	
4	单击按钮 K3，电动机正转运行；单击按钮 K4，电动机反转运行；单击按钮 K5，电动机停止运行	
5	单击按钮 K1，目标速度增加 10，观察当前转速是否与目标速度一致	
6	再次单击按钮 K1，目标速度增加 20，观察当前转速是否与目标速度一致	
7	连续测量 5 次，记录实训结果	
8	单击按钮 K2，目标速度减少 10，观察当前转速是否与目标速度一致	
9	再次单击按钮 K2，目标速度减少 20，观察当前转速是否与目标速度一致	
10	连续测量 5 次，记录实训结果	

2.5 检查评议

单闭环直流调速系统安装与调试项目自我评价见表 2-6，项目考核评定表见 2-7。

表 2-6 单闭环直流调速系统安装与调试项目自我评价

评价内容	分值	得分	需提高部分
硬件选型	10		
电路焊接	10		
电路板调试	10		
软件编程	20		
仿真平台搭建	20		
项目测试	20		
资料整理	10		
不足之处			
优点			

表 2-7　单闭环直流调速系统安装与调试项目考核评定

项目分类		考核内容	分值	工作要求	评分标准	教师评分
专业能力 90 分	硬件选型	1. 正确选择所需元器件的型号及数量	10	按照需求，正确选择元件型号及数量，满足项目需求	1. 选择型号或者数量错误，每处扣 2 分 2. 其他每错一处扣 1 分	
		2. 正确填写硬件选型表格	10	将选择的型号及数量正确填写到硬件选型表格中	若有填写错误，每处扣 2 分	
	电路焊接	1. 正确、合理使电烙铁进行焊接	10	能够正确使用电烙铁，无安全隐患	不会用、错误使用不得分，出现安全隐患不得分（教师提问、学生操作），焊接错误每错一处扣 2 分	
		2. 焊接工艺标准	10	焊接正确且工艺标准，不出现短路、缺焊、漏焊的情况	短路、缺焊、漏焊每处扣 2 分	
	电路调试与测量	1. 按照电路调试步骤依次调试	40	按照调试步骤进行调试，不得跳过步骤直接测量	根据步骤进行调试，少步骤，或者步骤错误每处扣 5 分	
		2. 按照虚拟仿真和实操测量步骤测量出结果，并记录	10	程序运行结果正确，表述清楚，口试答辩准确	对运行结果记录不清楚或错误扣 5 分	
职业素质能力 10 分		相互沟通、团结配合能力	5	善于沟通，积极参与，与组长、组员配合默契	根据自评、互评、教师点评而定	
		清扫场地、整理工位	5	场地清扫干净，工具、桌椅摆放整齐	不合格，不得分	
合计						

2.6　故障及处理

单闭环直流调速系统安装与调试项目常见故障及处理见表 2-8。

表 2-8　单闭环直流调速系统安装与调试项目常见故障及处理

分类	常见故障	处理方法
Proteus 仿真过程常见故障及处理方法	仿真运行过程中，数码管不能正常显示	检查数码管段选数组是否访问越界
	未加载 Hex 文件	未加载 Hex 文件，即未写入程序，请按照资料中的"仿真注意事项"进行操作，写入 Hex 文件
	虚拟电动机编码器显示值与采集数据不一致	根据采样周期内产生的脉冲数，调整换算公式，重新计算转速
	按键不起作用	检查按钮公共端接地是否正常连接

(续)

分类	常见故障	处理方法
调试过程中常见故障及处理方法	直流电动机速度无法达到目标值，忽大忽小，来回跳变	1. 检查 DC 12V 电源是否稳定； 2. 按照 PID 调节规律，重新整定 PID 系数
	占空比输出 100%，直流电动机速度仍然无法达到目标值	1. 减小速度设定目标值； 2. 增加驱动器输入电压
	重新设定目标速度，电动机转速不变	1. 用示波器检查霍尔传感器输出脉冲是否正常； 2. 检查霍尔传感器接线是否脱落
	起动后直流电动机无法正常运转	1. 检查软件设置是否达到起动条件； 2. 检查硬件电源接线是否正常

2.7 问题与思考

1. 转速单闭环调速系统由哪几部分构成？
2. 为什么开环调速系统的给定电压采用正给定，而单闭环调速系统要采用负给定？
3. 无静差调速系统稳定工作时，若负载加重了（即负载电流增大），系统再次达到稳定工作状态，（1）电动机的转速如何变化？（2）整流装置输出电压如何变化？（3）调节器的输出如何变化？

2.8 技能测试

一、填空题

1. 转速负反馈直流调速系统能够减小稳态转速降的实质在于它的_____作用，在于它能随_____的变化而改变整流电压。
2. 在单闭环调速系统中，为了避免全压起动和堵转电流过大，通常采用_____。
3. 闭环控制系统一般由_____、比较元件、放大校正元件、执行元件、被控对象、检测反馈元件组成。
4. 调速系统中常见的调节器有_____、积分调节器、比例－积分调节器三种。

二、判断题

1. 转速单闭环调速系统中，当给定输入变化时，输出转速不变化。（   ）
2. 转速闭环系统对一切扰动量都具有抗干扰能力。（   ）
3. 闭环系统的静特性与开环系统的机械特性比较，其系统的静差率减小，稳速精度变低。（   ）
4. 实际工程中，无静差系统动态下是有静差的，严格地讲"无静差"只是理论上的。（   ）
5. 积分调节器输入偏差电压为零时，其输出电压也为零。（   ）

三、选择题

1. 单闭环转速负反馈调速系统与转速开环的调速系统相比较，其静差率将（　　），当所要求的静差率不变时，其调速范围将（　　）。
   A. 增大　　　　B. 减小　　　　C. 不变　　　　D. 不确定

2. 闭环系统的静特性比开环系统的机械特性（　　）。
   A. 硬　　　　　B. 软　　　　　C. 一样

3. 转速闭环控制系统建立在（　　）基础上，按偏差进行控制。
   A. 电流负反馈　　B. 转速负反馈　　C. 电压负反馈

4. 在电压负反馈单闭环有静差直流调速系统中，当（　　）参数变化时系统没有调节作用。
   A. 放大器的放大系数 K_P
   B. 供电电网电压
   C. 电枢电阻 R_a
   D. 整流装置内阻 R_n

5. 无静差调速系统中，调节器一般采用（　　）。
   A. P 调节器　　B. PD 调节器　　C. PI 调节器　　D. PID 调节器

四、简答题

1. 与开环系统的机械特性相比较，闭环系统的静特性有哪些特点？
2. 简述比例调节器、积分调节器和比例–积分调节器的功能。
3. 什么是有静差调速？什么是无静差调速？

五、作图题

1. 画出无静差转速负反馈直流调速系统图和系统稳态结构图。分析当负载 T_L 增大时，系统的调节过程。

2. 某 V–M 调速系统，已知电动机参数 $P_N = 2.8\text{kW}$，$U_N = 220\text{V}$，$I_N = 15.6\text{A}$，$n_N = 1000\text{r/min}$，$R_a = 1\Omega$，晶闸管整流装置的放大系数 $K_S = 40$，要求系统的调速范围为 $D=30$，静差率 $s=10\%$。（1）采用开环调速能不能满足系统要求？（2）若采用转速负反馈闭环调速，闭环系统的转速降是多少？系统的开环放大倍数是多少？（3）若给定电压 $U_n^* = 10\text{V}$ 时电动机工作在额定工作点，试计算放大器的放大系数 K_p 和转速反馈系数 α。

项目 3

双闭环直流调速系统的设计与仿真

知识目标

- 理解双闭环直流调速的起动过程及其特点。
- 理解转速调节器和电流调节器的作用。
- 熟悉晶闸管直流调速系统的组成及其基本原理。

技能目标

- 掌握晶闸管直流调速系统参数及反馈环节测定方法。
- 掌握双闭环直流调速系统的组成及其特点，能画出其原理图。
- 掌握调节器的工程设计及仿真方法。

素养目标

- 培养学生的团队合作与沟通能力。
- 培养学生的创新理念与创新意识。

3.1 项目描述

1. 双闭环直流调速系统设计

双闭环直流调速系统由三相调压器、晶闸管整流调速装置、平波电抗器、电动机-发电机组等组成。整流装置的主电路为三相桥式电路，控制电路可直接由给定电压 U_{ct} 作为触发器的移相控制电压，改变 U_{ct} 的大小即可改变控制角，从而获得可调的直流电压和转速，转速、电流双闭环调速系统如图 3-1 所示。

为了实现转速和电流两种负反馈分别起作用，可在系统中设置两个调节器，分别调节转速和电流，即分别引入转速负反馈和电流负反馈，二者之间实行嵌套连接，把转速调节器的输出当作电流调节器的输入，再用电流的输出去控制电力电子变换器 UPE。在结构上，电流环作为内环，转速环作为外环，形成了转速、电流双闭环调速系统。

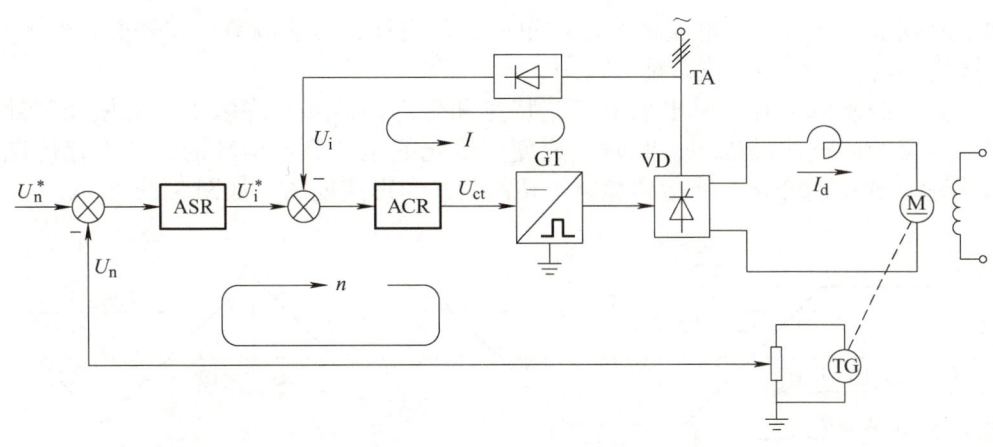

图 3-1 转速、电流双闭环调速系统

ASR—转速调节器　ACR—电流调节器　TA—电流互感器　TG—测速发电机

2. 双闭环直流调速系统的控制要求

1）电流超调量 $\sigma_i \leqslant 5\%$。

2）转速无静差。

3）空载起动到额定转速时的转速超调量 $\sigma_n \leqslant 10\%$。

3.2 相关知识

3.2.1 双闭环直流调速系统的构成

1. 单闭环直流调速系统存在的问题

单闭环直流调速系统是通过测速发电机将转速反馈电压 U_n 引至系统的输入端与给定电压 U_n^* 相比较。PI 调节器对偏差 $\Delta U_n = U_n^* - U_n$ 进行比例积分运算后，得到控制电压 U_{ct}，从而通过控制晶闸管可控整流器的输出电压，实现对电动机转速的控制。

尽管如此，这种调速系统也只能做到稳态无静差，动态上还是有差的。如果负载突然增大，PI 调节器的输入电压 $U_n^* - U_n > 0$，经过调节器的积分作用，系统达到新的稳态时，$\Delta U_n = 0$，但 $U_{d2} > U_{d1}$，由此产生的整流电压的增量 ΔU_d 正好补偿了由于负载增加引起的那部分主电路电阻压降 $\Delta I_d R$，才能保证 $n_1 = n_2$。

因此，调速系统在动态精度要求较高的情况下，如何降低动态转速降和缩短动态恢复时间，是单闭环系统必须解决的一个问题。

电流截止负反馈的应用，解决了系统起动和堵转时电流过大的问题。此时，PI 调节器需要完成两种调节任务：一是正常负载时实现转速调节，二是过载时进行电流调节。由于用一个调节器，把给定信号 U_n^*、转速负反馈信号 U_n 和电流截止负反馈信号 U_i 在该调节器中综合，所以各参数相互影响，互相牵制，系统的动、稳态参数配合调整很困难。显然，采用一个 PI 调节器的单闭环直流调速系统不能得到令人满意的电流控制规律，对电流的控制就成了单闭环系统必须解决的另一个问题。因此提出了采用两个调节器，把转速调节和电流调节分开进行，电流调节环在里面，是内环；转速调节环在外面，形成外环。这就是转速、电流双闭环调速系统。

从工业控制领域来看，由于加工工艺特点和生产的需要，许多生产机械经常处于起动、制动、反转的过渡过程中，此时，速度的变化能达到稳定运转的为梯形速度图，如图 3-2a 所示，速度的变化不能达到稳定运转的为三角形速度图，如图 3-2b 所示。

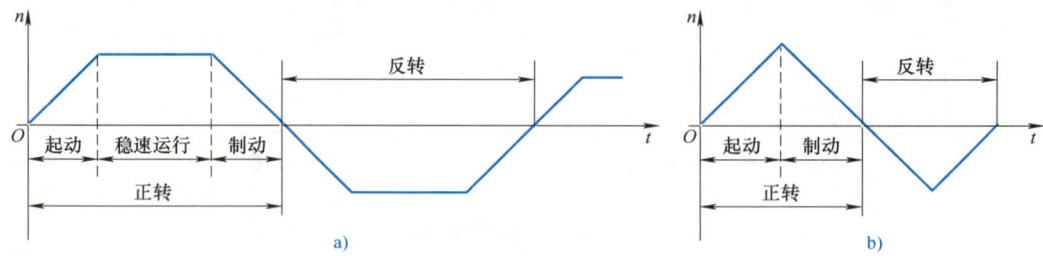

图 3-2　过渡过程速度图

a）梯形速度图　b）三角形速度图

从速度图可以看出，电动机起动和制动过程的大部分时间是工作在过渡过程中，如何缩短这一时间，充分发挥生产机械效率，是生产工艺对调速系统首先提出的要求，为此提出了"最佳过渡过程"的概念。

要使生产机械过渡过程最短，电动机在起动或制动时就必须发出最大起动（或制动）转矩。电动机可能产生的最大转矩是由它的过载能力所限制的。通常把充分利用电动机过载能力以获得最高生产率的过渡过程称为限制极值转矩的最佳过渡过程。这样，既要限制起动时的最大允许电流，又要保证电动机能发出最大转矩。最佳过渡过程中各量的变化规律如图 3-3 所示。

我们在讨论动态电流变化规律时，忽视了主电路电感的影响。实际上电动机的电枢电流不可能从零突变到最大值，总有一上升过程。因此，实际波形与上述情况不尽相同。为了使电流接近理想波形，必须使电流在起动刚开始的瞬间强迫其迅速上升至系统最大值。这就必须让晶闸管整流装置在起动初期提供最大整流输出电压，一旦电流达到 I_{max}，将电压突降至维持最大电流所需的数值，然后电压、转速按线性规律上升。最佳过渡过程中实际各量的变化规律如图 3-4 所示。

满足最佳过渡过程的条件如下。

1）电动机在起动、制动时，应保持主电路电流为最大值不变。当过渡过程结束时，尽快使电流下降至系统稳态值。

2）应保证晶闸管整流电压在起动、制动过程的初瞬有一突变，然后按某一线性规律递增。这样可以实现电动机转速以最大加速度上升，缩短过渡过程。

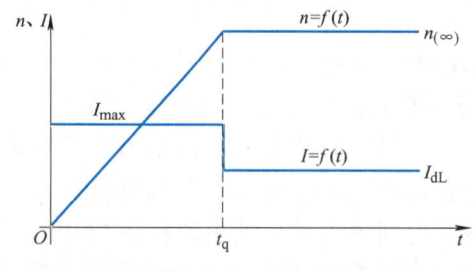

图 3-3　最佳过渡过程中各量的变化规律

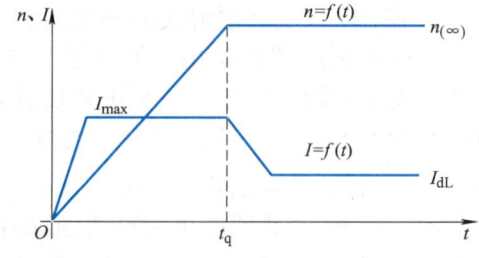

图 3-4　最佳过渡过程中实际各量的变化规律

3）要想实现主电路电流的这一变化规律，必须增设一个 PI 调节器，对电流波形进行控制，即引入电流负反馈环节，形成转速、电流双闭环直流调速系统。

按照反馈控制规律，采用某个物理量的负反馈就可以保持该量基本不变。在起动过程中，实现在允许条件下的最快起动关键是要获得一段使电流保持为最大值的恒流过程，即采用电流负反馈来得到近似的恒流过程。但要注意：在起动过程中，应只有电流负反馈作用，而不能让它和转速负反馈同时加到一个调节器的输入端，到达稳态转速后，转速负反馈起主要作用，不再需要电流负反馈来发挥主要作用。

所以，只有采用双闭环调速系统才能做到这种既存在转速和电流两种负反馈作用，又使它们只能分别在不同阶段起作用。

2. 双闭环调速系统的构成

为了实现在允许条件下的最快起动，设想引入一个电流调节器，使电动机在起动时保持电流为最大值 I_{max} 的恒流过程，起动过程结束转入无静差的速度调节过程。如前所述，由于电流的变化率和速度的变化率相差较大，往往把电流调节和转速调节分开进行，给定信号加到速度调节器输入端，速度调节器的输出为电流调节器的输入，电流调节器的输出去驱动晶闸管触发装置。两个调节器互相配合，同时调节，其系统结构图如图 3-1 所示。

为了实现转速和电流两种负反馈分别起作用，双闭环直流调速系统设置了两个调节器，一个调节电流，电流负反馈是从交流电路检测的，但它反映的是电动机的电枢电流。由于整流电路交流侧的电流与电动机的电枢电流成正比，且交流电流的检测较为简便，电流互感器 TA 将三相交流电流成比例地转换为 3 个交流电压信号，再经二极管整流得到直流电压信号，用作电流反馈，称电流调节器，用 ACR 表示；另一个调节转速，测速发电机对转速进行检测，实现转速反馈，称速度调节器，用 ASR 表示。

从闭环结构上看，电流调节环在里面，称为内环；转速调节环在外边，称为外环。把转速调节器的输出当作电流调节器的输入，再用电流调节器的输出去控制晶闸管整流器的触发装置。这样就形成了转速、电流双闭环调速系统。

双闭环直流调速系统在构成上有如下特点。

1）转速调节器 ASR 与电流调节器 ACR 为串联关系，转速调节器的输出作为电流调节器的给定信号。

2）系统有两个闭环回路，转速环对电动机的转速进行调节，是主要调节；电流环对电动机的电枢电流进行调节，是辅助调节。电动机转速大小受转速给定信号 U_n^* 控制，电动机电枢电流大小受电流给定信号 U_i^* 控制。

3）为了使系统获得较好的动态和稳态性能，双闭环直流调速系统的两个调节器一般都采用 PI 调节器。系统原理图如图 3-5 所示，稳态时转速环和电流环都可实现无静差调节。

4）两个调节器的输出都是带限幅的。当调节器的输出达到限幅值时，调节器处于饱和工作状态。

转速调节器 ASR 的输出限幅（饱和）电压为 U_{im}^*，它是电流环的最大给定电压，决定了电动机主回路的最大允许电流 I_{dm}；电流调节器 ACR 的输出限幅（饱和）电压为 U_{ctm}，它决定了整流装置输出电压（即电动机的电枢电压）的最大值。电动机起动、堵转或急升速时，转速调节器会达到饱和状态，使电流环的给定电压达到最大值，通过电流环调节限制电动机的最大电流。一般情况下，电流调节器是不会达到饱和工作状态的。

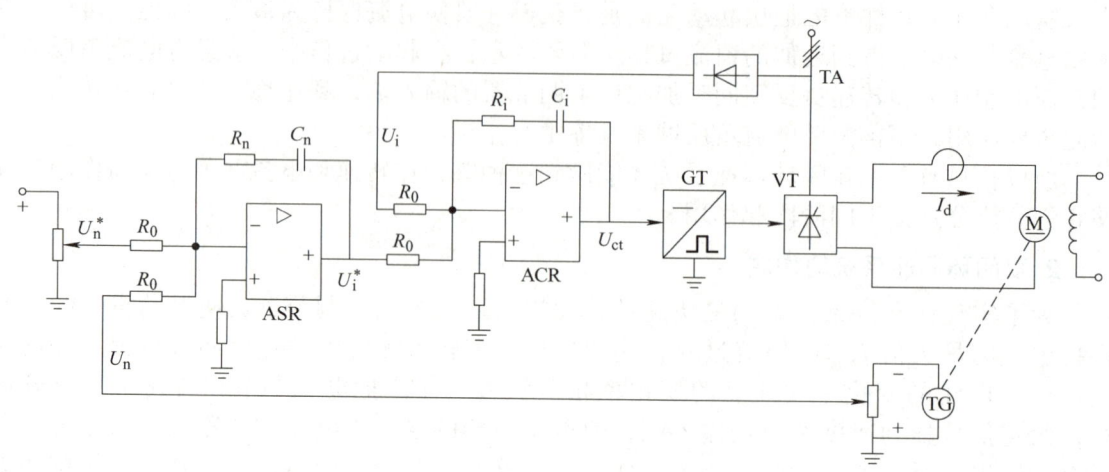

图 3-5　双闭环直流调速系统原理图

双闭环系统中常见的输出限幅电路有两种：二极管钳位的外限幅电路和稳压管钳位的外限幅电路。

如图 3-6 所示为二极管钳位的外限幅电路。$VD_1 - RP_1$ 构成正向输出限幅电路，$VD_2 - RP_2$ 构成负向输出限幅电路。RP_1 调节正向限幅值，RP_2 调节负向限幅值。其工作原理为：当输出电压为正时，忽略二极管压降，输出最大值不会超出 M 点电位，否则 VD_1 导通，输出被钳位（等于 M 点电位）。同理，当输出电压为负时，忽略二极管压降，输出最小值不会超出 N 点电位，否则 VD_2 导通，输出被钳位（等于 N 点电位）。

图 3-7 所示为稳压管钳位的外限幅电路。假设稳压管 VS_1 的稳压值为 U_{VS1}，稳压管 VS_2 的稳压值为 U_{VS2}。其工作原理为：当输出电压为正时，输出最大值不会超出稳压管 VS_1 的稳压值 $U_{VS1} + 0.7V$，否则 VS_1 导通，输出被钳位在稳压管 $U_{VS1} + 0.7V$。同理，当输出电压为负时，输出最小值不会超出稳压管 VS_2 的稳压值 $U_{VS2} - 0.7V$，否则 VS_2 导通，输出被钳位在 $U_{VS2} - 0.7V$。

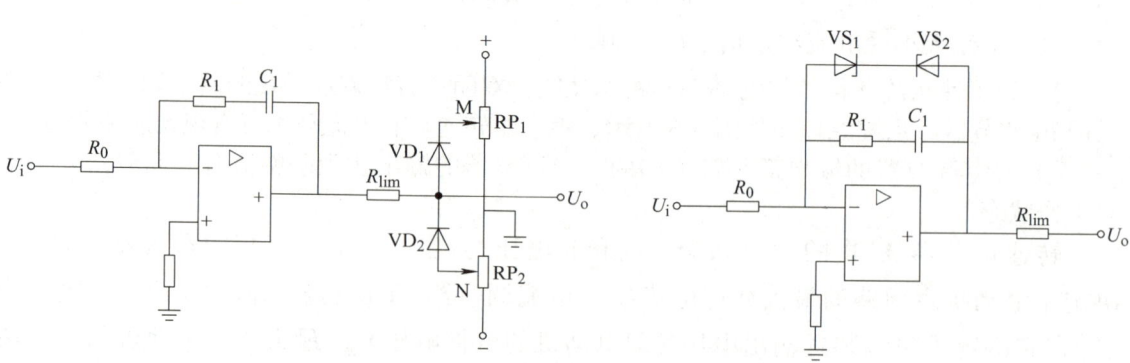

图 3-6　二极管钳位的外限幅电路　　　　图 3-7　稳压管钳位的外限幅电路

3.2.2 双闭环直流调速系统的静特性分析

1. 稳态结构图和静特性

为了分析双闭环调速系统的静特性,首先要根据系统原理图画出系统的稳态结构,如图 3-8 所示。其转速调节器 ASR 与电流调节器 ACR 均采用有限幅输出特性的 PI 调节器。

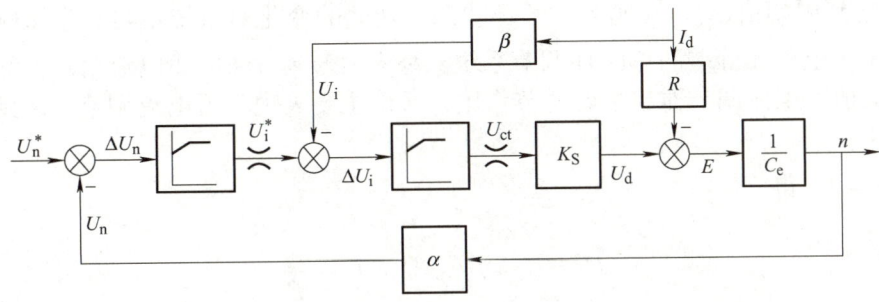

图 3-8 双闭环调速系统的稳态结构

α—转速反馈系数 β—电流反馈系数 K_S—整流装置的等效放大系数

PI 调节器的稳态特征是:当调节器饱和时,输出为恒值,输入量的变化不再影响输出,除非有反向的输入信号使调节器退出饱和;换句话说,饱和的调节器暂时隔断了输入和输出间的联系,相当于使该调节环开环。在正常稳定工作状态下,两个 PI 调节器都处于非饱和工作状态,其输入–输出关系符合 PI 调节器的工作特性:要使 PI 调节器的输出保持稳定不变,调节器的输入偏差电压必须为零,即

$$\Delta U_n = \Delta U_i = 0 \tag{3-1}$$

实际上,在正常运行时,电流调节器是不会达到饱和状态的。因此,对于静特性来说,只有转速调节器饱和与不饱和两种情况。双闭环直流调速系统的静特性如图 3-9 所示,实线为理想特性,虚线为实际特性。

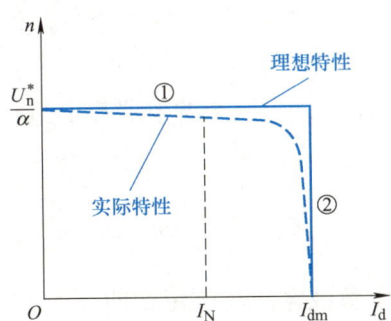

图 3-9 双闭环直流调速系统的静特性

正常工作状态下,转速调节器 ASR 不饱和。

由 $\Delta U_n = 0$ 得

$$U_n^* = U_n = \alpha n, \quad 即 n = \frac{U_n^*}{\alpha} = n_0 \tag{3-2}$$

即转速由转速给定值决定,转速给定没变,所以转速不变,而电流可为任意值。与此同时,由于 ASR 不饱和,$U_i^* < U_{im}^*$,也就是说 $I_d < I_{dm}$(最大电流 I_{dm} 是系统设计时选定的,取决于电动机的最大过载能力和拖动系统的最大加速度)。这就是说,图 3-9 所示①段静特性从理想空载状态的 $I_d = 0$,一直延续到 $I_d = I_{dm}$,而一般 I_{dm} 都是大于额定电流 I_{dN} 的。这就是静特性的运行段,它是水平的特性。

恒流调节阶段,ASR 饱和,此时系统发生堵转时,转速调节器 ASR 饱和。这时,ASR 输出达到限幅值 U_{im}^*,转速环呈开环状态,转速的变化对系统不再产生影响,双闭环系统变成一个电流无静差的单闭环调节系统。稳态时转速 $n=0$,而电流给定值和电枢电流均达到最大值,电流调节器起主要调节作用,系统主要表现为恒电流调节,起到自动过电流保护作用。

由 $\Delta U_i = 0$,得

$$U_i^* = U_i = \beta I_d, \quad 即, \quad I_d = \frac{U_i^*}{\beta} \tag{3-3}$$

电枢电流的稳态值与电流环给定值相对应,而电流给定信号稳态值大小取决于实际负载电流值。当转速调节器的输出达到饱和时,电枢电流达到最大值。

$$I_d = \frac{U_{im}^*}{\beta} = I_{dm} \tag{3-4}$$

即为静特性是图 3-9 中的②段,它是垂直的特性。

然而实际上运算放大器的开环放大系数并不是无穷大,特别是为了避免零点漂移而采用"准 PI 调节器"时,静特性的两段实际上都略有很小的静差,如图 3-9 中虚线所示。

双闭环调速系统的静特性在负载电流小于 I_{dm} 时表现为转速无静差,这时,转速负反馈起主要调节作用,当负载电流达到 I_{dm} 后,转速调节器饱和,电流调节器起主要调节作用,系统表现为电流无静差,得到过电流的自动保护。这就是采用了两个 PI 调节器分别形成内、外两个闭环的效果。这样的静特性显然比带电流截止负反馈的单闭环系统静特性好。

2. 稳态参数计算

双闭环调速系统在稳态工作中,当两个调节器都不饱和时,在稳态工作点上,转速 n 是由给定电压 U_n^* 决定的,即

$$U_n^* = U_n = \alpha n = \alpha n_0 \tag{3-5}$$

而此时 ASR 的输出量 U_i^* 由负载电流 I_{dL} 决定,即

$$U_i^* = U_i = \beta I_d = \beta I_{dL} \tag{3-6}$$

控制电压 U_{ct} 的大小为

$$U_{ct} = \frac{U_d}{K_S} = \frac{C_e n + I_d R}{K_S} = \frac{\frac{C_e U_n^*}{\alpha} + I_{dL} R}{K_S} \tag{3-7}$$

上述关系表明,在稳态工作时,转速 n 由给定电压 U_n^* 决定,转速调节器的输出电压 U_i^* 由负载电流 I_d 决定,而控制电压 U_{ct} 的大小则同时取决于 n 和 I_{dL},或者说,同时取决于 U_n^* 和 I_{dL}。以上关系反映了 PI 调节器输出量的稳态值与输入无关,而是由它后面环节的需要决定的:后面需要 PI 调节器提供多么大的输出值,它就能提供多少,直到饱和为止。鉴于这一特点,双闭环调速系统的稳态参数计算与单闭环有静差系统完全不同,而是和无静差系统的稳态计算相似,即根据各调节器的给定值与反馈值计算有关的反馈系数。

设计系统时,当电动机的最高转速 n_{max}、最大转速给定 U_{nm}^*、转速调节器输出限幅值 U_{im}^* 和最大允许电流 I_{dm} 的值确定之后,转速反馈系数 α 和电流反馈系数 β 可按下列关系整定。

转速反馈系数为

$$\alpha = \frac{U_{nm}^*}{n_{max}} \tag{3-8}$$

电流反馈系数为

$$\beta = \frac{U_{im}^*}{I_{dm}} \tag{3-9}$$

两个给定电压的最大值 U_{nm}^* 和 U_{im}^* 由设计者选定,U_{nm}^* 受运算放大器允许输入电压和稳压电源的限制;U_{im}^* 为 ASR 的输出限幅值。

【例 3-1】双闭环调速系统的最大给定电压 U_{nm}^*、转速调节器输出限幅值 U_{im}^* 及电流调节器的输出限幅值 U_{ctm} 均为 10V。电动机额定电压 $U_N = 220V$,额定电流 $I_n = 20A$,额定转速 $n_N = 1000r/min$,电枢回路总电阻 $R=1\Omega$,电枢回路最大电流 $I_{dm} = 40A$,整流装置的等效放大系数 $K_S = 20$,两个调节器均为 PI 调节器。(1)求转速反馈系数 α 和电流反馈系数 β;(2)当电动机发生堵转时,求整流装置输出电压 U_{d0}、转速调节器的输出 U_i^*、电流调节器的输出 U_{ct}、转速反馈电压 U_n 和电流反馈电压 U_i。

解:(1) $\alpha = \dfrac{U_{nm}^*}{n_{max}} = \dfrac{10}{1000} \text{V} \cdot \text{min/r} = 0.01 \text{V} \cdot \text{min/r}$

$$\beta = \frac{U_{im}^*}{I_{dm}} = \frac{10}{40} \text{V/A} = 0.25 \text{V/A}$$

(2) $U_{d0} = E + I_d R = I_d R = 40 \times 1\text{V} = 40\text{V}$(堵转时 $n=0$,$E=0$)

$$U_i^* = U_{im}^* = 10\text{V}$$

$$U_{ct} = \frac{U_{d0}}{K_S} = \frac{40}{20}\text{V} = 2\text{V}$$

$$U_n = \alpha n = 0\text{V}$$

$$U_i = U_{im}^* = 10\text{V}$$

3.2.3 双闭环直流调速系统的起动过程分析

设双闭环调速系统起动前电动机处于停车状态，系统中各变量的值均为零。当突加给定电压U_n^*由静止状态起动时，转速和电流的过渡过程曲线如图 3-10 所示。起动过程中转速调节器经历了不饱和、饱和和退饱和 3 种状态，起动过程也分为 I 、II 和III 3 个阶段。

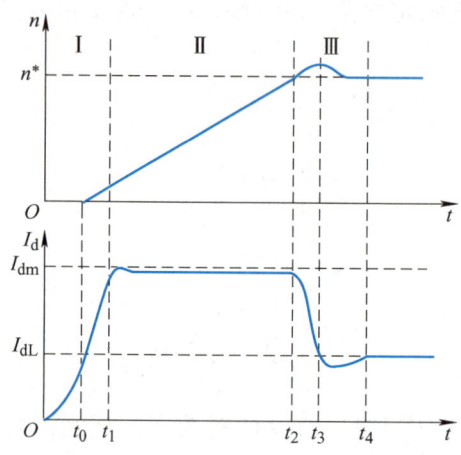

图 3-10 双闭环直流调速系统起动时的波形

1）第 I 阶段（$0 \sim t_1$）为电流上升阶段。突加给定电压U_n^*后，通过两个调节器的控制作用，使U_{ct}、U_d、I_d都上升，当$I_d \geqslant I_{dL}$后，电动机开始起动。由于惯性作用，电动机转速增长不会很快，转速调节器的输入偏差电压$\Delta U = U_n^* - U_n$较大，ASR 输出很快达到饱和值U_{im}^*，强迫电流I_d迅速上升。当$I_d \approx I_{dm}$时，$U_i = U_i^*$，电流环进入恒电流调节，标志第 I 阶段结束。在这一阶段，ASR 由不饱和很快达到饱和，而 ACR 一般不饱和，以保证电流环实现正常调节作用。

2）第 II 阶段（$t_1 \sim t_2$）为恒流升速阶段。该阶段从电流上升到I_{dm}开始，到转速上升到给定值n^*为止，电流基本保持为最大值I_{dm}，转速沿直线上升，这是起动过程的主要阶段。在这个阶段，ASR 一直处于饱和状态，转速环相当于开环状态，系统表现为给定U_{im}^*作用下的恒电流调节系统，电动机恒加速度升速，电动机的反电势 E 随转速 n 线性增长，为了保持电流恒为I_{dm}，U_d和U_{ct}也同样线性增长，由于 ACR 为 PI 调节器，要使其输出U_{ct}线性增长，其输入偏差电压$\Delta U_i = U_{im}^* - U_i$必须维持一定值，因此图 3-10 中的$I_d$略低于$I_{dm}$。

3）第III阶段（$t_2 \sim t_4$）为转速调节阶段。该阶段是为进入稳速运行做准备的，其显著特点是转速出现超调，转速调节器退出饱和状态，电枢电流回落至负载电流。$t_2 \sim t_3$时段，$I_d > I_{dL}$，电动机的电磁力矩大于阻转力矩，电动机继续加速，出现转速超调（大于给定值n^*），$U_n > U_n^*$，ASR 的输入偏差为负，输出U_i^*减小，经电流环调节，I_d也减小，当$I_d = I_{dL}$

时，电动机加速结束，转速达到最大值。$t_3 \sim t_4$ 时段，转速超调，ASR 的输入偏差为负，输出 U_i^* 和 I_d 仍在减小，使 $I_d < I_{dL}$，电动机在负载阻转力矩作用下减速，转速回落到要求值。在起动过程的最后阶段，ASR 与 ACR 都不饱和，同时起调节作用，转速环在外，起主导地位，而电流环的作用则是使 I_d 尽快跟随 ASR 的输出 U_i^* 变化，是一个电流随动子系统。

综上所述，双闭环系统起动过程有 3 个特点。

1）饱和非线性控制。指转速调节器有不饱和、饱和、退饱和 3 种工作状态。

2）准时间最优控制。双闭环系统起动过程充分发挥系统的电流过载能力，基本上实现最大允许电流起动，起动过程最快。

3）转速超调。由于采用饱和非线性控制，必须在起动过程的最后阶段让转速调节器退出饱和，根据 PI 调节器的特性，只有转速超调，ASR 的输入偏差电压为负，才能使 ASR 退饱和。转速超调是采用 PI 调节器的双闭环调速系统动态响应的特点。

3.2.4 双闭环直流调速系统的动态性能

1. 动态跟随性能

双闭环直流调速系统的动态性能

双闭环调速系统的动态跟随性能分为转速对转速给定信号 U_n^* 的跟随性能、电枢电流对电流给定信号（ASR 的输出）U_i^* 的跟随性能。

1）转速动态跟随性能。在电动机起动和升速过程中，双闭环调速系统在电动机过载能力许可的条件下，使加速转矩最大化，表现出很好的动态跟随性能。但由于主回路电枢电流方向不可逆，系统本身没有制动作用，电动机降速时只能靠负载阻转力矩的作用减速，所以降速动态跟随性能较差。

2）电流动态跟随性能。电流变化惯性小，通过电流环的调节，能使 I_d 及时跟随 U_i^*。使电流环具有较好的动态跟随性能是系统设计的重要任务之一。

2. 动态抗干扰性能

直流调速系统最常见的干扰有两种，即负载电流的波动和电网电压的波动。对这两种扰动，系统的抗干扰机制是不同的。

1）抗负载扰动。抗负载扰动是由转速环实现抗干扰作用的。比如，电动机在一定负载转矩 T_{L1} 下以给定转速 n_g 稳定运转时，若负载突然增加为 T_{L2}，因为电磁转矩 T_e 尚未改变，故造成 $T_e < T_{L2}$，负载电流的突然增加，使转速下降。双闭环系统具有克服这种转速降落、使电动机恢复到给定转速运行的能力。ASR 输入端形成正偏差，U_i^* 增大，ACR 输入端也形成正偏差，使 ACR 的输出 U_{ct} 增大，整流装置输出电压 U_d 增大，使转速回升，其调整过程如下：

$$I_d \uparrow \to n \downarrow \to U_n \downarrow \to \Delta U_n > 0 \to U_i^* \uparrow \to \Delta U_i > 0 \to U_{ct} \uparrow \to U_d \uparrow \to n \uparrow$$

一旦电动机转速下降，反馈电压 U_{fn} 亦随之下降，转速调节器 ASR 的输入偏差电压增大，其输出 U_i^* 加大。电流调节器 ACR 输入偏差电压随 U_i^* 的加大而变大，其输出电压使晶闸管变流器的触发角减小，变流器整流电压 U_d 增大，使电枢电流 I_d 跟着增大，电动机产生的电磁转矩增加，转速得以回升，其全部变化过程如图 3-11 波形所示。

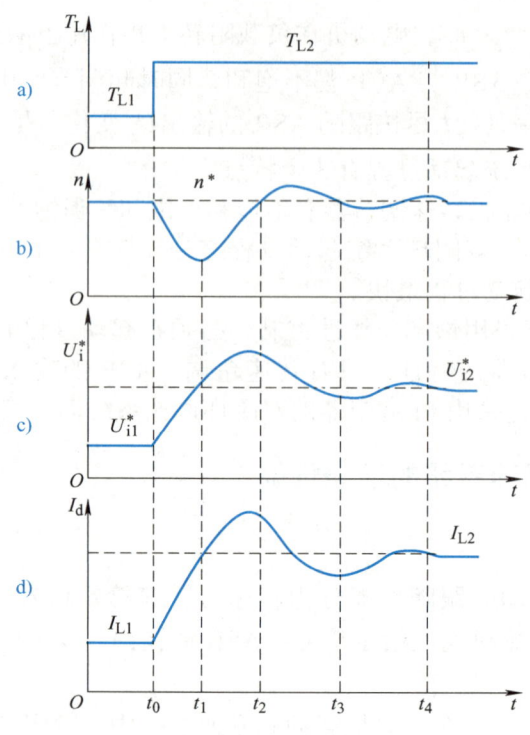

图 3-11 双闭环系统负载扰动波动

在图 3-11a 中，t_0 时刻负载转矩由 T_{L1} 阶段跳跃变为 T_{L2}，转速 n 下降而偏离给定值，转速调节器 ASR 输入出现偏差，其输出 U_i^* 增大，于是电枢电流 I_d 随之增大，这就是电流环的调节作用，I_d 从原来与负载转矩 T_{L1} 相对应的电流 I_{L1} 值上升。当 U_i^* 上升到超过新负载下稳定值 U_{i2}^* 时，电枢电流上升至 $I_d = I_{L2}$，达到转矩平衡条件 $T_e = T_{L2}$，转速 n 不再下降，即 t_1 时刻对应的情况。

由图 3-11b 可见，在 t_1 时刻及以后一段时间电动机转速 n 仍小于给定值 n^*，即转速反馈电压 U_n 仍低于给定电压 U_n^*，所以转速调节器 ASR 输入仍有正偏差电压，输出 U_i^* 继续积分增长，以至超过 U_{i2}^*。由于电流调节环的作用，I_d 总是跟随 U_i^* 变化，于是 I_d 继续上升超过 I_{L2}。电磁转矩 T_e 超过负载转矩 T_{L2}，使转速 n 回升，在 t_2 时刻 n 达到给定值 n^*，ASR 输入偏差为零，其输出停止积分增长，U_i^* 达到顶峰值，U_i^* 停止增加。在电流调节环的作用下，晶闸管变流器的整流电压停止增大，电动机电枢电压 U_d 亦停止增加。

t_2 时刻以后，仍然出现了转速 n 的超调，ASR 输入反向偏差电压，其输出 U_i^* 积分下降，直到 t_3 时刻 $n = n^*$ 时停止下降。而这时因为 $U_{i1}^* < U_{i2}^*$，$I_d < I_{L2}$ 会使转速再次降低至小于给定转速 n^*。经过一次或几次振荡后可以获得稳定，如图 3-11 所示的 t_4 时刻，转速进入系统规定误差范围，结束过渡过程。

系统动态过程结束后，在新的负载下稳定运行，系统转速给定电压 U_n^* 未变，电动机运行转速 n^* 也未变，但是，电流环的给定电压 U_i^* 加大了，同时晶闸管变流器的控制电压加大了,电动机电枢电压亦加大了,这就是负载转矩加大后,需要加大电枢电流满足转矩平衡的条件来维持转速不变。

依据以上分析可以看出,克服负载扰动的主要环节是转速环,而电流环在调节过程中只起电流跟随作用。从表面上看,在不设电流环的单独转速反馈系统中,可以避免 ACR 的积分输出延缓作用,加快调节过程。但实际上,电流环具有加快调节电枢电流到达 I_{L2} 的能力,它可以等效为一个小时间常数的惯性环节,从而加快了系统响应速度,使下降的转速能迅速恢复。

另外,如果系统原来处于轻载工作状态,若负载突然加大使转速降得很多时,ASR 输出进入饱和状态,能辅之以恒流升速,既避免了电枢电流过大,又加快了恢复过程。

2)抗电网电压扰动。在单闭环调速系统中,电网电压扰动的作用点距离被调量较远,调节作用受到多个环节的延滞,因此单闭环调速系统抵抗电压扰动的性能要差一些。在双闭环系统中,由于增设了电流内环,电压波动可以通过电流反馈得到比较及时的调节,不必等它影响到转速以后才能反馈回来,抗扰性能大有改善。因此,在双闭环系统中,由电网电压波动引起的转速动态变化会比单闭环系统小得多。下面以电网电压升高为例加以分析,电流环的结构图如图 3-12 所示。

交流电网电压升高,将使整流输出电压 U_d 增大,电流 I_d 增大,电流反馈 U_i 增大,电流调节器 ACR 的输入偏差由零变负,其输出 U_{ct} 减小,使整流输出电压 U_d 减小,电流 I_d 逐渐回到原来的稳态值。由于电流变化惯性小,电流调节速度快,电动机转速还没来得及变化,所以对电网电压干扰的调节过程就完成了。

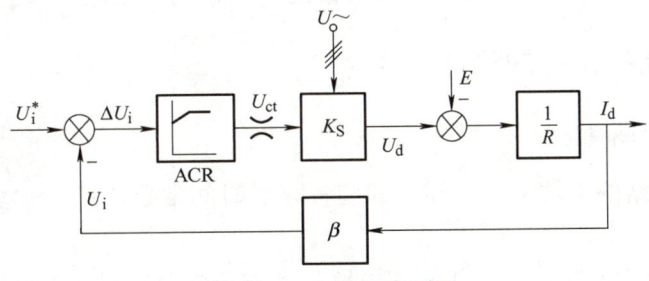

图 3-12 电流环结构图

3. 两个调节器的作用

转速调节器和电流调节器在双闭环调速系统中的作用归纳如下。

(1)转速调节器的作用

1)使转速 n 跟随给定电压 U_i^* 变化,稳态无静差。

2)对负载电流变化起抗干扰作用。

3)其输出限幅值决定了最大电枢电流 I_{dm}。

(2)电流调节器的作用

1)使电枢电流 I_d 跟随给定电压 U_i^* 变化,稳态无静差。

2)对电网电压波动起及时抗干扰作用。

3)在起动过程中,保证获得允许的最大电流;在过载甚至堵转时,起自动过电流保护作用。

3.3 项目准备

在设计双闭环调速系统时,一般是先内环后外环。调节器的结构和参数取决于稳态精度和动态校正的要求,双闭环调速系统动态校正的设计与调试都是按先内环后外环的顺序进行,在动态过程中可以认为外环对内环几乎无影响,而内环则是外环的一个组成环节。工程设计的步骤如下:

1) 对已知系统的固有特性做恰当的变换和近似处理,以简化调节器结构。

2) 根据具体情况选定预期特性,即典型Ⅰ系统或典型Ⅱ系统,并按照零极点相消的原则,确定串联调节器的类型。

3) 根据要求的性能指标,确定调节器的有关 P、I、D 参数。

4) 对系统进行校正。

3.3.1 直流电动机参数

直流电动机额定电压 U_N=220V,额定电流 I_N=133A,额定转速 n_N=1460～1500r/min,C_e=0.132V·min/r,允许过载倍数 λ=1.5,晶闸管整流装置输出电流可逆,装置放大系数 K_S=40。滞后的时间常数 T_S=0.0017s。

电枢回路总电阻 R=0.5Ω。电枢回路电磁时间常数 T_l=0.03s,电力拖动系统机电时间常数 T_m=0.18s。

电流反馈系数 β=10/($\lambda \cdot I_N$)=0.05V/A。

转速反馈系数 α=0.0067V·min/r,对应额定转速时的给定电压 U_N^*=10V。

3.3.2 电流调节器 ACR 的设计

1. 确定电流环时间常数

1) 三相桥式电路的平均失控时间,即装置滞后时间常数 T_S=0.0017s。

2) 电流滤波时间常数 T_{oi}。三相桥式电路每个波头的时间是 3.33ms,为了基本滤平波头,应有(1～2)T_{oi}=3.33ms,因此取电流滤波时间常数 T_{oi}=0.002s。

3) 电流环小时间常数之和 $T_{\Sigma i} = T_S + T_{oi}$=0.0037s。

基于 simulink 电流环设计与调试

2. 选择电流调节结构

根据设计要求 $\sigma_i \leq 5\%$,并且保证稳态电流无差,电流环的控制对象是双惯性型的,且 $T_l / T_{\Sigma i}$=0.03/0.0037=8.11<10,故校正成典型Ⅰ型系统,显然应采用 PI 型的电流调节器,其传递函数可以写成

$$W_{ACR}(s) = K_i \frac{\tau_i s + 1}{\tau_i s} \tag{3-10}$$

式中 K_i——电流调节器的比例系数;

τ_i——电流调节器的超前时间常数。

3. 计算电流调节器参数

电流调节器超前时间常数 $\tau_i = T_l = 0.03$ s。

电流环开环增益：要求 $\sigma_i \leqslant 5\%$ 时，取 $K_I T_{\Sigma i} = 0.5$，因此

$$K_I = \frac{0.5}{T_{\Sigma i}} \approx 135.1 \text{s}^{-1} \tag{3-11}$$

于是，ACR 的比例系数为

$$K_i = \frac{K_I \tau_i R}{K_s \beta} \approx 1.013 \tag{3-12}$$

4. 校验近似条件

电流环截止频率 $\omega_{ci} = K_I \approx 135.1 \text{ s}^{-1}$。

1）校验晶闸管装置传递函数的近似条件是否满足：因为 $1/3T_s \approx 196.1 \text{ s}^{-1} > \omega_{ci}$，所以满足近似条件。

2）校验忽略反电动势对电流环影响的近似条件是否满足：$3\sqrt{1/T_m T_l} \approx 40.82 \text{s}^{-1} < \omega_{ci}$，所以满足近似条件。

3）校验小时间常数近似处理是否满足条件：$(1/3)\sqrt{1/T_m T_l} \approx 180.8 \text{s}^{-1} > \omega_{ci}$，所以满足近似条件。

按照上述参数，电流环满足动态设计指标要求和近似条件。

同理，当 $K_I T_{\Sigma i} = 0.25$ 时，可得 $K_i = 0.5067$，$\tau_i = 16.89$；当 $K_I T_{\Sigma i} = 1.0$ 时，可得 $K_i = 2.027$，$\tau_i = 67.567$。

3.3.3 转速调节器 ASR 的设计

基于 simulink 速度环设计与调试

1. 确定转速环时间常数

1）电流环等效时间常数为 $2T_{\Sigma i} = 0.0074$ s。

2）电流滤波时间常数 T_{on} 根据所用测速发电机纹波情况确定，取 $T_{on} = 0.01$ s。

3）转速环时间常数 $T_{\Sigma n} = 2T_{\Sigma i} + T_{on}$。

2. 转速调节器的结构选择

由于设计要求转速无静差，转速调节器必须含有积分环节；又根据动态设计要求，应按典型 II 型系统设计转速环，转速调节器选用比例积分调节器（PI），其传递函数为

$$W_{ASR}(s) = K_n \frac{\tau_n s + 1}{\tau_n s} \tag{3-13}$$

式中　K_n ——电流调节器的比例系数；

　　　τ_n ——电流调节器的超前时间常数。

3. 选择转速调节器参数

按照跟随和抗扰性能都较好的原则取 $h=5$，则转速调节器的超前时间常数为

$$\tau_n = hT_{\Sigma n} = 0.087\text{s}$$

转速开环增益为

$$K_N = \frac{h+1}{2h^2 T_{\Sigma n}^2} \approx 396.4\text{s}^{-2}$$

所以转速调节器的比例系数为

$$K_n = \frac{(h+1)\beta T_m C_e}{2h\alpha R T_{\Sigma n}} \approx 12.32$$

4. 校验近似条件

转速环截止频率 $\omega_{cn} = K_N \tau_n \approx 34.5\text{s}^{-1}$。

1）校验电流环传递函数简化条件是否满足：由于 $(1/3)\sqrt{K_I/T_{\Sigma i}} \approx 63.7\text{s}^{-1} > \omega_{cn}$，所以满足简化条件。

2）校验转速环小时间常数近似处理是否满足条件：由于 $(1/3)\sqrt{K_I/T_{on}} \approx 38.7\text{s}^{-1} > \omega_{cn}$，所以满足近似条件。

3）核算转速超调量。当 $h=5$ 时，$\Delta C_{max}/C_b = 81.2\%$，而 $\Delta n_N = I_N R/C_e = 515.2\text{r/min}$，因此

$$\sigma_n = (\Delta C_{max}/C_b) \times 2(\lambda - z)(\Delta n_N T_{\Sigma n})/(n^* T_m) = 8.31\% < 10\%$$

所以超调量满足条件。

3.4 项目实施

在学习了前面的知识后，我们对双闭环直流调速系统有了全面的了解，为了顺利完成本次项目，要先做好任务分工和实施计划表。

1. 任务分工

两人一组，每名成员要有明确的分工、角色分配及责任，任务分工如下。

1）模型设计：小组组长，负责参数计算及模型搭建，并统筹协调与安排小组成员的任务分工。

2）资料整理员：小组成员，负责模型仿真及项目实施过程中的资料收集、整理等事项。

2. 实施计划表

项目实施计划表见表 3-1。

表 3-1 双闭环直流调速系统的设计与仿真项目实施计划表

实施步骤	实施内容	计划完成时间	实际完成时间	备注
1	电动机参数计算			
2	ACR 设计			

（续）

实施步骤	实施内容	计划完成时间	实际完成时间	备注
3	ASR 设计			
4	模型建立			
5	仿真分析			
6	项目评价			

3.4.1 仿真模型的建立

利用 MATLAB 上的 Simulink 仿真平台，建立仿真模型。图 3-13 所示为电流环的仿真模型，图 3-14 所示为加了转速环之后的双闭环控制系统的仿真模型。

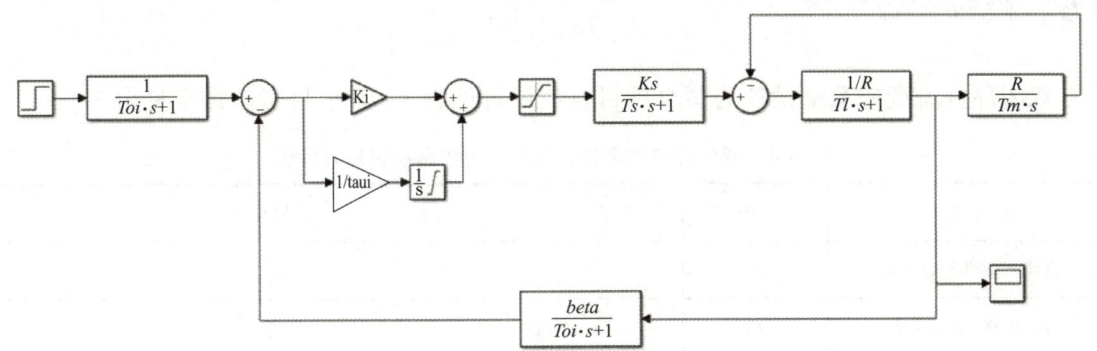

图 3-13 电流环的仿真模型

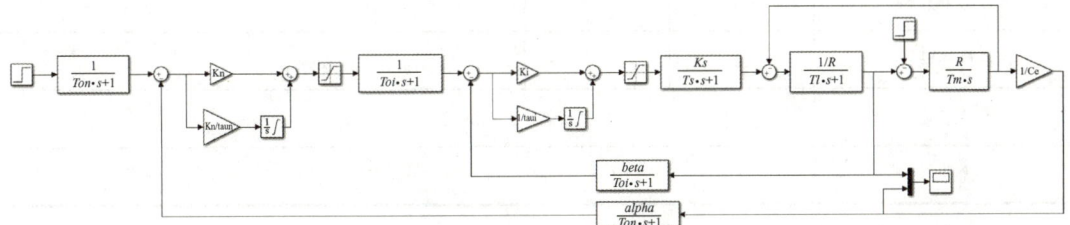

图 3-14 转速环的仿真模型

3.4.2 仿真结果分析

在仿真过程中，可以通过修改参数值来观察不同参数对系统性能的影响。

修改电流环参数电流调节器的比例系数 K_i，电流调节器的超前时间常数 τ_i，观察其对电流环响应速度和稳定性的影响，并将结果填写在表 3-2 中。

表 3-2 电流环仿真结果

比例系数 K_i	时间常数 τ_i	响应速度	稳定性	图像

修改转速环参数转速调节器的比例系数K_n，转速调节器的超前时间常数τ_n，观察其对转速环响应速度和稳定性的影响，并将结果填写在表 3-3 中。

表 3-3　转速环仿真结果

比例系数K_n	时间常数τ_n	响应速度	稳定性	图像

3.5　检查评议

双闭环直流调速系统设计与仿真项目自我评价见表 3-4，项目考核评定见表 3-5。

表 3-4　双闭环直流调速系统设计与仿真项目自我评价

评价内容	分值	得分	需提高部分
直流电动机参数计算	20		
ACR 与 ASR 设计	20		
MATLAB 模型建立	25		
仿真结果分析	25		
资料整理	10		
不足之处			
优点			

表 3-5　双闭环直流调速系统设计与仿真项目考核评定

项目分类	考核内容	分值	工作要求	评分标准	教师评分
专业能力 90 分	电动机参数计算	1. 选择电动机并读取参数信息	10	按照需求，正确选择电动机型号及数量，满足项目需求	1. 选择型号或者数量错误，每处扣 2 分 2. 其他每错一处扣 1 分	
		2. 计算并正确填写参数计算表格	10	按照参数计算公式，正确计算参数	若有填写错误，每处扣 2 分	
	调节器设计	1. ACR 的设计	15	能够正确设计 ACR	不会计算、计算错误每处扣 2 分，电流调节器结构错误不得分	
		2. ASR 的设计	15	能够正确设计 ASR	不会计算、计算错误每处扣 2 分，转速调节器结构错误不得分	

(续)

项目分类		考核内容	分值	工作要求	评分标准	教师评分
专业能力 90 分	模型建立	1. 在 MATLAB 中正确建立电流环与转速环	30	按照模型搭建步骤进行建模	模型建立错误一处扣 5 分	
		2. 正确填写仿真结果	10	按照步骤完成仿真并将结果如实填写	对运行结果记录不清楚或错误扣 5 分	
职业素质能力 10 分		相互沟通、团结配合能力	5	善于沟通，积极参与，与组长、组员配合默契	根据自评、互评、教师点评而定	
		清扫场地、整理工位	5	场地清扫干净，工具、桌椅摆放整齐	不合格，不得分	
合计						

3.6 故障及处理

双闭环直流调速系统设计与仿真项目常见故障及处理方法见表 3-6。

表 3-6 双闭环直流调速系统设计与仿真项目常见故障及处理方法

常见故障	处理方法
模型初始化错误：模型在初始化阶段出现错误，如维度不匹配、数据类型不一致等	检查模型中各模块的输入输出维度和数据类型是否匹配，确保所有必要的参数都已正确设置
数值不稳定性：仿真过程中出现数值不稳定，如结果发散、振荡等	选择合适的求解器和步长，调整模型的数值参数（如刚度、阻尼等），使用更稳定的数值算法
求解器失败：求解器无法在规定时间内完成仿真或报告失败	减小仿真步长、增加求解器迭代次数或尝试使用不同的求解器
模块参数错误：模块参数设置不正确，导致仿真结果不符合预期	仔细检查每个模块的参数设置，确保它们符合模型的物理特性和仿真需求
代数环：模型中存在代数环，导致仿真无法进行	重新设计模型以消除代数环，或使用迭代求解器尝试解决代数环问题
内存不足：仿真过程中出现内存溢出或不足的错误	优化模型结构，减少不必要的计算和数据存储；增加系统内存或升级硬件

3.7 问题与思考

1. 双闭环调速系统如果 ACR 是 PI 调节器，而 ASR 是 P 调节器，能否实现无静差调速？

2. 试分析下列情况下，双闭环调速系统的哪个环起主要调节作用？实现什么调节？（1）起动时；（2）正常工作时；（3）急速升速时；（4）电动机堵转时。

3. "转速调节器不饱和时双闭环系统相当于转速单闭环调节，转速调节器饱和时双闭环系统相当于电流单闭环调节。"这种说法正确吗？

4. 双闭环指的是哪两个环？内环是什么环？外环是什么环？

3.8 技能测试

一、填空题

1. 双闭环调速系统的特色是：利用_____实现了_____控制，同时带来了_____。

2. 在设计双闭环系统的调节器时，先设计_____，后设计_____。

3. 在双闭环调速系统中，电流调节器对_____起调节作用；而转速调节器对_____起调节作用。

4. PID 控制中 P、I、D 的含义分别是_____、_____和_____。

5. 常规 PID 控制算法中可分为_____和_____。

二、判断题

1. 双闭环调速系统中，给定信号 U 不变，增加转速反馈系数 α，系统稳定运行时转速反馈电压 U_f 不变。（   ）

2. 双闭环调速系统稳态运行时，两个 PI 调节器的偏差输入均不为零。（   ）

3. I 型系统的工程最佳参数是指 $K=1/(2T)$ 或 $\xi=0.707$。（   ）

4. 在双闭环调速系统的设计过程中，若按"三阶工程最佳"设计系统，系统的超调量为 37.6%。（   ）

5. 在设计双闭环调速系统时，应先设计转速调节器再设计电流调节器。（   ）

6. 在双闭环系统调试中，若两个调节器采用 PI 调节器，U_{im} 固定，想得到恒定的电流 I_{dm} 则只需调节转速反馈系数 α 即可。（   ）

7. 在双闭环系统调试中，若两个调节器采用 PI 调节器，U_m 固定，想得到固定的转速 n 则只需调节电流反馈系数 β 即可。（   ）

8. 在双闭环调速系统的设计过程中，若按"I 型系统工程最佳"设计系统，系统的超调量为 5%。（   ）

9. 在双闭环调速系统中，电流调节器对负载扰动没有抗扰调节作用。（   ）

三、选择题

1. 转速、电流双闭环调速系统包括电流环和转速环，其中两环之间的关系是（   ）。

　A. 电流环为内环，转速环为外环　　　　B. 电流环为外环，转速环为内环
　C. 电流环为内环，转速环也为内环　　　D. 电流环为外环，转速环也为外环

2. 转速、电流双闭环调速系统中，转速调节器的输出电压是（   ）。

　A. 系统电流给定电压　　　　　　　　　B. 系统转速给定电压
　C. 触发器给定电压　　　　　　　　　　D. 触发器控制电压

3. 转速、电流双闭环调速系统，在突加给定电压起动过程中第一、二阶段，转速调节器处于（   ）状态。

A. 调节   B. 零   C. 截止   D. 饱和

4. 转速、电流双闭环调速系统中，在突加负载时调节作用主要靠（　　）来消除转速偏差。

  A. 电流调节器   B. 转速调节器
  C. 电压调节器   D. 电压调节器与电流调节器

5. 转速、电流双闭环直流调速系统中，在电源电压波动时的抗扰作用主要通过（　　）调节。

  A. 转速调节器   B. 电压调节器
  C. 电流调节器   D. 电压调节器与电流调节器

6. 转速、电流双闭环调速系统中，转速调节器输出限幅电压的作用是（　　）。

  A. 决定了电动机允许的最大电流值
  B. 决定了晶闸管变流器输出电压最大值
  C. 决定了电动机最高转速
  D. 决定了晶闸管变流器输出额定电压

7. 转速、电流双闭环直流调速系统在电动机堵转时，电流转速调节器的作用是（　　）。

  A. 使转速跟随给定电压变化   B. 对负载变化起抗扰作用
  C. 限制了电枢电流的最大值   D. 决定了晶闸管变流器输出额定电压

8. 转速、电流双闭环调速系统起动过程有（　　）阶段。

  A. 电流上升   B. 恒流升速
  C. 转速调节   D. 电压调节
  E. 转速上升

9. 转速、电流双闭环调速系统在突加负载时，转速调节器（ASR）和电流调节器（ACR）两者均参与调节，使转速基本不变，系统调节后，（　　）。

  A. ASR 输出电压增加   B. 晶闸管变流器输出电压增加
  C. ASR 输出电压减小   D. 电动机电枢电流增大
  E. ACR 输出电压增加

10. 转速、电流双闭环直流调速系统中，电源电压波动时的抗扰作用主要通过电流调节器来调节。当电源电压起降时，系统调节过程中（　　），以维持电枢电流不变，使电动机转速几乎不受电源电压波动的影响。

  A. 转速调节器输出电压增大   B. 电流调节器输出电压减小
  C. 电流调节器输出电压增大   D. 触发器控制角减小
  E. 触发器控制角增大

四、简答题

1. 双闭环调速系统的起动过程分为哪 3 个阶段？各阶段 ASR 分别处于什么状态？
2. 电流、转速波形图形象地反映了双闭环调速系统的起动过程，试默画之。
3. 双闭环调速系统的起动过程有什么特点？
4. 转速调节器和电流调节器采用的是什么调节器？为什么？
5. 两个调节器的输出限幅值各有什么意义？
6. 系统设计时如何整定转速反馈系数 α 和电流反馈系数 β？

五、计算题

1. 已知条件如例 3-1，若电动机转速 n=800r/min，电动机电流 I_d=18A。试求 U_n^*、U_n、U_i^* 和 U_i。

2. 双闭环调速系统，两个调节器均为 PI 调节器，当 $I_d=100$A 时，$U_i=10$V。当负载电流由 20A 增加到 30A 时，试问：（1）U_i^* 如何变化？（2）U_{ct} 如何变化？（3）U_{ct} 值由哪些条件决定？

项目 4

生产线多段速运行系统的安装与调试

知识目标

- 掌握三相异步电动机的结构与工作原理。
- 了解三相异步电动机常见控制线路。
- 掌握生产线多段速运行系统调速原理。

技能目标

- 掌握变频器多段速频率控制方式。
- 熟练掌握变频器的多段速运行操作过程。

素养目标

- 培养学生自主学习的能力。
- 培养学生刻苦钻研的劳模精神。

4.1 项目描述

1. 生产线多段速运行系统电路

根据工厂生产线上不同的工艺要求，生产机械总是需要在不同的转速下运行。为满足生产线多段速运行控制要求，大多数变频器提供了多段频率控制功能。用户可以通过几个开关的通、断组合来选择不同的运行频率，实现多段转速运行的目的。生产线多段速运行系统变频器接线如图 4-1 所示。

生产线多段速运行系统采用西门子 MM420 变频器、S7-200 SMART PLC 组成控制电路，按钮"SB1"为起动按钮，"SB2"为停止按钮，"SB3"为控制按钮，通过"SB3"控制按钮连续按下次数控制 7 种不同的输出频率。

2. 生产线多段速运行系统控制要求

1）正确设置变频器输出的额定频率、额定电压、额定电流、额定功率、额定转速。
2）通过外部端子控制电动机多段速运行，可选择 7 种不同的输出频率。
3）运用操作面板改变电动机起动的运行频率和加减速时间。

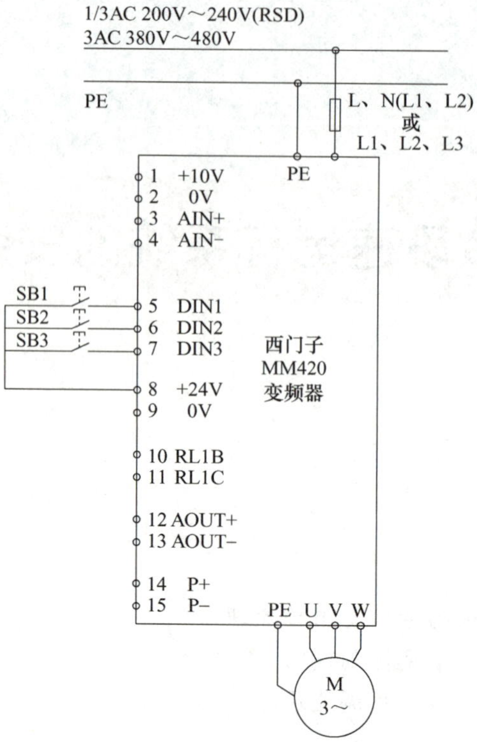

自动调速系统

图 4-1　生产线多段速运行系统变频器接线图

4.2　相关知识

4.2.1　三相异步电动机

实现电能与机械能相互转换的电工设备称为电机。电机是利用电磁感应原理实现电能与机械能的相互转换。把机械能转换成电能的设备称为发电机，而把电能转换成机械能的设备称为电动机。

在生产上主要用的是三相异步电动机，如图 4-2 所示。三相异步电动机具有结构简单、坚固耐用、运行可靠、价格低廉、维护方便等优点，被广泛用来驱动各种金属切削机床、起重机、锻压机、传送带、铸造机械、功率不大的通风机及水泵等。

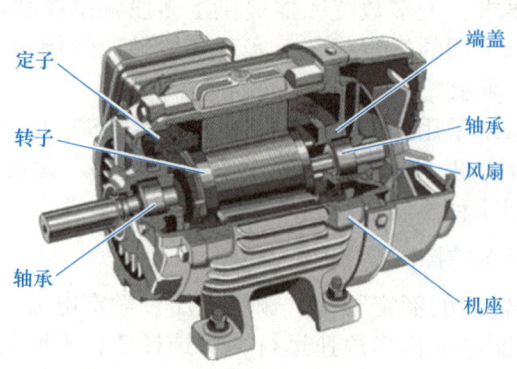

图 4-2　交流电动机

三相异步电动机是感应电动机的一种,依靠同时接入380V三相交流电源(相位差120°)供电,由于三相异步电动机的转子与定子旋转磁场以相同的方向、不同的转速旋转,存在转差率,所以叫三相异步电动机。

1. 三相异步电动机的分类

三相异步电动机种类繁多,按照三相异步电动机转子结构的形态可以分为绕线式异步电动机、笼型异步电动机。

(1)笼型异步电动机

笼型异步电动机转子绕组是一个自己短路的绕组。在转子的每个槽里放上一根导体,每根导体都比铁心长,在铁心的两端用两个端环把所有的导条都短接起来,形成一个自己短路的绕组。如果把转子铁心拿掉,则可看出剩下的绕组形状像一个笼子,如图4-3所示。

(2)绕线式异步电动机

绕线式异步电动机转子绕组是按一定规律分布的三相对称绕组,它可以连接成星形或三角形。一般小容量电动机连接成三角形,中、大容量电动机连接成星形。转子绕组的3条引线分别接到3个集电环上,用一套电刷装置引出。绕线式异步电动机如图4-4所示。

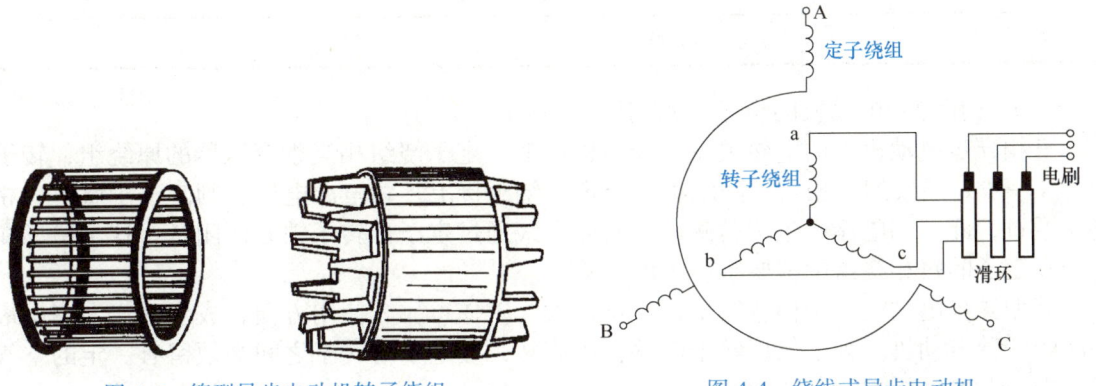

图4-3 笼型异步电动机转子绕组　　图4-4 绕线式异步电动机

2. 三相异步电动机的构造

三相异步电动机的两个基本组成部分为定子(固定部分)和转子(旋转部分)。此外还有端盖、风扇等附属部分,如图4-5所示。

三相异步电动机的结构与工作原理

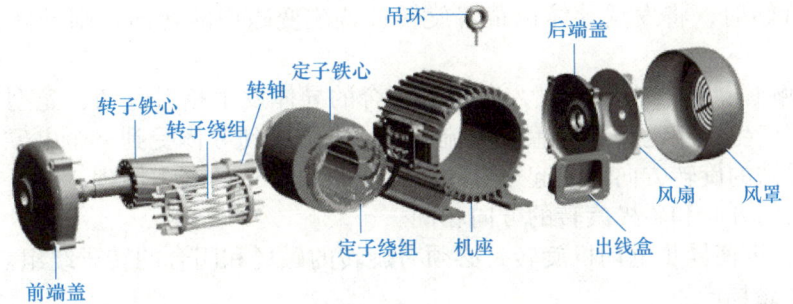

图4-5 三相异步电动机的主要结构部件

(1)定子

三相异步电动机的定子由三部分组成,见表4-1。

表 4-1 定子的组成

部件名称	说明
定子铁心	由厚度为 0.5mm 的相互绝缘的硅钢片叠成，硅钢片内圆上有均匀分布的槽，其作用是嵌放定子三相绕组
定子绕组	三组用漆包线绕制好的，对称嵌入定子铁心槽内的相同的线圈。这三相绕组可接成星形或三角形
机座	机座用铸铁或铸钢制成，其作用是固定铁心和绕组

（2）转子

三相异步电动机的转子由三部分组成，见表 4-2。

表 4-2 转子的组成

部件名称	说明
转子铁心	由厚度为 0.5mm 的相互绝缘的硅钢片叠成，硅钢片外圆上有均匀分布的槽，其作用是嵌放转子三相绕组
转子绕组	转子绕组有笼型和绕线式两种形式
转轴	转轴上加机械负载

（3）三相异步电动机的定子电路与转子电路

三相异步电动机中的电磁关系同变压器类似，定子绕组相当于变压器的原绕组，转子绕组（一般是短接的）相当于副绕组。给定子绕组接上三相电源电压，则定子中就有三相电流通过，此三相电流产生旋转磁场，其磁力线通过定子和转子铁心而闭合，这个磁场在转子和定子的每相绕组中都要感应出电动势。

笼型异步电动机由于构造简单，价格低廉，工作可靠，使用方便，成为生产上应用最广泛的一种电动机。为了保证转子能够自由旋转，在定子与转子之间必须留有一定的空气隙，中小型电动机的空气隙约在 0.2～1.0mm 之间。

3. 三相异步电动机的转动原理

（1）基本原理

为了说明三相异步电动机的工作原理，做如下演示实验，如图 4-6 所示。

1）演示实验：在装有手柄的蹄形磁铁的两极间放置一个闭合导体，当转动手柄带动蹄形磁铁旋转时，将发现导体也跟着旋转；若改变磁铁的转向，则导体的转向也跟着改变。

2）现象解释：当磁铁旋转时，磁铁与闭合的导体发生相对运动，笼型导体切割磁力线而在其内部产生感应电动势和感应电流。感应电流又使导体受到一个电磁力的作用，于是导体就沿磁铁的旋转方向转动起来，这就是异步电动机的基本原理。

转子转动的方向和磁极旋转的方向相同。

3）结论：欲使异步电动机旋转，必须有旋转的磁场和闭合的转子绕组。

（2）旋转磁场产生

图 4-7 所示为最简单的三相定子绕组 AX、BY、CZ，它们在空间按互差 120° 的规律对称排列，并接成星形与三相电源 U、V、W 相连，三相定子绕组便通过三相对称电流。随着电流在定子绕组中通过，在三相定子绕组中就会产生旋转磁场。

$$\begin{cases} i_A = I_m \sin\omega t \\ i_B = I_m \sin(\omega t - 120°) \\ i_C = I_m \sin(\omega t + 120°) \end{cases} \tag{4-1}$$

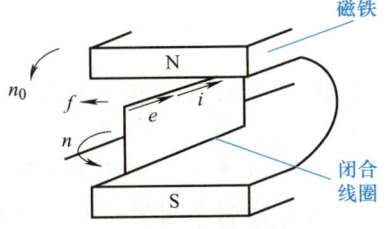

图 4-6 三相异步电动机工作原理

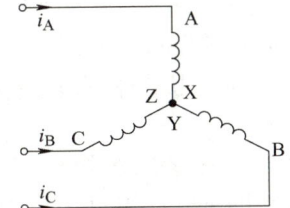

图 4-7 三相异步电动机定子接线

图 4-8 所示为旋转磁场的形成，当 $\omega t=0°$ 时，$i_A=0$，AX 绕组中无电流；i_B 为负，BY 绕组中的电流从 Y 流入、从 B 流出；i_C 为正，CZ 绕组中的电流从 C 流入、从 Z 流出；由右手螺旋定则可得合成磁场的方向如图 4-8a 所示。

当 $\omega t=120°$ 时，$i_B=0$，BY 绕组中无电流；i_A 为正，AX 绕组中的电流从 A 流入、从 X 流出；i_C 为负，CZ 绕组中的电流从 Z 流入、从 C 流出；由右手螺旋定则可得合成磁场的方向如图 4-8b 所示。

当 $\omega t=240°$ 时，$i_C=0$，CZ 绕组中无电流；i_A 为负，AX 绕组中的电流从 X 流入、从 A 流出；i_B 为正，BY 绕组中的电流从 B 流入、从 Y 流出；由右手螺旋定则可得合成磁场的方向如图 4-8c 所示。

可见，当定子绕组中的电流变化一个周期时，合成磁场也按电流的相序方向在空间旋转一周。随着定子绕组中的三相电流不断地做周期性变化，产生的合成磁场也不断地旋转，因此称为旋转磁场。

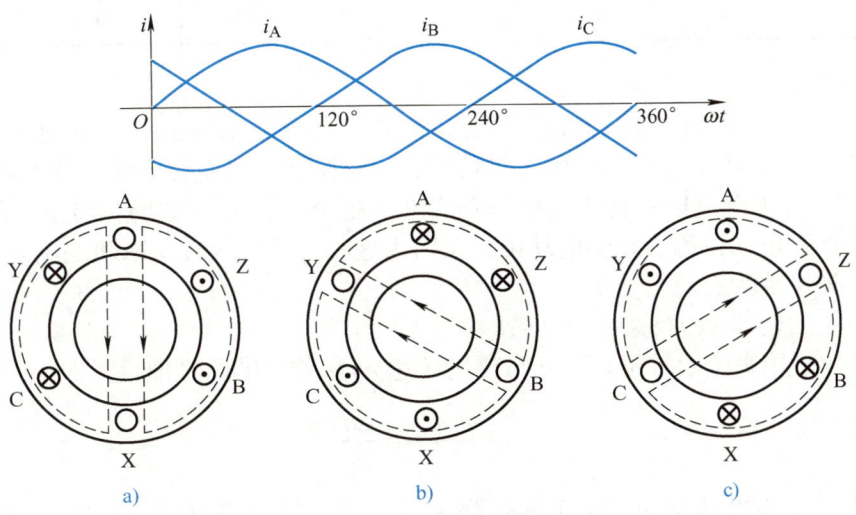

图 4-8 旋转磁场的形成

a）$\omega t=0°$ b）$\omega t=120°$ c）$\omega t=240°$

(3) 旋转磁场的方向

旋转磁场的方向是由三相绕组中电流相序决定的，若想改变旋转磁场的方向，只要改变通入定子绕组的电流相序，即将 3 根电源线中的任意两根对调即可。这时，转子的旋转方向也跟着改变。

4. 三相异步电动机的极数与转速

(1) 极数（磁极对数 p）

三相异步电动机的极数就是旋转磁场的极数。旋转磁场的极数和三相绕组的安排有关。

当每相绕组只有一个线圈，绕组的始端之间相差 120° 空间角时，产生的旋转磁场具有一对磁极，即 $p=1$；当每相绕组为两个线圈串联，绕组的始端之间相差 60° 空间角时，产生的旋转磁场具有两对磁极，即 $p=2$。

同理，如果要产生三对磁极，即 $p=3$ 的旋转磁场，则每相绕组必须有均匀安排在空间串联的 3 个线圈，绕组的始端之间相差 40°（120°/p）空间角。极数 p 与绕组始端之间空间角 θ 的关系为 $\theta = \dfrac{120°}{p}$。

(2) 转速 n

三相异步电动机旋转磁场的转速 n_0 与电动机磁极对数 p 有关，它们的关系是

$$n_0 = \frac{60 f_1}{p} \tag{4-2}$$

由上式可知，旋转磁场的转速 n_0 决定于电流频率 f_1 和磁场的极数 p。对某一异步电动机而言，f_1 和 p 通常是一定的，所以磁场转速 n_0 是个常数。

在我国，工频 $f_1=50\text{Hz}$，因此对应于不同极对数 p 的旋转磁场转速 n_0 见表 4-3。

表 4-3　不同极对数 p 的旋转磁场转速 n_0

p	1	2	3	4	5	6
n_0	3000	1500	1000	750	600	500

(3) 转差率 s

电动机转子转动方向与磁场旋转的方向相同，但转子的转速 n 不可能与旋转磁场的转速 n_0 相等，否则转子与旋转磁场之间就没有相对运动，因而转子导体就不切割磁力线，转子电动势、转子电流以及转矩也就都不存在。也就是说旋转磁场与转子之间存在转速差，因此把这种电动机称为异步电动机，又因为这种电动机的转动原理是建立在电磁感应基础上的，故又称为感应电动机。

旋转磁场的转速 n_0 常称为同步转速。

转差率 s 是用来表示转子转速 n 与磁场转速 n_0 相差程度的物理量，即

$$s = \frac{n_0 - n}{n_0} = \frac{\Delta n}{n_0} \tag{4-3}$$

转差率是异步电动机的一个重要的物理量。当旋转磁场以同步转速 n_0 开始旋转时，转子则因机械惯性尚未转动，转子的瞬间转速 $n=0$，这时转差率 $s=1$。转子转动起来之后，$n>0$，（n_0-n）差值减小，电动机的转差率 $s<1$。如果转轴上的阻转矩加大，则转子转速 n

降低,即异步程度加大,才能产生足够大的感应电动势和电流,产生足够大的电磁转矩,这时的转差率 s 增大。反之,s 减小。异步电动机运行时,转速与同步转速一般很接近,转差率很小。在额定工作状态下约为 $0.015 \sim 0.06$。

根据上式,可以得到电动机的转速常用公式为

$$n = (1-s)n_0 \tag{4-4}$$

【例4-1】有一台三相异步电动机,其额定转速 n=975r/min,电源频率 f=50Hz,求电动机的极数和额定负载时的转差率 s。

解:由于电动机的额定转速接近而略小于同步转速,而同步转速对应于不同的极对数有一系列固定的数值。显然,与 975r/min 最相近的同步转速 n_0=1000r/min,与此相应的磁极对数 p=3。因此,额定负载时的转差率为

$$s = \frac{n_0 - n}{n_0} \times 100\% = \frac{1000 - 975}{1000} \times 100\% = 2.5\%$$

5. 三相异步电动机的转矩特性与机械特性

(1)电磁转矩(简称转矩)

异步电动机的转矩 T 是由旋转磁场的每极磁通 Φ 与转子电流 I_2 相互作用而产生的。电磁转矩的大小与转子绕组中的电流 I 及旋转磁场的强弱有关。

经理论证明,它们的关系是

$$T = K_T \Phi I_2 \cos\varphi_2 \tag{4-5}$$

式中　　T——电磁转矩;

K_T——与电动机结构有关的常数;

Φ——旋转磁场每个极的磁通量;

I_2——转子绕组电流的有效值;

φ_2——转子电流滞后于转子电势的相位角。

若考虑电源电压及电动机的一些参数与电磁转矩的关系。上式修正为

$$T = K_T' \frac{sR_2 U_1^2}{R_2^2 + (sX_{20})^2} \tag{4-6}$$

式中　　K_T'——常数;

U_1——定子绕组的相电压;

s——转差率;

R_2——转子每相绕组的电阻;

X_{20}——转子静止时每相绕组的感抗。

由上式可知,转矩 T 还与定子每相电压 U_1 的二次方成比例,所以当电源电压有所变动时,对转矩的影响很大。此外,转矩 T 还受转子电阻 R_2 的影响。图4-9所示为三相异步电动机的机械特性曲线。

(2)机械特性曲线

在一定的电源电压 U_1 和转子电阻 R_2 下,电动机转矩 T 与转差率 s 之间的关系曲线 $T=f(s)$ 或转速 n 与转矩 T 的关系曲线 $n=f(T)$,称为电动机的机械特性曲线。

在机械特性曲线上要讨论3个转矩。

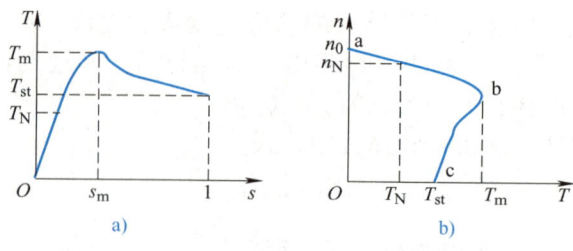

图 4-9 三相异步电动机的机械特性曲线

a) $T=f(s)$ 曲线 b) $n=f(T)$ 曲线

1) 额定转矩 T_N。额定转矩 T_N 是异步电动机带额定负载时，转轴上的输出转矩。

$$T_N = 9550 \frac{P_2}{n} \tag{4-7}$$

式中 P_2——电动机轴上输出的机械功率（W）；

n——单位是 r/min；

T_N——单位是 N·m。

当忽略电动机本身的机械摩擦转矩 T_0 时，阻转矩近似为负载转矩 T_L，电动机做等速旋转时，电磁转矩 T 必与阻转矩 T_L 相等，即 $T=T_L$。额定负载时，则有 $T_N=T_L$。

2) 最大转矩 T_m。T_m 又称为临界转矩，是电动机可能产生的最大电磁转矩。它反映了电动机的过载能力。

最大转矩的转差率为 s_m，此时的 s_m 称为临界转差率，图 4-9a 中最大转矩 T_m 与额定转矩 T_N 之比称为电动机的过载系数 λ，即

$$\lambda = T_m/T_N \tag{4-8}$$

一般三相异步电动机的过载系数在 1.8～2.2 之间。

在选用电动机时，必须考虑可能出现的最大负载转矩，而后根据所选电动机的过载系数算出电动机的最大转矩，它必须大于最大负载转矩。否则，就得重选电动机。

3) 起动转矩 T_{st}。T_{st} 为电动机起动初始瞬间的转矩，即 $n=0$、$s=1$ 时的转矩。

为确保电动机能够带额定负载起动，必须满足 $T_{st}>T_N$，一般的三相异步电动机有 $T_{st}/T_N=1\sim 2.2$。

（3）电动机的负载能力自适应分析

电动机在工作时，它所产生的电磁转矩 T 的大小能够在一定范围内自动调整以适应负载的变化，这种特性称为自适应负载能力。

$T_L\uparrow \Rightarrow n\downarrow \Rightarrow S\uparrow \Rightarrow I_2\uparrow \Rightarrow T\uparrow$，直至新的平衡。此过程中，$I_2\uparrow$ 时 $I_1\uparrow$，电源提供的功率自动增加。

4.2.2 三相异步电动机调速

1. 三相异步电动机调速的基本方式

众所周知，直流调速系统具有较为优良的静、动态性能指标，在很长的一个历史时期内，调速传动领域基本上被直流电动机调速系统所垄断。但直流电动机由于受换向器限制，使其维修工作量大，事故率高，使用环境受限，很难向高电压、高转速、大容量发展。与直流电动机相比，交流电动机具有结构简单、制造容易、维护工作量小等优点，但

交流电动机的控制却比直流电动机复杂得多。早期的交流传动均用于不可调速传动，而可调速传动则用直流传动，随着电力电子技术、控制技术和计算机技术的发展，交流调速技术日益成熟，在许多方面已经可以取代直流调速系统，特别是各类通用变频器的出现，使交流调速已逐渐成为电气传动中的主流。

异步电动机的转速公式为：

$$n = n_1(1-s) = \frac{60f_1}{p}(1-s) \qquad (4\text{-}9)$$

式中　　f_1——异步电动机定子绕组上交流电源的频率（Hz）；
　　　　p——异步电动机的磁极对数；
　　　　s——异步电动机的转差率；
　　　　n——异步电动机的转速（r/min）。

由上式可知，交流异步电动机有3种基本调速方法。

1）改变定子绕组的磁极对数p，称为变极调速。

2）改变转差率s，其方法有改变电压调速、绕线式电动机转子串电阻调速和串级调速。

3）改变电源频率f_1，称为变频调速。

（1）变极调速

在电源频率f_1不变的条件下，改变电动机的磁极对数p，电动机的同步转速n_1就会变化，从而改变电动机的转速n。若磁极对数减少一半，同步转速就升高一倍，电动机的转速也几乎升高一倍。这种调速方法通常用改变电动机定子绕组的接法来改变磁极对数，这种电动机称为多速电动机。其转子均采用笼型转子，其转子感应的磁极对数能自动与定子相适应。这种电动机在制造时，从定子绕组中抽出一些线头，以便于使用时调换。下面以一相绕组来说明变极原理。先将U相绕组中的两个半相绕组a_1x_1与a_2x_2采用顺向串联，如图4-10所示，产生两对磁极。若将U相绕组中的一半相绕组a_2x_2反向并联，如图4-11所示，则产生1对磁极。

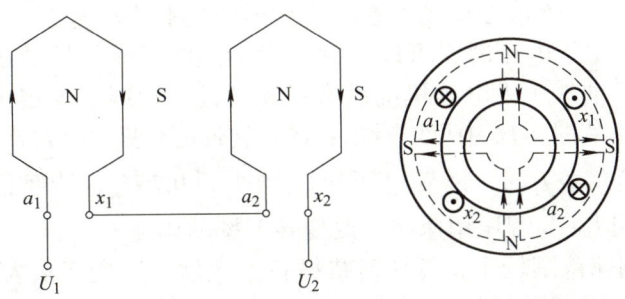

图4-10　绕组变极原理（$2p=4$）

目前，我国多极电动机定子绕组连接方式常用的有两种：一种是从星形改成双星形，写为丫/丫丫，如图4-12所示；另一种是从三角形改成双星形，写为△/丫丫，如图4-13所示，这两种接法可使电动机极对数减少一半。在改接绕组时，为了使电动机转向不变，应把绕组的相序改接一下。

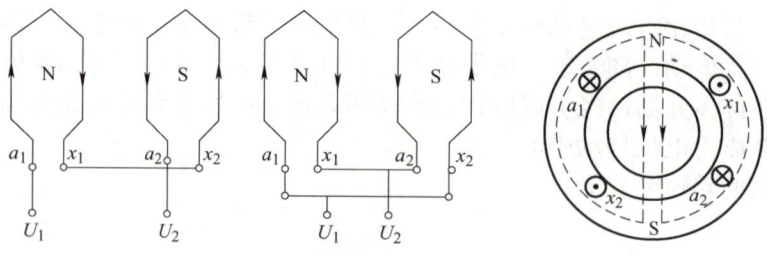

图 4-11　绕组变极原理（$2p=2$）

变极调速主要用于各种机床及其他设备上。其优点是设备简单，操作方便，具有较硬的机械特性，稳定性好；其缺点是电动机绕组引出头较多，调速级数少，级差大，不能实现无级调速；电动机体积大，制造成本高。

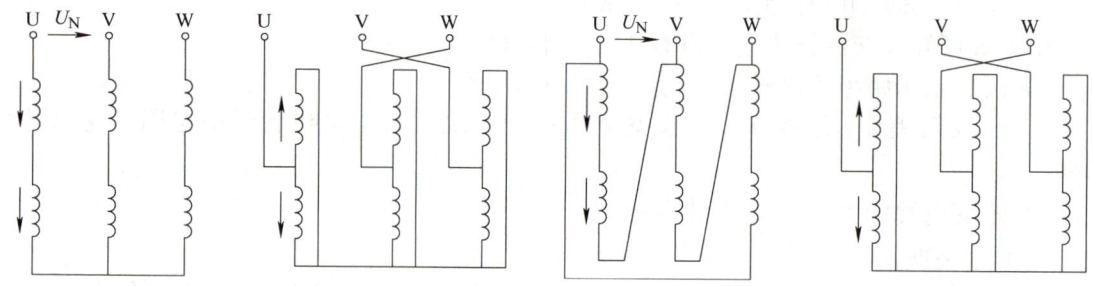

图 4-12　异步电动机 Y/Y Y 变极调速接线　　图 4-13　异步电动机 △/Y Y 变极调速接线

（2）变转差率调速

改变定子电压调速、转子电路串电阻调速和串级调速都属于改变转差率调速。这些调速方法的共同特点是在调速过程中都产生大量的转差功率。前两种调速方法都是把转差功率消耗在转子电路里，很不经济，而串级调速则能将转差功率加以吸收或大部分反馈给电网，提高了经济性能。

1）改变定子电压调速。由异步电动机电磁转矩和机械特性方程可知，在一定转速下，异步电动机的电磁转矩与定子电压的二次方成正比。因此改变定子外加电压就可以改变其机械特性的函数关系，从而改变电动机在一定输出转矩下的转速。

当改变电动机的定子电压时，可以得到一组不同的机械特性曲线，从而获得不同转速。如图 4-14 所示，曲线 1 为电动机的固有机械特性，曲线 2 为定子电压是额定电压的 0.7 倍时的机械特性。从图 4-14 中可以看出：同步转速 n_0 不变，最大转差或临界转差率 s_m 不变。当负载为恒转矩负载 T_L 时，随着电压从 U_N 减小到 $0.7U_N$，转速相应地从 n_1 减小到 n_2，转差率增大，显然可以认为调压调速属于改变转差率的调速方法。

该调速方法的调速范围较小，低压时机械特性太软，转速变化大。为改善调速特性，可采用带速度负反馈的闭环控制系统来解决该问题。

目前广泛采用晶闸管交流调压电路来实现定子调压调速。

2）转子串电阻调速。绕线式异步电动机转子串电阻调速的机械特性如图 4-15 所示。转子串电阻时最大转矩 T_m 不变，临界转差率增大。所串电阻越大，运行段机械特性斜率越大。若带恒转矩负载，原来运行在固有特性曲线 1 的 a 点上，在转子串电阻 R_1 后，就运行在 b 点上，转速由 n_a 变为 n_b，依此类推。

转子串电阻调速的优点是设备简单，主要用于中、小容量的绕线式异步电动机，如桥式起重机等。缺点是转子绕组需经过电刷引出，属于有级调速，平滑性差；由于转子中电流很大，在串接电阻上产生很大损耗，所以电动机的效率很低，机械特性较软，调速精度差。

3）串级调速。串级调速方式是指绕线式异步电动机转子回路中串入可调节的附加电势来改变电动机的转差，从而达到调速的目的。其优点是可以通过某种控制方式，使转子回路的能量回馈到电网，从而提高效率。它在适当的控制方式下，可以实现低同步或高同步的连续调速，缺点是只适用于绕线式异步电动机，且控制系统相对复杂。

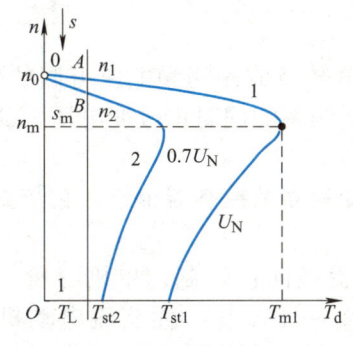

图 4-14　调压调速的机械特性

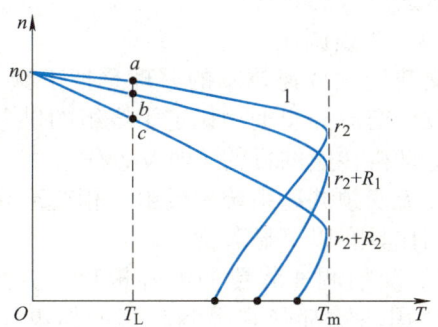

图 4-15　转子串电阻调速的机械特性

（3）电磁转差离合器调速

图 4-16 所示为一个电磁转差离合器调速系统，它由晶闸管整流器、电磁转差离合器和异步电动机三部分组成。电磁转差离合器由电枢和磁极两部分组成，两者无机械联系，都可自由旋转。电枢由笼型异步电动机带动，称主动部分；磁极用联轴节与负载相连，称从动部分。电枢通常用整块的铸钢加工而成，形状像一个杯子，上面没有绕组。磁极则由铁心和绕组两部分组成，绕组由晶闸管整流器励磁。

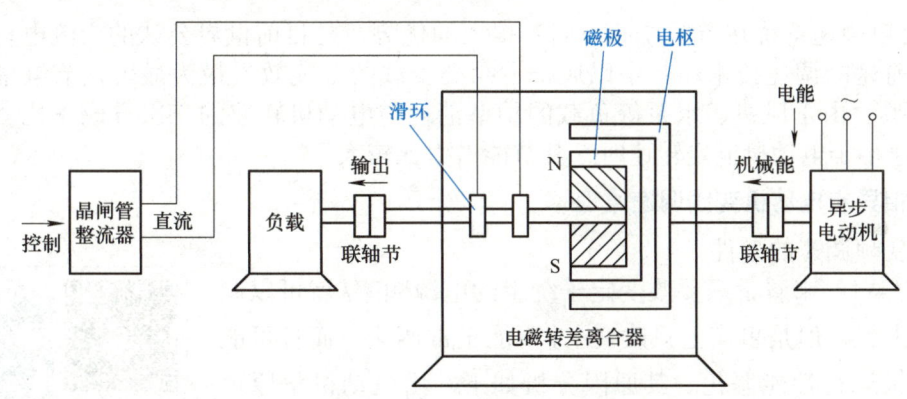

图 4-16　电磁转差离合器调速系统

当励磁绕组通以直流电，电枢为电动机所拖动以恒速定向旋转时，在电枢中感应产生涡流，涡流与磁极的磁场作用产生电磁力，形成的电磁转矩使磁极跟着电枢方向旋转。由于拖动电枢的异步电动机的固有机械特性较硬，因此可以认为电枢的转速是近似不变的，而磁极的转速则由磁极磁场的强弱而定，即由提供给电磁离合器的励磁电流大小而定。因此只要改变励磁电流的大小，就可以改变磁极的转速，也就可以改变工作机械的转速。调速系统晶闸管整流电源通常采用单相全波或桥式整流电路，通过改变晶闸管的控制角，可以方便地改变直流输出电压的大小。

由此可见,当励磁电流等于零时,磁极是不会转动的,这就相当于工作机械被"离开"。一旦加上励磁电流,磁极即刻转动起来,这就相当于工作机械被"合上",因此称为离合器。又因为它是基于电磁感应原理来发生作用的,磁极与电枢之间一定要有转差才能产生感应电流和电磁转矩,因此全名就称为"电磁转差离合器"。又常将其连同它的异步电动机一起称为"滑差电动机"。

电磁转差离合器调速的主要特点是控制简单,运行可靠,可实现无级调速,采用转速闭环控制后可以改善调速性能,扩大调速范围;缺点是低速损耗大,效率低。适用于无需长期低速运行的场合。

(4) 变频调速

交流变频调速技术的原理是把工频 50Hz 的交流电转换成频率和电压可调的交流电,通过改变交流异步电动机定子绕组的供电频率,在改变频率的同时也改变电压,从而达到调节电动机转速的目的(即 VVVF 技术)。

交流变频调速系统一般由三相交流异步电动机、变频器及控制器组成,它与直流调速系统相比具有以下显著优点。

1) 变频调速装置的大容量化。直流电动机由于受换向器限制,单机容量、最高转速及使用环境都受到限制。其电枢电压最高只能做到一千多伏,而交流电动机可做到 6~10kV。直流电动机的转速一般仅为每分钟数百转到一千多转,而交流电动机的速度可以达到每分钟数千转,以满足高速机械的运行要求。

2) 变频调速系统调速范围宽,能平滑调速,其调速静态精度及动态品质好。

3) 变频调速系统可以直接在线起动,起动转矩大,起动电流小,减小了对电网和设备的冲击,并具有转矩提升功能,节省软起动装置。

4) 变频器内置功能多,可满足不同工艺要求;保护功能完善,能自诊断和显示故障所在,维护简便;具有通用的外部接口端子,可同计算机、PLC 联机,便于实现自动控制。

5) 变频调速系统在节约能源方面有很大的优势,是目前世界公认的交流电动机最理想、最有前途的调速技术。其中以风机、泵类负载的节能效果最为显著,节电率可达到 20%~60%。由于风机、水泵等负载的功率消耗与电动机转速的三次方成正比,因此当负载的转速小于电动机额定转速时,其节能潜力比较大。

2. 三相异步电动机变频调速原理

(1) 变频调速的条件

从式 (4-1) 来看,只要改变定子绕组的电源频率 f_1 就可以调节转速大小了,但是事实上只改变 f_1 并不能正常调速,而且可能导致电动机运行性能恶化。其原因分析如下。由电动机学原理知,三相异步电动机定子绕组反电动势 E_1 的表达式为

三相异步电动机变频调速原理

$$E_1 = 4.44 f_1 N_1 K_{N1} \Phi_m \quad (4-10)$$

式中 E_1——气隙磁通在定子每相中感应电动势的有效值(V);

N_1——每相定子绕组的匝数;

K_{N1}——与绕组结构有关的常数;

Φ_m ——电动机每极的气隙磁通。

由于 4.44、N_1、K_{N1} 均为常数,所以定子绕组的反电动势可用下式表示:

$$E_1 \propto f_1 \Phi_m \tag{4-11}$$

根据三相异步电动机的等效电路知,$E_1 = U_1 + \Delta U$,当 E_1 和 f_1 的值较大时,定子的漏阻抗相对比较小,漏阻抗压降 ΔU 可以忽略不计,即可认为电动机的定子电压 $U_1 \approx E_1$,因此可将式(4-11)写成

$$U_1 \approx E_1 \propto f_1 \Phi_m \tag{4-12}$$

若电动机的定子电压 U_1 保持不变,则 E_1 也基本保持不变,由式(4-12)可知,当定子绕组的交流电源频率 f_1 由基频 f_{1N} 向下调节时,将会引起主磁通 Φ_m 的增加。由于额定工作时,电动机的磁通已经接近饱和,Φ_m 继续增大,将会使电动机磁路过分饱和,从而导致过大的励磁电流,严重时会因绕组过热而损坏电动机。而从基频 f_{1N} 向上调节时,主磁通 Φ_m 将减少,铁心利用不充分,同样的转子电流下,电磁转矩 T 下降,电动机的负载能力下降,电动机的容量也得不到充分利用。因此为维持电动机输出转矩不变,在调节频率 f_1 的同时最好能够维持主磁通 Φ_m 不变(即恒磁通控制方式)。

以电动机的额定频率 f_{1N} 为基准频率,称为基频。变频调速时,可以从基频向上调,也可以从基频向下调。

(2)基频以下恒磁通(恒转矩)变频调速

当在额定频率以下调频,即 $f_1 < f_{1N}$ 时,为了保证 Φ_m 不变,根据式(4-11)得

$$\frac{E_1}{f_1} = 常数 \tag{4-13}$$

也就是说,在频率 f_1 下调时也同步下调反电动势 E_1,但是由于异步电动机定子绕组中的感应电动势 E_1 无法直接检测和控制,根据 $U_1 \approx E_1$,可以通过控制 U_1 达到控制 E_1 的目的,即

$$\frac{U_1}{f_1} = 常数 \tag{4-14}$$

通过以上分析可知:在额定频率以下调频时($f_1 < f_{1N}$),调频的同时也要调压。将这种调速方法称为变压变频(Variable Voltage Variable Frequency,简称 VVVF)调速控制,也称为恒压频比控制方式。

当定子电源频率 f_1 很低时,U_1 也很低。此时定子绕组上的电压降 ΔU 在电压 U_1 中所占的比例增加,将使定子电流减小,从而使 Φ_m 减小,这将引起低速时的最大输出转矩减小。可用提高 U_1 来补偿 ΔU 的影响,使 E_1/f_1 不变,即 Φ_m 不变,这种控制方法称为电压补偿,也称为转矩提升。定子电源频率 f_1 越低,定子绕组电压补偿得越大,带定子压降补偿控制的恒压频比控制特性如图 4-17 所示。

图 4-17 中，1 为 U_1/f_1 = 常数时的电压与频率关系曲线；2 为有电压补偿时，即近似的 E_1/f_1 为常数时的电压与频率关系曲线。实际上变频器装置中相电压 U_1 和频率 f_1 的函数关系并不简单地如曲线 2 一样，通用变频器有几十种电压与频率关系曲线，可以根据负载性质和运行状况加以选择。

在基频以下调速时，采用 U/f 控制方式以保持主磁通 Φ_m 的恒定，电动机的机械特性曲线如图 4-18 中 f_{1N} 曲线以下所示。在此过程中，电磁转矩 T 恒定，电动机带负载的能力不变，属于恒转矩调速。如图 4-18 所示，曲线 f_4 中的虚线是进行电压补偿后的机械特性曲线。

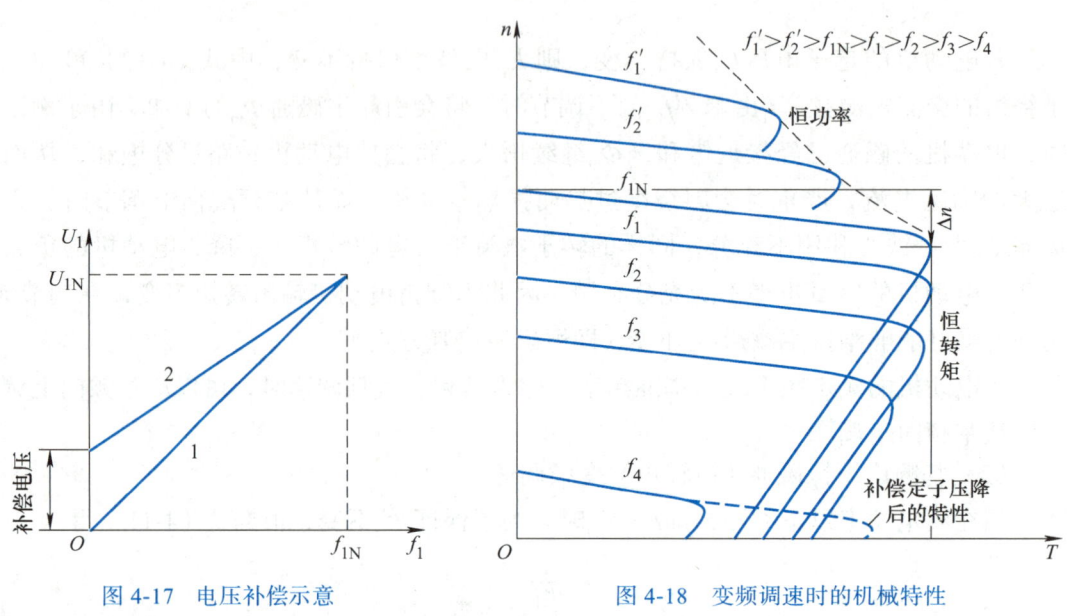

图 4-17 电压补偿示意

图 4-18 变频调速时的机械特性

观察各条机械特性曲线，它们的特征如下。

1）从额定频率向下调频时，理想空载转速减小，最大转矩逐渐减小。

2）频率在额定频率附近下调时，最大转矩减少，可以近似认为不变；频率调得很低时，最大转矩减小很快。

3）因为频率不同时，最大转矩点对应的转差 Δn 变化不是很大，所以稳定工作区的机械特性基本是平行的。

（3）基频以上恒功率（恒电压）变频调速

当定子绕组的交流电源频率 f_1 由基频 f_{1N} 向上调节时，若按照 U_1/f_1 = 常数的规律控制，电压也必须由额定值 U_{1N} 向上增大。由于电动机不能超过额定电压运行，所以频率 f_1 由额定值向上升高时，由式（4-12）可知，定子电压不可能随之升高，只能保持 $U_1 = U_{1N}$ 不变。这样必然会使 Φ_m 随着 f_1 的升高而下降，类似于直流电动机的弱磁调速。由电动机学原理知，Φ_m 的下降将引起电磁转矩 T 的下降。频率越高，主磁通 Φ_m 下降得越多，由于 Φ_m 与电流或转矩成正比，因此电磁转矩 T 也变小。需要注意的是，这时的电磁转矩 T 仍应比负载转矩大，否则会出现电动机的堵转。在这种控制方式下，转速越高，转矩越低，但是转速与转矩的乘积（输出功率）基本不变，所以基频以上调速属于弱磁恒功率调速。其机械特性曲线如图 4-18 中 f_{1N} 曲线以上的两条曲线所示。其特征如下。

1）额定频率以上调频时，理想空载转速增大，最大转矩大幅度减小。

2）最大转矩点对应的转差 Δn 几乎不变，但由于最大转矩减小很多，所以机械特性斜度加大，特性变软。

（4）变频调速特性的特点

把基频以下和基频以上两种情况结合起来，可得图 4-19 所示的异步电动机变频调速控制特性。按照电力拖动原理，在基频以下，属于恒转矩调速，而在基频以上，属于恒功率调速。

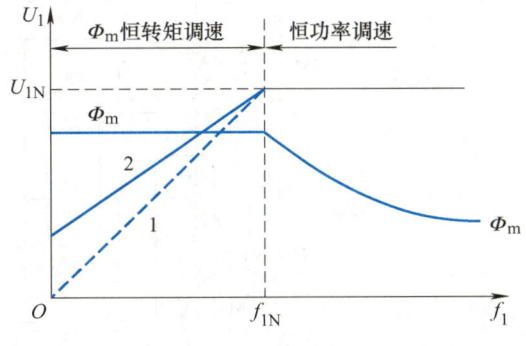

图 4-19　异步电动机变频调速控制特性

1）恒转矩的调速特性。这里的恒转矩是指在转速变化过程中，电动机具有输出恒定转矩的能力。在 $f_1 < f_{1N}$ 的范围内变频调速时，经过补偿后，各条机械特性的临界转矩基本为一定值，因此该区域基本为恒转矩调速区域，适合带恒转矩负载。从另一方面来看，经补偿以后的 $f_1 < f_{1N}$ 区域，可基本认为 $E/f=$ 常数，即 Φ_m 不变，根据电动机的转矩公式知，在负载不变的情况下，电动机输出的电磁转矩基本为一定值。

2）恒功率的调速特性。这里的恒功率是指在转速变化过程中，电动机具有输出恒定功率的能力，在 $f_1 > f_{1N}$ 时，频率越高，主磁通 Φ_m 必然相应下降，电磁转矩 T 也越小，而电动机的功率 $P=T(\downarrow)\omega(\uparrow)=$ 常数，因此 $f_1 > f_{1N}$ 时，电动机具有恒功率的调速特性，适合带恒功率负载。

4.2.3　三相异步电动机常见控制电路

1. 重载设备的起动控制电路

重载设备的起动过程电流较大，但起动结束（转速基本达到额定值）后，电流就会下降到额定值。用于过载保护的热继电器的整定电流值是根据额定电流得出的。为了在起动过程中热继电器不发生保护动作，需要对前面所学的直接起动电路或减压起动电路进行改动。

（1）利用电流互感器和中间继电器来控制重载设备的起动

电流互感器和中间继电器控制重载设备的起动电路如图 4-20 所示。

原理图解释：按下起动按钮 SB2（3-5），交流接触器 KM、时间继电器 KT、中间继电器 KA 的线圈同时得电，KM 的常开触点（3-5）闭合，将 SB2 自锁（3-5），KT 开始延时。与热继电器 FR 的两只热元件并联的 KA 两对常开触点闭合，将热元件短接，以防止重载起动时产生的大电流使 FR 动作。与此同时，KM 的三相主触点闭合，电动机得电、起动。随着电动机转速的升高，当升到额定转速时（也就是 KT 的延时时间结束时），电动机的额定电流降至额定电流以下，KT 得电延时断开的常闭触点（5-7）断开，使 KA 的线圈失电，KA 常开触点断开，将热继电器投入到电路进行工作。重载设备起动完毕。

自动调速系统

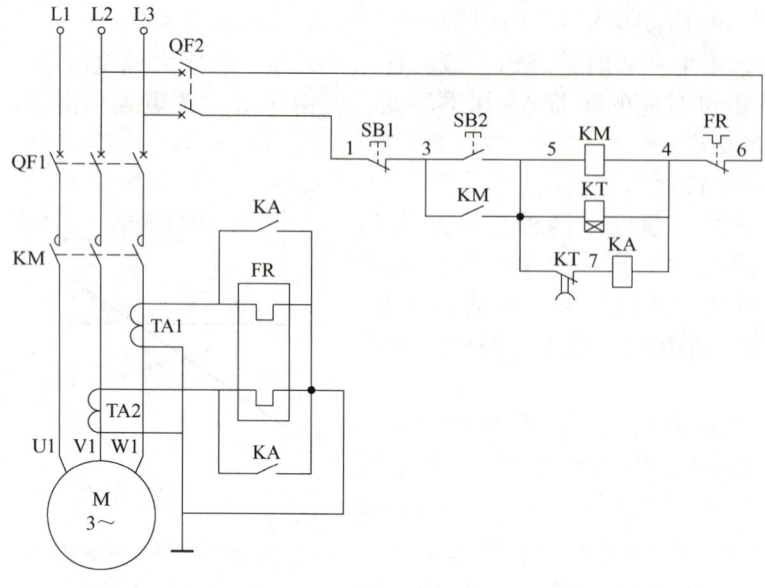

图 4-20　电流互感器和中间继电器控制重载设备的起动电路

（2）利用电流继电器来完成重载设备的起动

电流继电器控制重载设备的起动电路如图 4-21 所示。

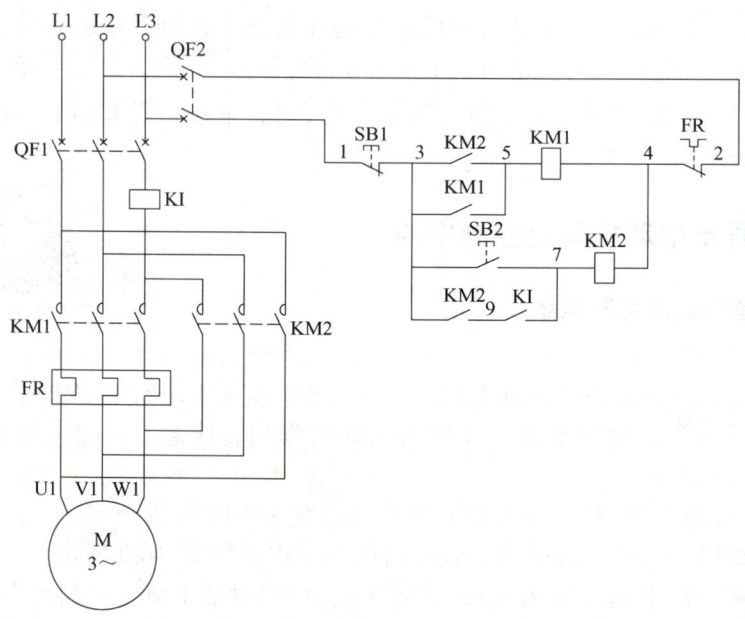

图 4-21　电流继电器控制重载设备的起动电路

原理图解释：按下起动按钮 SB2（3-7），交流接触器 KM2 的线圈得电、吸合，KM2 三相主触点闭合，使交流接触器 KM1 的 3 个主触点和热继电器的热元件被短路，电动机的绕组串入电流继电器 KI 开始重载起动过程，此时电动机的电流较大，KI 动作，使 KI 的常开触点（7-9）闭合，与 KM2 的常开触点（3-9，已闭合）串联，共同对 SB2 形成自锁回路，KM2 的线圈仍然得电、处于被吸合状态，KM2 的常开辅助触点（3-5）闭合，使交流接触器 KM1 的线圈得电，KM1 的常开辅助触点（3-5）闭合自锁，同时 KM1 的三相主触点闭合,为 KM2 解除短路做准备。随着电动机转速的升高,达到额定转速时,电动机的电流也降为额定电流,KI 发生动作、释放,KI 的常开触点(7-9)断开,使交流接触器 KM2 的线圈断电释放,KM2 的三相主触点断开,解除对热继电器 FR 三相热元件的短接,同时 KM2 的常开辅助触点(3-5)变为断开状态。电动机串入过载保护热断电器 FR 正常运转,完成了重载起动过程。

2. 典型传送装置控制电路

在工地、工厂的生产线,有很多传送物料的装置,其控制电路的可靠性、安全性非常重要。通过完成本任务,可掌握设计、制作这类控制装置的基本方法和技能。

(1)卷扬机控制电路

卷扬机控制电路如图 4-22 所示。

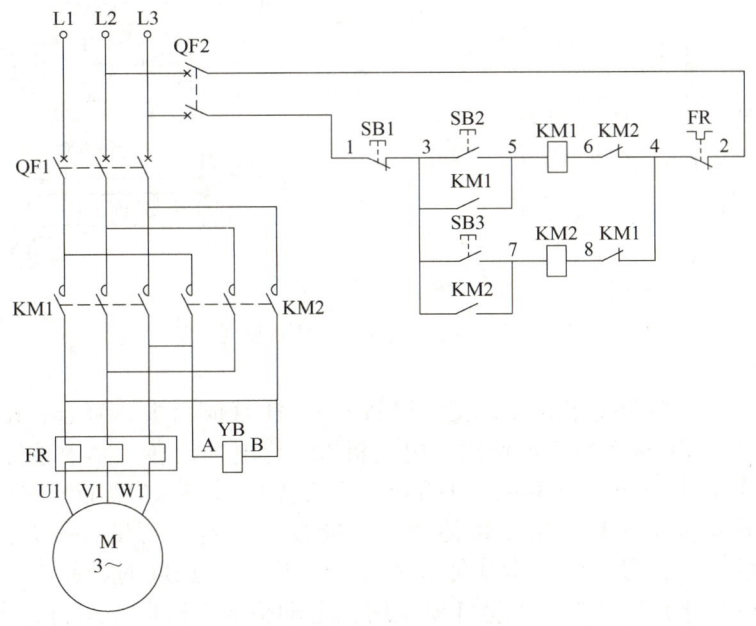

图 4-22 卷扬机控制电路

原理图解释:提升时按下正转的起动按钮 SB2(3-5),交流接触器 KM1 线圈得电、吸合,且 KM1 常开辅助触点(3-5)闭合自锁,KM1 三相主触点闭合,电动机和电磁抱闸 YB 线圈同时通电,电磁衔铁被吸合到铁心上,衔铁通过传动机构使制动器闸瓦松开,电动机得电正转,电动机拖动装置上升。

提升过程需停止时,可按下停止按钮 SB1(1-3),正转交流接触器 KM1 线圈失电、释放,KM1 三相主触点断开,电动机失电(靠惯性仍能运转),但电磁抱闸 YB 的线圈同时断电,制动器在弹簧的作用下,使衔铁离开铁心,制动器闸瓦抱住电动机的转轴进行制动,拖动装置停止。

下降时,按下反转按钮 SB3(3-7),反转交流接触器 KM2 线圈得电吸合,且 KM2 的常开辅助触点(3-7)闭合自锁,KM2 的三相主触点闭合,电动机及电磁抱闸的线圈 YB 得电,使制动器的闸瓦松开,电动机得电、反转运行,拖动装置下降。

下降过程需要停止时,按下停止按钮 SB1(1-3),接触器 KM2 的线圈失电,KM2 的三相主触点断开,电动机失电,靠惯性可继续运转一会儿,但此时电磁抱闸 YB 的线圈断电,导致制动器的闸瓦抱住电动机的转轴进行制动,拖动装置停止下降。

（2）多条传送带运送原料控制电路

多条传送带运送原料控制电路如图 4-23 所示。

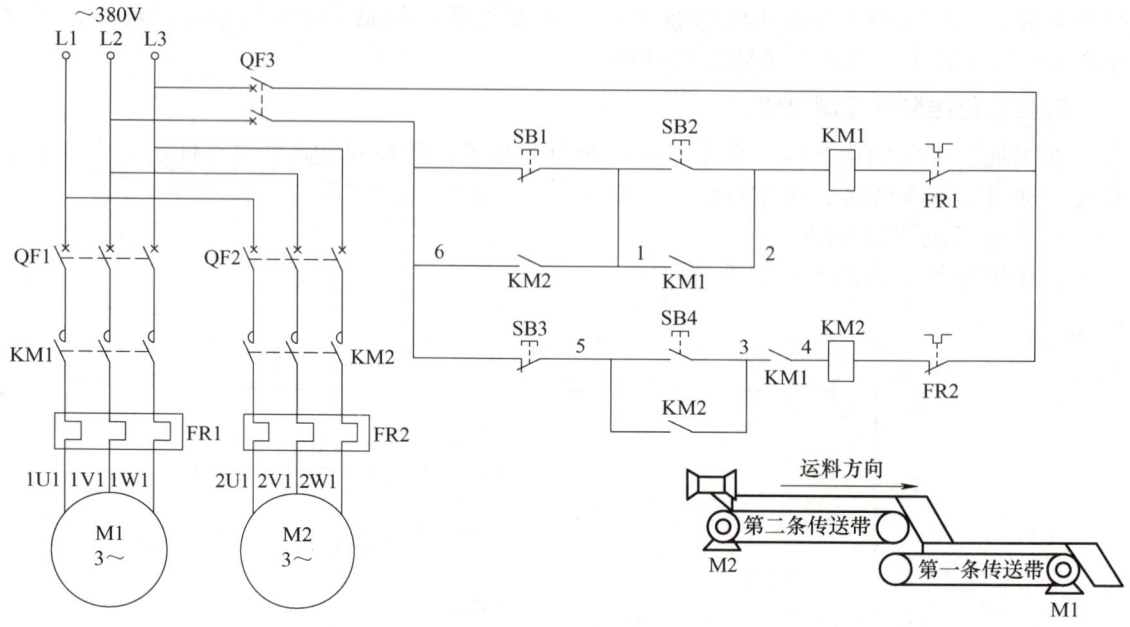

图 4-23　多条传送带运送原料控制电路

起动过程：按下起动按钮 SB2，交流接触器 KM1 线圈得电、吸合，KM1 的辅助常开触点（1–2）闭合，对 SB2 起自锁作用，电动机 M1 得电、运转，第一条传送带开始工作，KM1 的另一对辅助常开触点（3–4）也闭合，为交流接触器 KM2 的线圈接入电路做好了准备。这时，只要按下 SB4，第二条传送带就能投入运行。可见，只有按下 SB2、第一条传送带投入运行后，第二传送带才能投入运行。当按下 SB4 时，KM2 线圈得电，其辅助常开触点（5–3）闭合，对 SB4 起自锁作用，电动机 M2 得电、运行，第二条传送带投入运行。同时，KM2 的辅助常开触点（6–1）闭合，使停止按钮 SB1 被短路，所以按下 SB1 不会使 M1 停止。

停止过程：按下停止按钮 SB3，KM2 的线圈失电，电动机 M2 停止，KM2 的辅助常开触点（6–1）断开，在该条件下，按下 SB1，会使接触器 KM1 的线圈失电，电动机 M1 停止。可以看出，只有当第二条传送带停止后，第一条传送带才能停下来。

3. 三相异步电动机常用保护电路

三相异步电动机断相、过热、过电流等因素会损伤电动机的电气性能，甚至烧毁电动机的绕组。在很多场合，给电动机加上保护装置，可延长电动机的使用寿命、提高生产效率。

（1）电动机过热保护控制电路

电动机过热保护控制电路如图 4-24 所示。

原理图解释：在电动机内设有与交流接触器线圈串联的过热保护器（或热敏电阻），当电动机超温达到一定的时间，过热保护器的一对触点断开（或者热敏电阻熔断），切断了给交流接触器线圈的供电，导致电动机失去三相供电而停机。

项目 4　生产线多段速运行系统的安装与调试

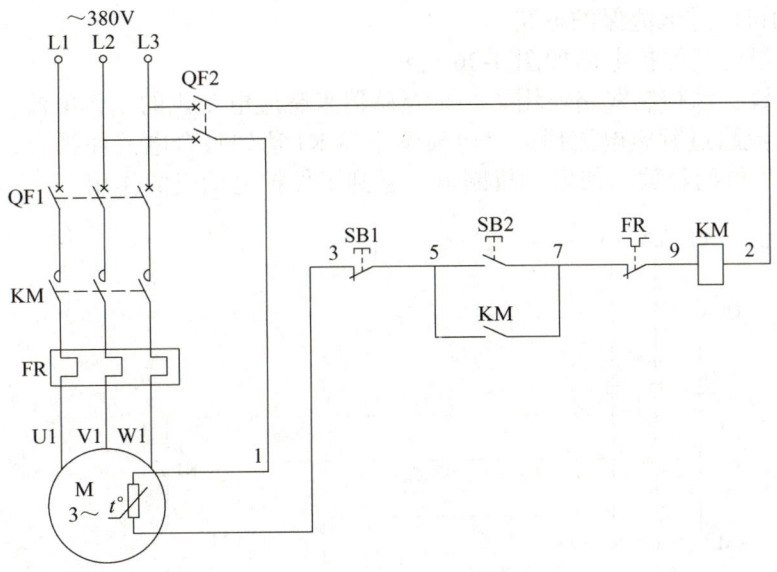

图 4-24　电动机过热保护控制电路

（2）电动机断相保护电路

断相又叫缺相，是指 3 根相线中有一根断路，电动机断相保护电路如图 4-25 所示。

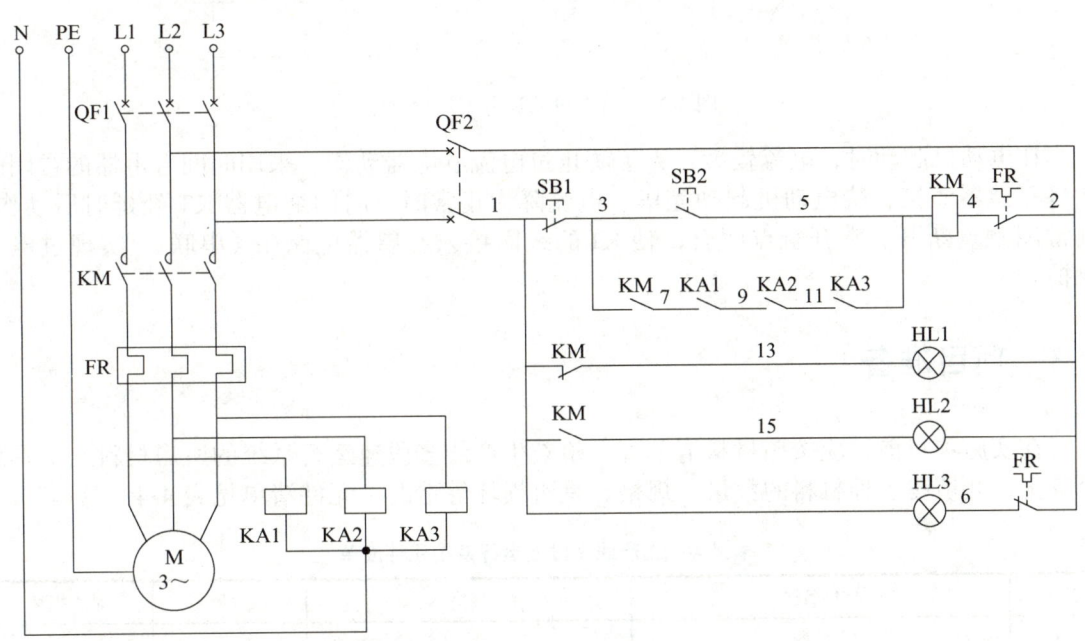

图 4-25　电动机断相保护电路

断相保护电路原理解释：闭合 QF1、QF2，按下起动按钮 SB2，交流接触器 KM 的线圈（5-4）得电，使常开主触点闭合，电动机得电、运转，交流接触器的常开辅助触点（3-7）闭合，同时电流继电器 KA1、KA2、KA3 线圈得电，使它们的常开触点 KA1、KA2、KA3 闭合，对 SB2 形成自锁，当三相中任一相断路时，KA1、KA2、KA3 中必有一个失去电压，其相应的常开触点会断开，使交流接触器 KM 线圈失去供电，从而切断给电动机的供电而停机。

（3）电动机的过电流保护电路

电动机的过电流保护电路如图4-26所示。

原理图解释：该控制线路使用了一个互感器来感应电动机的工作电流。当三相异步电动机的工作电流超过额定电流后，过电流继电器KI达到吸合电流而吸合，其常闭触点断开，KM线圈失电而释放，使电动机断电，起到了保护电动机的作用。

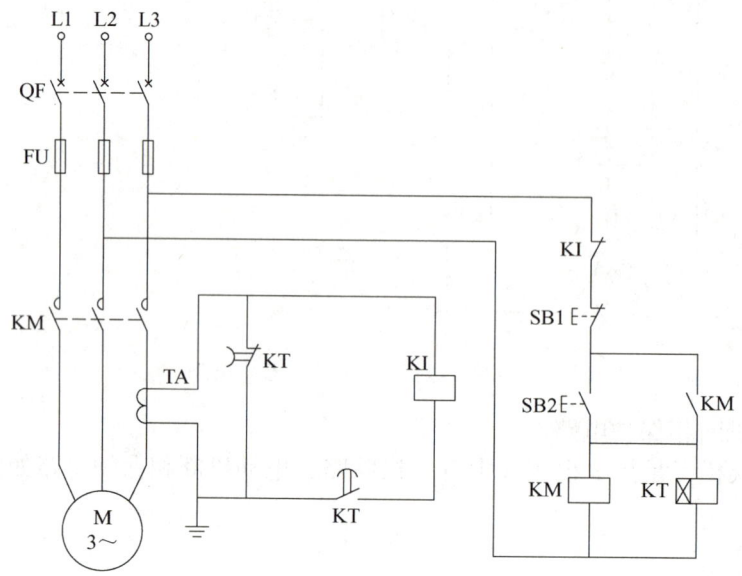

图4-26　电动机的过电流保护电路

在电动机起动时，电流较大，为了防止过电流继电器动作，采用时间继电器的常闭触点将互感器短接，待电动机起动完毕、电流降为正常时，时间继电器KT经延时后动作，其常闭触点断开、常开触点闭合，使KI的线圈接入互感器电路中（串联），实现过电流保护。

4.3　项目准备

在实施项目前，应按照材料清单逐一检查生产线多段速运行系统的所需材料、工具是否齐全，并填写各种材料的数量、规格、是否损坏等情况。元件清单见表4-4。

表4-4　生产线多段速运行系统元件清单

序号	材料名称	规格	数量	是否损坏
1	变频器			
2	电动机			
3	PLC			
4	断路器			
5	熔断器			
6	按钮			
7	导线			
8	电工工具套装			

4.4 项目实施

在学习了前面的知识后,我们对开环直流调速基础有了全面的了解,为了顺利完成本次项目,要先做好任务分工和实施计划表。

1. 任务分工

三人一组,每名成员要有明确的分工、角色分配及责任,任务分工如下。

1)安装员:小组组长,负责硬件选型及电路安装,并统筹协调与安排小组成员的任务分工。

2)现场调试员:小组成员,安全员,负责参数设置、调试,以及小组项目实施过程中的安全事项。

3)资料整理员:小组成员,资料收集整理员,负责项目实施过程中的资料收集、整理等事项。

2. 实施计划表

项目实施计划表见表 4-5。

表 4-5 生产线多段速运行系统项目实施计划表

实施步骤	实施内容	计划完成时间	实际完成时间	备注
1	硬件选型			
2	硬件安装			
3	参数设置			
4	软件编程			
5	资料整理			
6	项目评价			

4.4.1 硬件选型

1. MM420 变频器

MM420(MICROMASTER420)是用于控制三相交流电动机速度的变频器,它由微处理器控制并采用具有现代先进技术水平的绝缘栅双极型晶体管 IGBT 作为功率输出器件,因此具有很高的运行可靠性和功能多样性,其脉冲宽度调制的开关频率是可选的,因而降低了电动机的运行噪声,全面而完善的保护功能为变频器和电动机提供了良好的保护。

MM420 具有默认的工厂设置参数,它是给数量众多的简单电动机控制系统供电的理想变频驱动装置。MM420 变频器实物图如图 4-27 所示。

2. S7-200 PLC

西门子 S7-200 系列 PLC 是一种紧凑型可编程逻辑控制器,广泛应用于自动化系统中,特别是在中小型控制中。CPU224XP 是 S7-200 系列中的一款高性能型号,实物图如图 4-28 所示。

图 4-27　MM420 变频器实物图

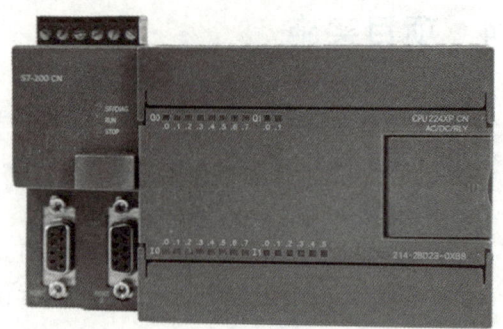

图 4-28　S7-200 系列 CPU224XP 实物图

3. 硬件选型记录表

根据项目描述，正确选择所需要的硬件型号及数量进行初步测量，并记录在表 4-6 中。

表 4-6　硬件选型记录表

序号	元件名称	型号	数量	测量	备注
1					
2					
⋮					
N					

4.4.2　硬件安装

按图 4-29 所示连接电路，检查线路正确后，合上变频器电源断路器。

生产线多段速运行系统硬件安装与接线

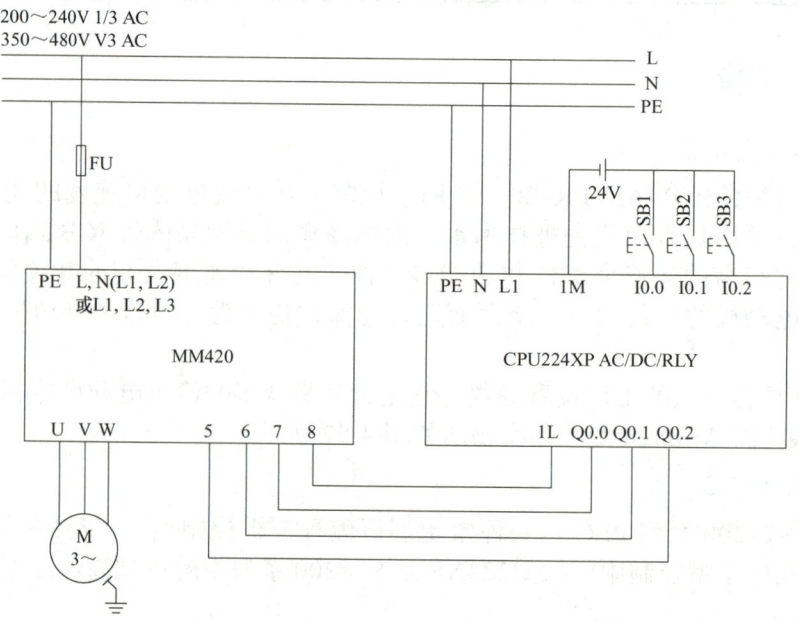

图 4-29　七段固定频率控制接线图

4.4.3 参数设置

1)恢复变频器工厂默认值。设定 P0010=30,P0970=1。按下"P"键,变频器开始复位到工厂默认值。

2)设置电动机参数,见表 4-7。电动机参数设置完成后,设 P0010=0,变频器当前处于准备状态,可正常运行。

PLC 编程与变频器参数设置

表 4-7 电动机参数设置

参数号	出厂值	设置值	说明
P0003	1	1	设用户访问级为标准级
P0010	0	1	快速调试
P0100	0	0	工作地区:功率以 kW 表示,频率为 50Hz
P0304	230	230	电动机额定电压(V)
P0305	3.25	0.9	电动机额定电流(A)
P0307	0.75	0.4	电动机额定功率(kW)
P0308	0	0.8	电动机功率因数($\cos\varphi$)
P0310	50	50	电动机额定频率(Hz)
P0311	0	1400	电动机额定转速(r/min)

3)设置变频器七段固定频率控制参数,见表 4-8。

表 4-8 变频器七段固定频率控制参数设置

参数号	出厂值	设置值	说明
P0003	1	1	设用户访问级为标准级
P0004	0	7	命令和数字 I/O
P0700	2	2	命令源选择由端子排输入
P0003	1	2	设用户访问级为拓展级
P0004	0	7	命令和数字 I/O
P0701	1	17	选择固定频率
P0702	1	17	选择固定频率
P0703	1	17	选择固定频率
P0003	1	1	设用户访问级为标准级
P0004	2	10	设定值通道和斜坡函数发生器
P1000	2	3	选择固定频率设定值
P0003	1	2	设用户访问级为拓展级
P0004	0	10	设定值通道和斜坡函数发生器
P1001	0	5	选择固定频率 1(Hz)

(续)

参数号	出厂值	设置值	说明
P1002	5	10	选择固定频率2（Hz）
P1003	5	20	选择固定频率3（Hz）
P1004	0	25	选择固定频率4（Hz）
P1005	0	30	选择固定频率5（Hz）
P1006	0	40	选择固定频率6（Hz）
P1007	0	50	选择固定频率7（Hz）

4.4.4 PLC 编程

CPU224XP是西门子S7-200系列PLC中的一款型号，它支持Ladder Logic（梯形图）、Statement List（语句表）、Function Block Diagram（功能块图）、Sequential Function Chart（顺序功能图）和Structured Text（结构化文本）等编程语言。以下是使用STEP 7 Micro/WIN 软件对CPU224XP进行编程的基本步骤。

（1）安装编程软件

确保所用计算机上安装了适用于S7-200系列的STEP 7 Micro/WIN 编程软件。

（2）创建新项目

启动STEP 7 Micro/WIN 软件。选择"文件"菜单中的"新建"选项，创建一个新项目。

（3）配置硬件

在"配置"菜单中选择"硬件配置"。从硬件目录中选择CPU模块（CPU224XP），根据实际硬件配置，添加和配置任何必要的I/O模块。

（4）编写程序

在项目树中，右击"程序块"，选择"新建"来创建一个新的程序块，选择所需的编程语言（如梯形图）。使用编程工具和指令开始编写程序。以下是编程时的一些基本步骤：

1）定义输入/输出地址：根据硬件配置，定义输入和输出地址。

2）编写逻辑：使用所选的编程语言编写控制逻辑。

3）添加指令：根据控制需求，添加定时器、计数器、比较等指令。

（5）下载程序到PLC

确保PLC与计算机通过适当的通信接口（如USB或串行通信）连接。在软件中，选择"调试"菜单下的"下载"或"上传"选项，将程序下载到CPU224XP。

（6）程序调试

在程序下载到PLC后，可以监控和修改程序，以确保其按照预期工作。可以使用强制功能来测试特定条件下的程序行为。

4.4.5 系统调试

按下起动按钮SB1，系统开始运行。

1）第1频段控制。SB3按钮接通1次，Q0.0输出高电平，Q0.1、Q0.2输出低电平，变频器数字输入端口"5"为"ON"，端口"6"为"OFF"，端口"7"为"OFF",变频器工作在由P1001参数所设定的频率为5Hz的第1频段上。

2）第2频段控制。SB3按钮接通2次，Q0.1输出高电平，Q0.0、Q0.2输出低电平，变频器数字输入端口"5"为"OFF"，端口"6"为"ON"，端口"7"为"OFF"，变频器工作在由P1002参数所设定的频率为10Hz的第2频段上。

3）第3频段控制。SB3按钮接通3次，Q0.0、Q0.1输出高电平，Q0.2输出低电平，变频器数字输入端口"5"为"OFF"，端口"6"为"OFF"，端口"7"为"ON"，变频器工作在由P1003参数所设定的频率为20Hz的第3频段上。

4）第4频段控制。SB3按钮接通4次，Q0.2输出高电平，Q0.0、Q0.1输出低电平，变频器数字输入端口"5"为"OFF"，端口"6"为"ON"，端口"7"为"ON"，变频器工作在由P1004参数所设定的频率为25Hz的第4频段上。

5）第5频段控制。SB3按钮接通5次，Q0.0、Q0.2输出高电平，Q0.1输出低电平，变频器数字输入端口"5"为"ON"，端口"6"为"OFF"，端口"7"为"ON"，变频器工作在由P1005参数所设定的频率为30Hz的第5频段上。

6）第6频段控制。SB3按钮接通6次，Q0.2、Q0.1输出高电平，Q0.0输出低电平，变频器数字输入端口"5"为"ON"，端口"6"为"ON"，端口"7"为"OFF"，变频器工作在由P1006参数所设定的频率为40Hz的第6频段上。

7）第7频段控制。SB3按钮接通7次，Q0.0、Q0.1、Q0.2输出高电平，变频器数字输入端口"5"为"ON"，端口"6"为"ON"，端口"7"为"ON"，变频器工作在由P1007参数所设定的频率为50Hz的第7频段上。

8）当SB3按钮接通8次或者按下停止按钮SB2时，系统停止运行。

4.5 检查评议

生产线多段速运行系统项目自我评价见表4-9，项目考核评定见表4-10。

表4-9 生产线多段速运行系统项目自我评价

评价内容	分值	得分	需提高部分
硬件选型	20		
硬件安装	20		
参数设置	25		
软件编程	25		
资料整理	10		
不足之处			
优点			

表4-10 生产线多段速运行系统项目考核评定

项目分类		考核内容	分值	工作要求	评分标准	教师评分
专业能力 90分	硬件选型	1.正确选择所需元器件的型号与数量	10	按照需求，正确选择元件型号及数量，满足项目需求	1.选择型号或者数量错误，每处扣2分 2.其他每错一处扣1分	

(续)

项目分类		考核内容	分值	工作要求	评分标准	教师评分
专业能力 90分	硬件选型	2.正确填写硬件选型表格	10	选择型号及数量，正确填写到硬件选型表格中	若有填写错误，每处扣2分	
	硬件安装	1.能正确使用工具和仪表	10	能够正确使用工具和仪表，无安全隐患	不会用、错误使用不得分，出现安全隐患不得分（教师提问、学生操作）	
		2.按照电路图正确接线	10	能够正确完成接线	1.接线安装不规范，每处扣5分 2.接线错误，扣10分	
专业能力 90分	参数设置	根据表格正确设置变频器参数	10	能根据任务要求正确设置变频器参数	1.参数设置不全，每处扣5分 2.参数设置错误，每处扣1分	
	软件编程	根据需求正确编写程序	10	编写程序能够正常完成系统运行	1.程序报错扣5分 2.能够实现部分功能得3分	
	系统调试	1.按照电路调试步骤依次调试	20	按照调试步骤进行调试，不得跳过该步骤直接测量	根据步骤进行调试，少步骤或者步骤错误每处扣5分	
		2.按照测量步骤测量出结果并记录	10	程序运行结果正确，表述清楚、口试答辩准确	对运行结果记录不清楚或错误扣5分	
职业素质能力 10分		沟通能力、团结配合能力	5	善于沟通，积极参与，与组长、组员配合默契	根据自评、互评、教师点评而定	
		清扫场地、整理工位	5	场地清扫干净，工具、桌椅摆放整齐	不合格，不得分	
合计						

4.6 故障及处理

生产线多段速运行系统项目常见故障及处理方法见表4-11。

表4-11 生产线多段速运行系统项目常见故障及处理方法

常见故障	处理方法
电动机无法起动	1.检查电源是否正常，确保电源已接通 2.检查变频器的参数设置，确保与电动机匹配 3.检查外部控制信号是否正常，如PLC或其他控制设备
电动机抖动、啸叫、发热	1.检查电动机与变频器是否匹配，包括功率、电压和载波频率等 2.重新调整变频器的参数，如PI调节器等 3.检查电动机是否故障，如轴承磨损、线圈问题等，必要时更换电动机

(续)

常见故障	处理方法
电动机风扇不转	1. 更换损坏的风扇 2. 检查控制风扇的电路，确保电路通畅，无短路或断路现象
面板不显示	1. 更换显示屏 2. 检查显示面板的供电线路，确保供电正常，无断线或接触不良现象
变频器输出断相	1. 检查并紧固输出侧的接线 2. 更换损坏的功率器件

4.7 问题与思考

1. 异步电动机转速变化时，转子磁动势相对定子的转速是否改变？相对转子的转速是否改变？

2. 绕线式异步电动机，若转子电阻增加、漏电抗增大、电源电压不变，但频率由 50Hz 变为 60Hz，试问这 3 种情况下最大转矩、起动转矩、起动电流会有什么变化？

3. 三相异步电动机运行时，若负载转矩不变而电源电压下降 10%，对电动机的同步转速 n_1、转子转速 n、主磁通 Φ_m、功率因数 $\cos\varphi$、电磁转矩 T 有何影响？

4.8 技能测试

一、填空题

1. 电动机分为_____、直流电动机，交流电动机分为_____、异步电动机，异步电动机分为_____、单相电动机。

2. 电动机主要由_____和_____两大部分组成。此外，还有端盖、轴承、风扇等部件。

3. 根据转子绕组结构的不同分为：_____铁心槽内嵌有铸铝导条、_____转子铁心槽内嵌有三相绕组。

4. 分析可知：三相电流产生的合成磁场是一_____，即一个电流周期，旋转磁场在空间转过_____，旋转磁场的旋转方向取决于三相电流的相序，任意调换两根电源进线，则旋转磁场_____。

5. 若定子每相绕组由两个线圈_____，绕组的始端之间互差_____，将形成磁极的旋转磁场。旋转磁场的磁极对数与三相绕组的排列有关。旋转磁场的转速取决于磁场的_____。$p=1$ 时，$n_0 = 60f_1$。旋转磁场转速 n_0 与频率 f_1 和_____有关。

6. 按照电力拖动原理，在基频以下，属于_____调速，而在基频以上，属于_____调速。

7. Y 132 M-4 含义：Y 指_____，132 指机座中心高 132mm，M 指机座长度代号，4 指_____。

8. 图 4-30 所示三相异步电动机的星形联结原理图为_____，接线盒的图为＿＿＿＿＿＿，三相异步电动机的三角形联结原理图为＿＿＿＿＿＿，接线盒的图为＿＿＿＿＿＿。

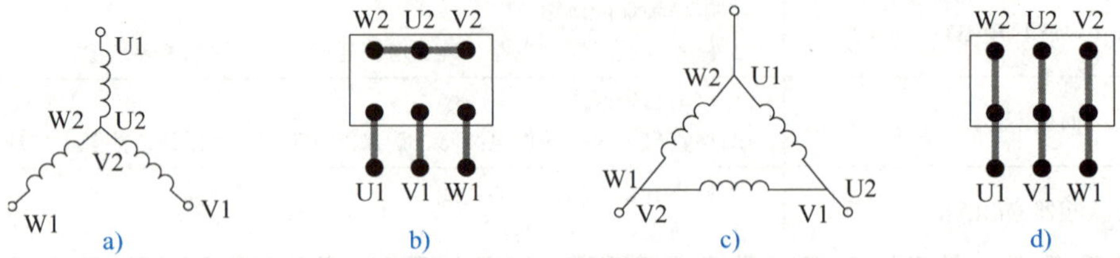

图 4-30　填空题 8 图

二、选择题

1. 异步电动机空载时的功率因数与满载时比较，前者比后者（　　）。
   A. 高　　　　　　B. 低　　　　　　C. 都等于 1　　　　D. 都等于 0
2. 三相异步电动机的转矩与电源电压的关系是（　　）。
   A. 成正比　　　　　　　　　　　B. 成反比
   C. 无关　　　　　　　　　　　　D. 与电压二次方成正比
3. 三相异步电动机的转速越高，则其转差率绝对值越（　　）。
   A. 小　　　　　　B. 大　　　　　　C. 不变　　　　　　D. 不一定
4. 三相对称电流加在三相异步电动机的定子端，将会产生（　　）。
   A. 静止磁场　　　B. 脉动磁场　　　C. 旋转圆形磁场　　D. 旋转椭圆形磁场
5. 异步电动机在起动瞬间的转差率 $s=$＿＿＿＿＿＿，空载运行时转差率 s 接近＿＿＿＿＿＿。（　　）
   A. 1/0　　　　　　B. 0/1　　　　　　C. 1/1　　　　　　D. 0/0
6. 异步电动机在＿＿＿＿＿＿运行时转子感应电流频率最低；异步电动机在＿＿＿＿＿＿运行时转子感应电流频率最高。（　　）
   A 起动 / 空载　　B. 空载 / 堵转　　C. 额定 / 起动　　D. 堵转 / 额定
7. 一台八极三相异步电动机，其同步转速为 6000r/min，则需接入频率为（　　）的三相交流电源。
   A. 50Hz　　　　　B. 60Hz　　　　　C. 100Hz　　　　　D. 400Hz
8. 三相异步电动机的旋转方向与（　　）有关。
   A. 三相交流电源的频率大小　　　　B. 三相电源的频率大小
   C. 三相电源的相序　　　　　　　　D. 三相电源的电压大小
9. 三相异步电动机起动的时间较长，加载后转速明显下降，电流明显增加。可能的原因是（　　）。
   A. 电源断相　　　B. 电源电压过低　　C. 某相绕组断路　　D. 电源频率过高
10. 某三相异步电动机的工作电压较额定电压下降了 10%，其转矩较额定转矩比，下降了大约（　　）。
    A. 10%　　　　　B. 20%　　　　　C. 30%　　　　　D. 40%

三、判断题

1. 三相异步电动机转子为任意转数时，定、转子合成基波磁势转速不变。（　　）
2. 三相绕线式异步电动机在转子回路中串电阻可增大起动转矩，所串电阻越大，起动

转矩就越大。（　　）

3. 当三相异步电动机转子绕组短接并堵转时，轴上的输出功率为零，则定子绕组输入功率亦为零。（　　）

4. 三相异步电动机的功率因数$\cos\varphi$总是滞后的。（　　）

5. 异步电动机运行时，总要从电源吸收一个滞后的无功电流。（　　）

6. 只要电源电压不变，异步电动机的定子铁耗和转子铁耗基本不变。（　　）

7. 异步电动机的负载转矩在任何时候都绝不可能大于额定转矩。（　　）

8. 绕线式异步电动机转子串电阻可以增大起动转矩；笼型异步电动机定子串电阻亦可增大起动转矩。（　　）

9. 三相异步电动机起动电流越大，起动转矩也越大。（　　）

10. 三相绕线式异步电动机在转子回路中串电阻可增大起动转矩，所串电阻越大，起动电流就越小。（　　）

四、计算题

一台三相异步电动机，额定功率$P=4\text{kW}$，额定电压$U=380\text{V}$，三角形接法，额定转速$n_N=1442\text{r/min}$，定、转子的参数如下：

$$R_1 = 4.47\Omega \quad R_2' = 3.18\Omega \quad R_m = 11.9\Omega$$

$$X_1 = 6.7\Omega \quad X_2' = 9.85\Omega \quad X_m = 6.7\Omega$$

试求在额定转速时的电磁转矩、最大转矩、起动电流和起动转矩。

项目 5

智能变频恒压供水系统的安装与调试

学习目标

■ 知识目标
- 了解西门子 MM420 变频器的构成及主要功能。
- 掌握 MM420 变频器的参数设置方法。
- 了解变频恒压供水的过程及 PID 控制原理。

■ 技能目标
- 能够完成 MM420 变频器的常用控制设置。
- 熟练完成变频器与 PLC 控制系统的接线。
- 熟悉 P、I、D 参数调试方法。

■ 素养目标
- 6S 教育，良好的职业操作规范。
- 良好的团队合作、解决问题的能力。

5.1 项目描述

1. 项目背景

某市自来水网储水水池，采用高低水位控制器 EQ 来控制注水阀 KM1，自动把水注满，水位低于高水位，则自动往水池注水。该水网储水水池的供水用于生活用水和消防用水，共用 3 台水泵，平时电磁阀 KM2 处于失电状态。关闭消防管网，3 台水泵根据生活用水的多少按一定的控制逻辑运行，维持生活用水低恒压。当有火灾发生时，电磁阀 KM2 复电，关闭生活用水管网，3 台水泵供给消防用水使用，并维持消防用水的高恒压。火灾结束后，3 台水泵恢复为生活供水所使用。恒压供水系统简图如图 5-1 所示。

MM420 变频器内部有 PID 调节器。利用 MM420 变频器很方便就能构成 PID 闭环控制，MM420 变频器 PID 控制原理简图如图 5-2 所示。PID 给定源和反馈源分别见表 5-1、表 5-2。

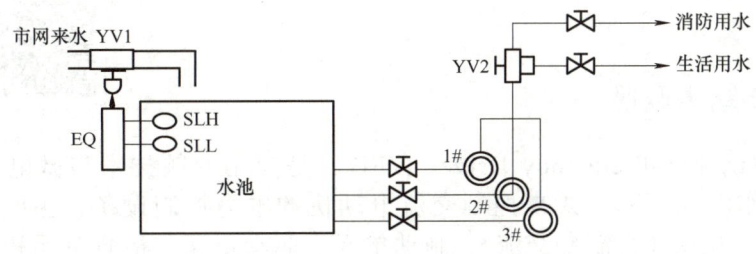

图 5-1 恒压供水系统简图

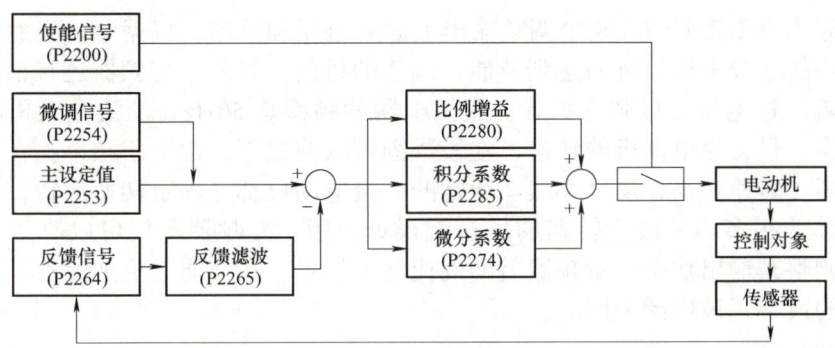

图 5-2 MM420 变频器 PID 控制原理简图

表 5-1 MM420 PID 给定源

PID 给定源	设定值	功能解释	说明
P2253	2250	BOP 面板	通过改变 P2240 改变目标值
	755.0	模拟通道 1	通过改变模拟量大小改变目标值
	755.1	模拟通道 2	

表 5-2 MM420 PID 反馈源

PID 反馈源	设定值	功能解释	说明
P2264	755.0	模拟通道 1	当模拟量波动较大时,可适当加大滤波时间,确保系统稳定
	755.1	模拟通道 2	

2. 控制要求

1）生活供水时，系统低恒压运行，消防供水时高恒压运行。

2）3 台水泵根据恒压需要，采取"先开先停"原则接入和退出。

3）在用水量小的情况下，如果一台水泵连续运行时间超过 3h，则要切换到下一台水泵，避免某一台水泵工作时间过长。

4）3 台水泵都要软起动。

5）要有完善的报警功能。

6）对水泵的控制要有手动控制功能，以便应急或检修时使用。

5.2 相关知识

5.2.1 变频器基本概述

变频器（Variable-Frequency Drive，VFD）是应用变频技术与微电子技术，通过改变电动机工作电源频率方式来控制交流电动机的电力控制设备，主要由整流（交流变直流）、滤波、逆变（直流变交流）、制动单元、驱动单元、检测单元和微处理单元等组成。

1. 变频器的作用

变频器靠内部IGBT的开断来调整输出电源的电压和频率，根据电动机的实际需要来提供其所需要的电源电压，进而达到节能、调速的目的。另外，变频器还有很多的保护功能，如过电流、过电压、过载保护等。我国电网的频率是50Hz，交流电动机的工作频率也是这个数值，且交流电动机的转速，在极数固定的前提下，取决于频率。在允许的范围内，频率越高，转速越高，反之亦然。通常的交流电动机都是固定转速运转，这就极大限制了它的用途，很多需要改变转速的场合就很难使用。变频器不仅可以改变电动机的转速，还可以调整其输出功率。变频器借助现代电子技术，在功能上更加完善，已经是工业上必不可少的设备，被广泛采用。

2. 变频器的组成

现代通用变频器大都是采用二极管整流和由快速全控开关器件IGBT或功率模块IPM组成的PWM逆变器，构成交—直—交电压源型变压变频器，已经占领全世界0.5～500kVA中、小容量变频调速装置的绝大部分市场。

所谓"通用"，包含着两方面的含义：一是可以和通用的笼型异步电动机配套使用；二是具有多种可供选择的功能，适用于各种不同性质的负载。

典型的数字控制通用变频器–异步电动机调速系统原理图如图5-3所示。

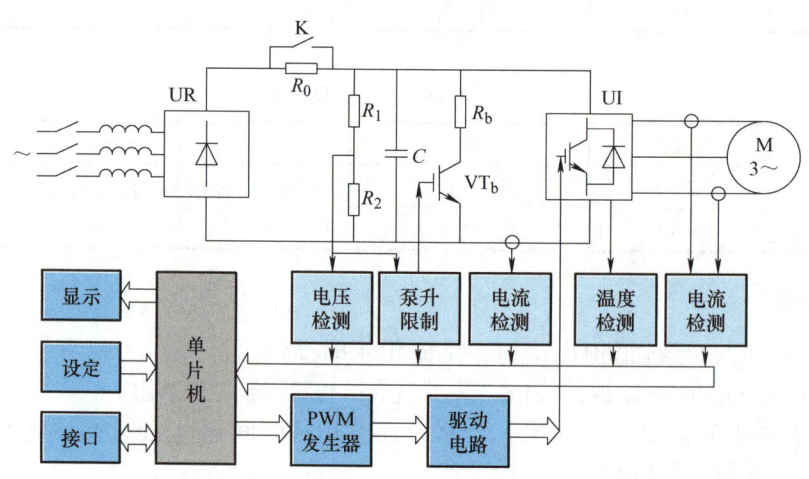

图 5-3　典型的数字控制通用变频器–异步电动机调速系统原理图

主电路——由二极管整流器UR、PWM逆变器UI和中间直流电路三部分组成，一般都是电压源型的，采用大电容C滤波，同时有无功功率交换的作用。

限流电阻——为了避免大电容C在通电瞬间产生过大的充电电流，在整流器和滤波电容间的直流回路上串入限流电阻(或电抗),接通电源时,先限制充电电流,再延时用开关 K 将其短路,以免长期接入时影响变频器的正常工作,并产生附加损耗。

泵升限制电路——由于二极管整流器不能为异步电动机的再生制动提供反向电流的通路,所以除特殊情况外,通用变频器一般都用电阻吸收制动能量。减速制动时,异步电动机进入发电状态,首先通过逆变器的续流二极管向电容 C 充电,当中间直流回路的电压(通称泵升电压)升高到一定的限制值时,通过泵升限制电路使开关器件导通,将电动机释放的动能消耗在制动电阻上。为了便于散热,制动电阻常作为附件单独装在变频器机箱外边。

进线电抗器——二极管整流器虽然是全波整流装置,但由于其输出端有滤波电容存在,因此输入电流呈脉冲波形,这样的电流波形具有较大的谐波分量,使电源受到污染。为了抑制谐波电流,对于容量较大的 PWM 变频器,都应在输入端设有进线电抗器,有时也可以在整流器和电容之间串接直流电抗器。电抗器还可用来抑制电源电压不平衡对变频器的影响。

控制电路——现代 PWM 变频器的控制电路大都是以微处理器为核心的数字电路,其功能主要是接收各种设定信息和指令,再根据它们的要求形成驱动逆变器工作的 PWM 信号。计算机芯片主要采用 8 位或 16 位的单片机,或用 32 位的 DSP,现在也有应用 RISC 的产品出现。

检测与保护电路——各种故障的保护由电压、电流、温度等检测信号经信号处理电路进行分压、光电隔离、滤波、放大等综合处理,再进入 A/D 转换器,输入给 CPU 作为控制算法的依据,或者作为开关电平来产生保护信号和显示信号。

信号设定——需要设定的控制信息主要有:U/f 特性、工作频率、频率升高时间、频率下降时间等,还可以有一系列特殊功能的设定。由于通用变频器–异步电动机调速系统是转速或频率开环、恒压频比控制系统,低频时,或负载的性质和大小不同时,都得靠改变 U/f 函数发生器的特性来补偿,使系统达到恒定,这在通用产品中称作"电压补偿"或"转矩补偿"。

实现补偿的方法有两种:一种是在计算机中存储多条不同斜率和折线段的 U/f 函数,由用户根据需要选择最佳特性;另一种是采用霍耳电流传感器检测定子电流或直流回路电流,按电流大小自动补偿定子电压。但无论如何都存在过补偿或欠补偿的可能,这是开环控制系统的不足之处。

给定积分——由于系统本身没有自动限制起制动电流的作用,因此,频率设定信号必须通过给定积分算法产生平缓升速或降速信号,升速和降速的积分时间可以根据负载需要由操作人员分别选择。

综上所述,PWM 变压变频器的基本控制作用如图 5-4 所示。近年来,许多企业不断推出具有更多自动控制功能的变频器,使产品性能更加完善,质量不断提高。

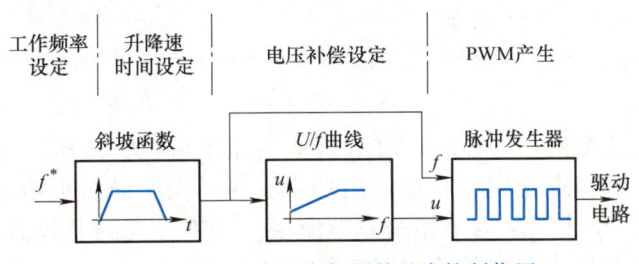

图 5-4　PWM 变压变频器的基本控制作用

3. 变频器的分类

变频器的分类方法有多种，按照变换环节分类，可以分为交—直—交变频器和交—交变频器，如图 5-5 所示；按照主电路工作方式分类，可以分为电压型变频器和电流型变频器；按照开关方式分类，可以分为 PAM 控制变频器和 PWM 控制变频器；按照工作原理分类，可以分为 V/f 控制变频器、转差频率控制变频器和矢量控制变频器等；按照用途分类，可以分为通用变频器、高性能专用变频器、高频变频器、单相变频器和三相变频器等。

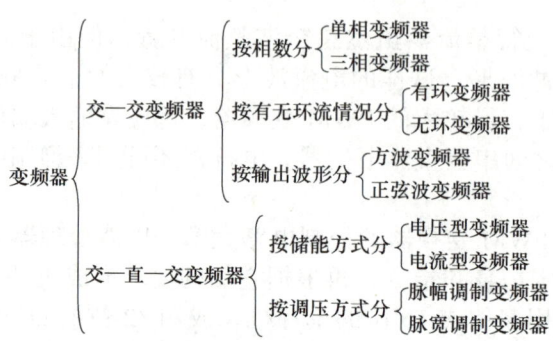

图 5-5 按变频器变换环节分类

（1）按变频器变换环节分类

1）交—直—交变频器。交—直—交电压型变频器是通用变频器的主要形式。图 5-6 所示为电压型交—直—交变频器主电路的基本结构。主要由整流电路、中间直流环节和逆变电路三部分组成。交—直—交变频器按中间环节的滤波方式又可分为电压型变频器和电流型变频器。

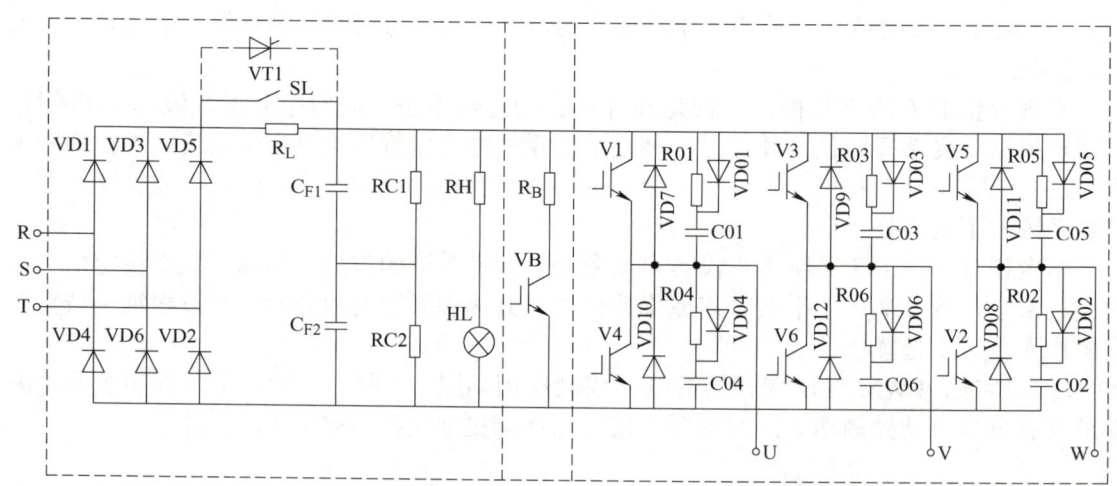

图 5-6 电压型交—直—交变频器主电路的基本结构

① 交—直部分。

a. 整流电路。整流电路由 VD1～VD6 组成三相不可控整流桥，它们将电源的三相交流全波整流成直流。整流电路因变频器输出功率大小不同而异。小功率的变频器，其输入电源多用单相 220V，整流电路为单相全波整流桥；功率较大的变频器则一般用三相 380V 电源，整流电路为三相桥式全波整流电路。

设电源的线电压为 U_L，那么三相全波整流后平均直流电压 $U_D = 1.35 U_L = 1.35 \times 380V = 513V$。

b. 滤波电容 C_F（包括 C_{F1}、C_{F2}）。整流电路输出的整流电压是脉动的直流电压，必须加以滤波。滤波电容 C_F 的作用是：除了滤除整流后的电压纹波外，还在整流电路与逆变器之间起去耦作用，以消除相互干扰，这就给作为感性负载的电动机提供了必要的无功功率。因而，中间直流电路电容的电容量必须较大，起到储能作用，所以中间直流电路的电容又称储能电容。

c. 限流电阻 R_L 与开关 SL。由于储能电容大，并且在接入电源时电容两端的电压为零，故当变频器刚合上电源的瞬间，滤波电容 C_F 的充电电流是很大的。过大的冲击电流将可能使三相整流桥的二极管损坏。为了保护整流桥，在变频器刚接通电源后的一段时间里，电路内串入限流电阻，其作用是将电容 C_F 的充电电流限制到允许的范围以内。开关 SL 的功能是：当 C_F 充电到一定程度后令 SL 接通，将 R_L 短路掉。

d. 电源指示灯 HL。HL 除了表示电源是否接通以外，还有一个十分重要的功能，即在变频器切断电源后显示滤波电容 C_F 上的电荷是否已经释放完毕。

由于 C_F 的容量较大，而切断电源又必须在逆变电路停止工作的状态下进行，所以 C_F 没有快速放电的回路，其放电时间往往长达数分钟。又由于 C_F 上的电压较高，如电荷不放完，在维修变频器时将对人身安全构成威胁，所以 HL 完全熄灭后才能接触变频器内部的导电部分。

② 直—交部分。

a. 逆变管。V1～V6 组成逆变桥，把 VD1～VD6 整流后的直流电再"逆变"成频率、幅值都可调的交流电。这是变频器实现变频的执行环节，因而是变频器的核心部分。当前常用的逆变管有绝缘栅双极晶体管（IGBT）、大功率晶体管（GTR）、门极关断（GTO）晶闸管及功率场效应晶体管（MOSFET）等。

b. 续流二极管 VD7～VD12。续流二极管 VD7～VD12 的主要功能有：

电动机的绕组是感性的，其电流具有无功分量，VD7～VD12 为无功电流返回直流电源提供"通道"。

当频率下降、电动机处于再生制动状态时，再生电流将通过 VD7～VD12 返回直流电路。

同一桥臂的两个逆变管处于不停交替导通和截止的状态，在这交替导通和截止的换相过程中，也不时地需要 VD7～VD12 提供通路。

c. 缓冲电路。在不同型号的变频器中，缓冲电路的结构也不尽相同。图 5-6 所示是比较典型的一种，其功能如下所示。

V1～V6 每次由导通状态切换成截止状态的关断瞬间，集电极（C 极）和发射极（E 极）间的电压 U_{CE} 将极为迅速地由近乎 0V 上升至直流电压值 U_D。这过高的电压增长率将导致逆变管的损坏，因此，C01～C06 的功能便是降低 V1～V6 在每次关断时的电压增长率。

V1～V6 每次由截止状态切换成导通状态的接通瞬间，C01～C06 上所充的电压（等于 UD）将向 V1～V6 放电。此放电电流的初始值是很大的，并且将叠加到负载电流上，导致 V1～V6 的损坏。因此，R01～R06 的功能是限制在逆变管接通瞬间 C01～C06 的放电电流。R01～R06 的接入又会影响 C01～C06 在 V1～V6 关断时降低电压增长率的效果。VD_{01}～VD_{06} 接入后，在 V1～V6 的关断过程中使 R01～R06 不起作用；而在 V1～V6 的接通过程中，又迫使 C01～C06 的放电电流流经 R01～R06。

③ 制动电阻和制动单元。

a. 制动电阻 R_B。电动机在工作频率下降过程中，异步电动机的转子转速将超过此时的同步转速，处于再生制动状态，拖动系统的动能要反馈到直流电路中，使直流电压 U_D 不断上升，甚至可能达到危险的地步。因此，必须将再生到直流电路的能量消耗掉，使 U_D 保持在允许范围内。制动电阻 R_B 就是用来消耗这部分能量的。

b. 制动单元 VB。制动单元 VB 由大功率晶体管 GTR 及其驱动电路构成，其功能是控制流经 R_B 的放电电流 I_B。

2）交—交变频器。交—交变频器又称直接变频装置，其结构如图 5-7 所示。

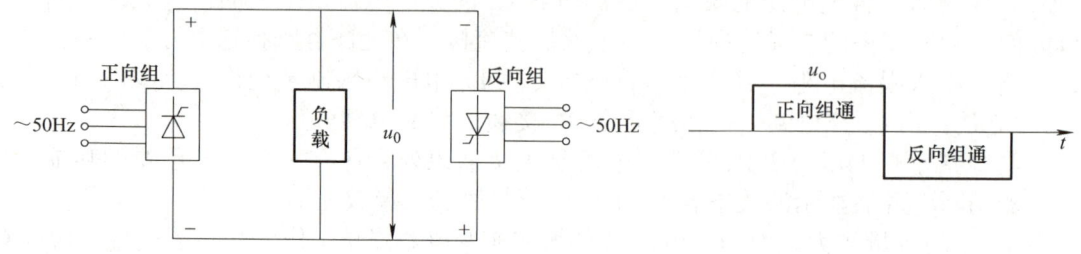

图 5-7 交—交变频器单相电路及方波电压波形

它只有一个变换环节就把恒压恒频（CVCF）的交流电源变换成 VVVF 电源，因此称为直接变频器，或称交—交变频器。

常用的交—交变频器输出的每一相都是一个两组晶闸管整流装置反并联的可逆线路。正反向两组按一定周期相互切换，在负载上就获得交变的输出电压 u_0。u_0 的幅值取决于各组整流装置的控制角 α，u_0 的频率取决于两组整流装置的切换频率。如果控制角 α 一直不变，则输出平均电压就是方波。

以上只是分析了交—交变频器的单相输出，对于三相负载，其他两相也各用一套反并联的可逆线路，输出平均电压相位依次相差 1200。这样，如果每个整流器都用桥式电路，三相交—交变频器需用三套反并联桥式线路，共需 36 个晶闸管。如图 5-8 所示，使用多绕组整流变压器是因为三相之间有星形联结，需要隔断相间的短路环流。这个电路因为无环流运行，必须保证电流严格过零才能触发反阻工作，为可靠起见需要一个死区，因此最高输出频率大约允许在 15Hz 以下。如果采用有环流运行，则需要加装 6 只环流电抗器，输出频率可以提高到 20～25Hz，再高则波形的畸变就严重了。

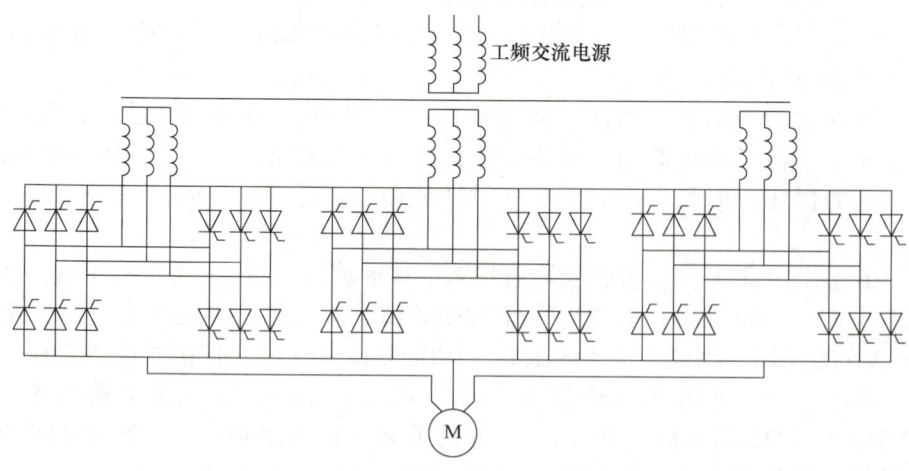

图 5-8 六脉冲无环流交—交变频器主电路

交—交变频器虽然在结构上只有一个变换环节，省去了中间直流环节，但所用器件的数量更多，总设备投资巨大。交—交变频器的最大输出频率为 30Hz，使其应用受到限制，一般只用于低速度、大容量的调速系统，例如轧钢机、球磨机、水泥回转窑等。根据输出电压波形的不同，交—交变频器可分为 1200 导通型的方波电流源变频器和 1800 导通型的正弦波电压源变频器。交—交变频器与交—直—交变频器的性能比较见表 5-3。

表 5-3　交—交变频器与交—直—交变频器的性能比较

比较项目	交—直—交变频器	交—交变频器
换能形式	两次换能，效率略低	一次换能，效率较高
换流方式	强迫换流或负载谐振换流	电源电压换流
装置元器件数量	元器件数量较少	元器件数量较多
调频范围	频率调节范围宽	一般情况下，输出最高频率为电网频率的 1/3～1/2
电网功率因数	用可控整流调压时，功率因数在低压时较低；用斩波器或 PWM 方式调压时，功率因数高	较低
适用场合	可用于各种电力拖动装置、稳频稳压电源和不间断电源设备（UPS）	特别适用于低速大功率拖动

（2）按逆变器开关方式分类

1）PAM（脉冲振幅调制）。它是通过调节输出脉冲的幅值来进行输出控制的一种方式。在调节过程中，整流器部分负责调节电压或电流，逆变器部分负责调频。

2）PWM（脉宽调制）。它是通过改变输出脉冲的占空比来实现变频器输出电压的调节，因此，逆变器部分需要同时进行调压和调频。目前，普遍应用的是脉宽按正弦规律变化的正弦脉宽调制方式，即 SPWM 方式。

（3）按逆变器控制方式分类

1）U/f 控制变频器。U/f 控制是同时控制变频器输出电压和频率，通过保持其比值恒定，使得电动机的主磁通不变，在基频以下实现恒转矩调速，基频以上实现恒功率调速。它是一种转速开环控制，无需速度传感器，控制电路简单，多应用于精度要求不高的场合。

2）矢量控制变频器。矢量控制变频器主要是为了提高变频调速的动态性能。模仿自然解耦的直流电动机的控制方式，对异步电动机的磁场和转矩分别进行控制，以获得类似于直流调速系统的动态性能。

3）直接转矩控制变频器。直接转矩控制变频器是一种新型的变频器。它省掉了复杂的矢量变换与电动机数学模型的简化处理。该系统的转矩响应迅速，无超调，是一种具有高静态和动态性能的交流调速方法。

（4）按变频器的用途分类

1）通用变频器。通用变频器特点是通用性，是变频器家族中应用最为广泛的一种。通用变频器主要包含两大类：节能型变频器和高性能通用变频器。

① 节能型变频器是一种以节能为主要目的而简化了一些其他系统功能的通用变频器，控制方式比较单一，一般为恒压频比控制，主要应用于风机、水泵等调速性能要求不高的场合，具有体积小、价格低等优势。

② 高性能通用变频器是一种在设计中充分考虑了变频器应用时可能出现的各种需要，并为这种需要在系统软件和硬件方面都做了相应的准备，使其具有较丰富的功能，如 PID 调节、PG 闭环速度控制等。高性能通用变频器除了可以应用于节能型变频器的所有应用领域之外，还广泛用于电梯、数控机床等调速性能要求较高的场合。

2) 专业变频器。专业变频器是一种针对某一种特定的应用场合而设计的变频器，为满足某种需要，这种变频器在某一方面具有较为优良的性能，如电梯及起重机用变频器等，还包括一些高频、大容量、高电压等变频器。

4. 通用变频器的使用与维护

正确安装变频器是合理使用变频器的基础。因此，要了解变频器的安装环境、安装方式及安装规范。各种系列的变频器都有其标准的接线方式，相关规定与变频器功能的充分发挥有紧密的关系，用户应该熟悉变频器的接线方式，并严格按照规定接线。

（1）变频器安装使用环境要求

变频器是全晶体管设备，属于精密仪器。为了确保变频器能长期、安全、稳定地工作，发挥其应有的性能，必须确保变频器的运行环境满足其所规定的要求。

变频器最好安装在室内，避免阳光直接照射，如果必须安装在室外，则要加装防雨水、防冰雹、防雾、防高温、防低温的装置。比如要在我国东北地区的室外安装变频器时，一定要考虑冬天的加热，若变频器是断续运行，应该用恒温装置保持环境为恒温；若变频器长期运行，则恒温装置应待机运行。如果在南方比较潮湿的地区使用变频器，必要时需要加装除湿器；在野外运行的变频器还要加设避雷器，以免遭雷击。要求所安装的墙壁不受振动，在不加装控制柜时，要求变频器安装在牢固的墙壁上，墙面材料应为钢板或其他非易燃的坚固材料。

（2）变频器的发热与散热

变频器的效率一般为 97%～98%，这就是说大约有 2%～3% 的电能转变为热能。变频器在工作时，其散热片的温度可达 90℃，故安装底板与背面必须为耐热材料，还要保证不会有杂物进入变频器，以免造成短路或更大的故障。几种常用的安装方式如图 5-9 所示。

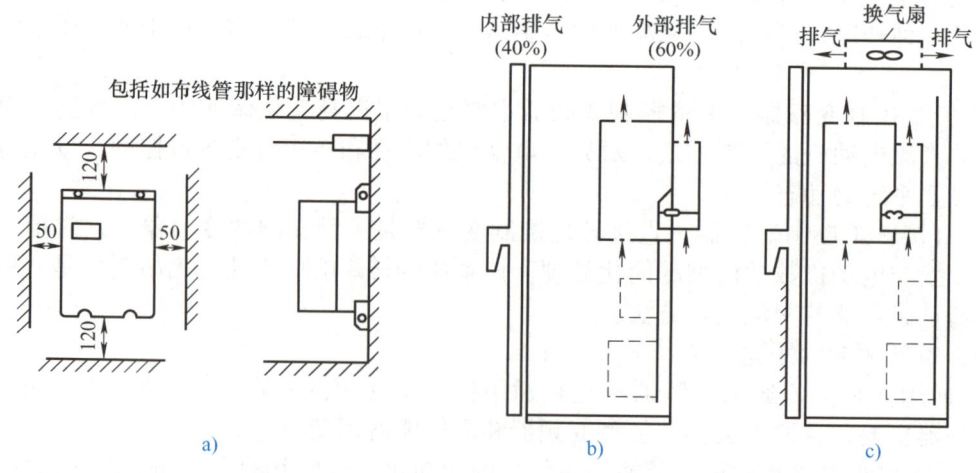

图 5-9 变频器的几种常用安装方式

a）横排式 b）变频器散热片露在盘外冷却安装 c）变频器散热片露在盘内冷却安装

（3）变频器的防尘

变频器在工作时产生的热量靠自身的风扇强制冷却。空气通过散热通道时，空气中的尘埃容易附着或堆积在变频器内的电子元件上，从而影响散热。当温度超过允许工作温度时，会造成跳闸，严重时会缩短变频器的寿命。在变频器内电子元件与风道无隔离的情况下，由尘埃引起的故障更为普遍。因此，变频器的防尘问题应引起重视，下面介绍几种常用的防尘措施。

1）设计专门的变频器室。当使用的变频器功率较大或数量较多时，可以设计专门的变频器室。房间的门窗和电缆穿墙孔要求密封，防止粉尘侵入；要设计空气过滤装置和循环通道，以保持室内空气正常流通；保证室内温度在40℃以下。这样统一管理有利于检查维护。

2）将变频器安装在设有风机和过滤装置的柜子里。当用户没有条件设立专门的变频器室时，可以考虑制作变频器防尘柜。设计的风机和过滤网要保证柜内有足够的空气流量。用户要定期检查风机，清除过滤网上的灰尘，防止因通风量不足而使温度增高以致超过规定值。

3）选用防尘能力较强的变频器。市场上变频器的规格型号很多，选择时，除了考虑价格和性能外，还应考虑变频器对环境的适应性。有些变频器没有冷却风机，靠其壳体在空气中自然散热，与风冷式变频器相比，尽管体积较大，但器件的密封性能好，不受粉尘影响，维护简单，故障率低，工作寿命长，特别适合有腐蚀性工业气体和粉尘的场合使用。

4）减少变频器的空载运行时间。通用变频器在工业生产过程中，一般都是经常接通电源，通过变频器的"正转/反转/公共端"控制端子（或控制面板上的按键），来控制电动机的起动/停止和旋转方向。一些设备可能是时开时停，变频器空载时风扇仍在运行，会吸附粉尘，这是不必要的。生产操作过程中，应尽量减少变频器的空载时间，以减少粉尘对变频器的影响。

5）建立定期除尘制度。用户应根据粉尘对变频器的影响情况，确定定期除尘的时间间隔。除尘可采用电动吸尘器或压缩空气吹扫。除尘之后，还要注意检查变频器风机的转动情况，检查电气连接点是否松动发热。

5.2.2 MM420变频器

西门子MM420是用于控制三相交流电动机速度的变频器系列。该系列有多种型号。

1. MM420变频器的安装和拆卸

在工程使用中，MM420变频器通常安装在配电箱内的DIN导轨上，安装和拆卸步骤如图5-10所示。

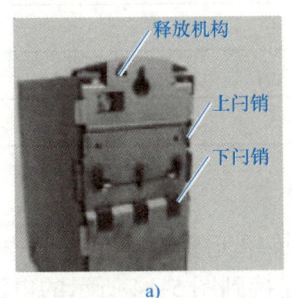

a)   b)   c)

图5-10 MM420变频器安装和拆卸步骤

a）变频器背面的固定机构   b）在DIN导轨上安装变频器   c）从导轨上拆卸变频器

2. MM420 变频器的接线

打开变频器的盖子后,就可以连接电源和电动机的接线端子。接线端子在变频器机壳下盖板内,机壳盖板的拆卸步骤如图 5-11 所示。

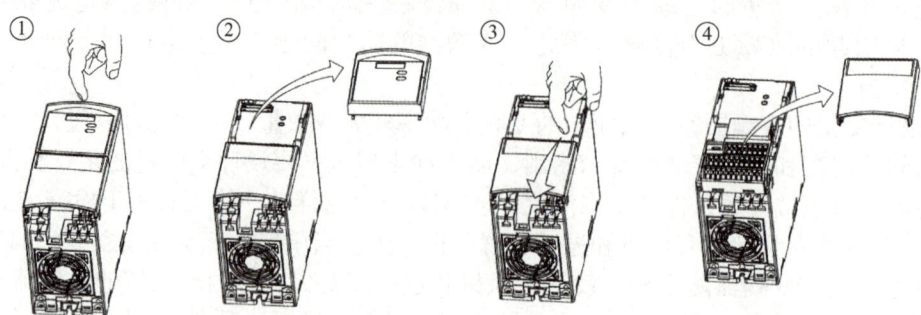

图 5-11　机壳盖板的拆卸步骤

拆卸盖板后可以看到变频器的接线端子,见表 5-4,MM420 变频器的接线端子实物图如图 5-12 所示,MM420 接线端子描述如图 5-13 所示。

表 5-4　MM420 变频器的接线端子

端子	标识	功能
1	—	输出 +10V
2	—	输出 0V
3	ADC+	模拟输入(+)
4	ADC-	模拟输入(-)
5	DIN1	数字输入 1
6	DIN2	数字输入 2
7	DIN3	数字输入 3
8	—	带电位隔离的输出 +24V/ 最大
9	—	带电位隔离的输出 0V/ 最大
10	RL1-B	数字输出 /NO(常开)触头
11	RL1-C	数字输出 / 切换触头
12	DAC+	模拟输出(+)
13	DAC-	模拟输出(-)
14	P+	RS-485 串行接口
15	N-	RS-485 串行接口

3. 变频器主电路的接线

MM420 变频器框图如图 5-14 所示。YL-335B 分拣单元变频器主电路电源由配电箱通过自动开关(断路器)QF 单独提供一路三相电源,连接到图 5-14 所示的电源接线端子,电动机接线端子引出线连接到电动机。注意接地线 PE 必须连接到变频器接地端子,并连接到交流电动机的外壳。

图 5-12 MM420 变频器的接线端子实物图

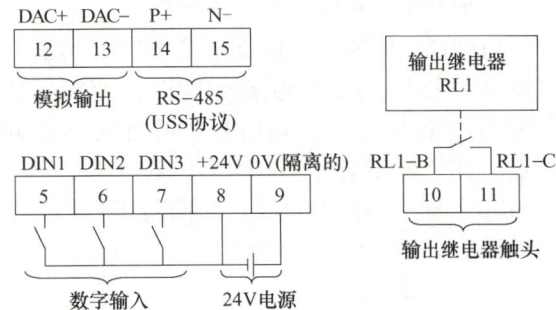

图 5-13 MM420 接线端子描述

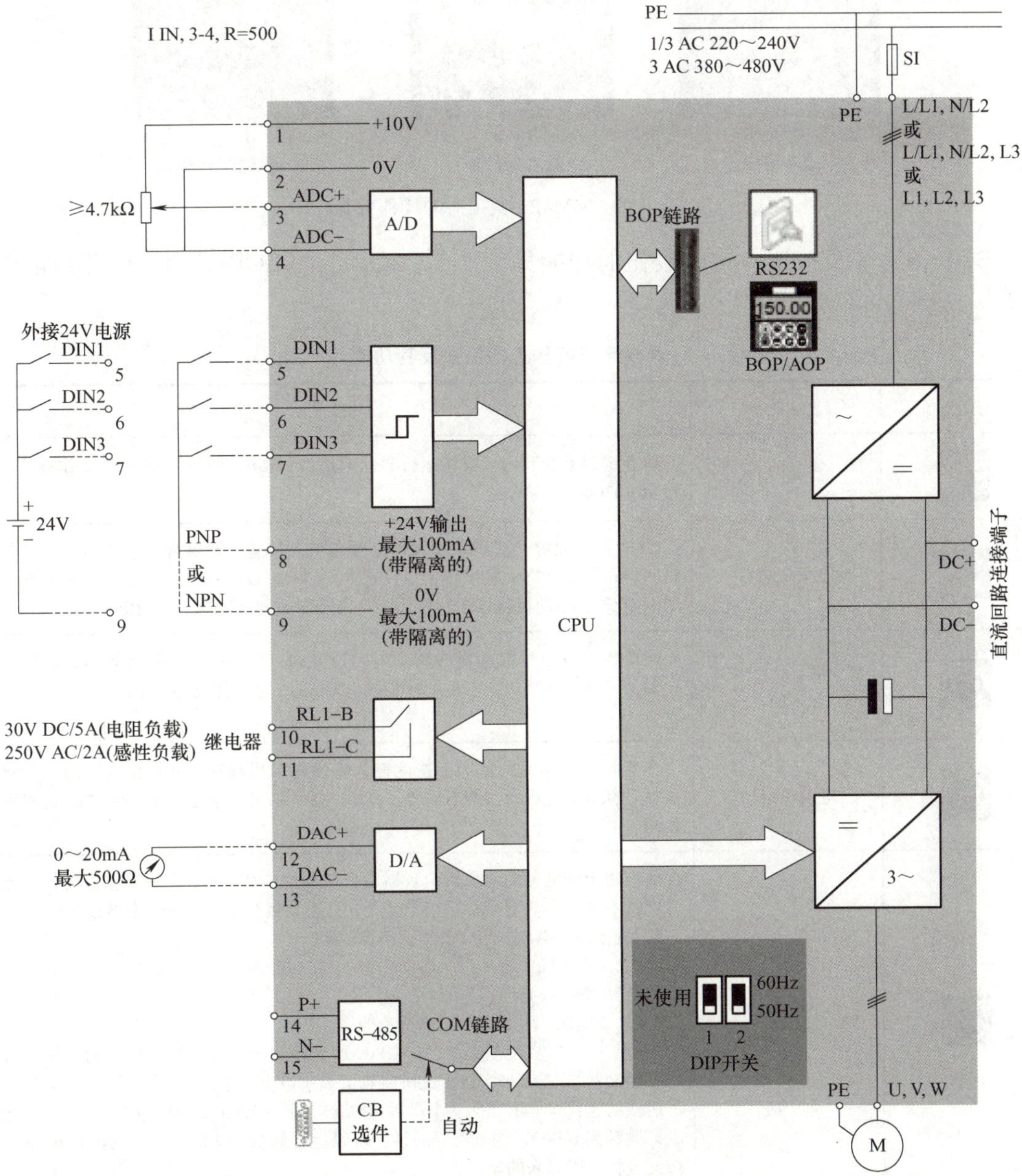

图 5-14 MM420 变频器框图

4. MM420 变频器的操作面板

MM420 变频器在标准供货方式时装有状态显示板（SDP），对于很多用户来说，利用 SDP 和制造厂的默认设置就可以使变频器成功地投入运行。如果工厂的默认设置不适合当前设备情况，可以利用基本操作板（BOP）（见图 5-15）或高级操作板（AOP）修改参数，使之匹配起来。BOP 和 AOP 是作为可选件供货的。也可以用 PC IBN 工具 "Drive Monitor" 或 "STARTER" 来调整工厂的设置值。相关的软件在随变频器供货的 CD ROM 中可以找到。

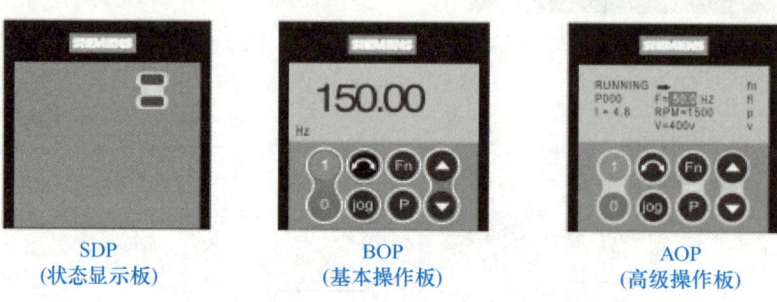

图 5-15　MM420 变频器的操作面板

BOP 备有 8 个按钮，这些按钮的功能见表 5-5。BOP 上的 LCD 显示变频器当前的设定值。

表 5-5　BOP 上的按钮及其功能

按钮	功能	功能说明
Ⅰ	起动变频器	按此键起动变频器。默认运行时此键是被封锁的。为了使此键的操作有效，应设定 P0700=1
O	停止变频器	OFF1：按此键，变频器将按选定的斜坡下降速率减速停车，默认运行时此键被封锁；为了允许此键操作，应设定 P0700=1。OFF2：按此键两次（或一次，但时间较长），电动机将在惯性作用下自由停车，此功能总是"使能"的
⟲	改变电动机的转动方向	按此键可以改变电动机的转动方向，电动机反向时，用负号表示或用闪烁的小数点表示。默认运行时此键是被封锁的，为了使此键的操作有效，应设定 P0700=1
jog	电动机点动	在变频器无输出的情况下按此键，将使电动机起动，并按预设定的点动频率运行。释放此键时，变频器停车。如果变频器/电动机正在运行，按此键将不起作用
Fn	功能	此键用于浏览辅助信息。变频器运行过程中，在显示任何一个参数时按下此键并保持不动 2s，将显示以下参数值（在变频器运行中从任何一个参数开始）： 1）直流回路电压（用 d 表示，单位：V）； 2）输出电流（A）； 3）输出频率（Hz）； 4）输出电压（用 o 表示，单位 V）； 5）由 P0005 选定的数值（如果 P0005 选择显示上述参数中的任何一个，这里将不再显示）。连续多次按下此键将轮流显示以上参数。 跳转功能：在显示任何一个参数（rXXXX 或 PXXXX）时短时间按下此键，将立即跳转到 r0000，如果需要的话，可以接着修改其他的参数。跳转到 r0000 后，按此键将返回原来的显示点

(续)

按钮	功能	功能说明
Ⓟ	访问参数	按此键即可访问参数
▲	增大数值	按此键即可增大面板上显示的参数数值
▼	减少数值	按此键即可减少面板上显示的参数数值

5. BOP 修改参数的方法

MM420 在默认设置时,用 BOP 控制电动机的功能是被禁止的。如果要用 BOP 进行控制,参数 P0700 应设置为 1,参数 P1000 也应设置为 1。用 BOP 可以修改任何一个参数。修改参数的数值时,BOP 有时会显示 "busy",表明变频器正忙于处理优先级更高的任务。下面就以设置 P1000=1 的过程为例,来介绍通过 BOP 修改参数的流程,见表 5-6。

表 5-6　BOP 修改参数流程

	操作步骤	BOP 显示结果
1	按 Ⓟ 键,访问参数	r0000
2	按 ▲ 键,直到显示 P1000	P1000
3	按 Ⓟ 键,直到显示 in000,即 P1000 的第 0 组值	in000
4	按 Ⓟ 键,显示当前值 2	2
5	按 ▼ 键,达到所要求的值 1	1
6	按 Ⓟ 键,存储当前设置	P1000
7	按 Fn 键,显示 r0000	r0000
8	按 Ⓟ 键,显示频率	50.00

6. MM420 变频器与电动机的连接

MM420 变频器与交流电动机的连接如图 5-16 所示。

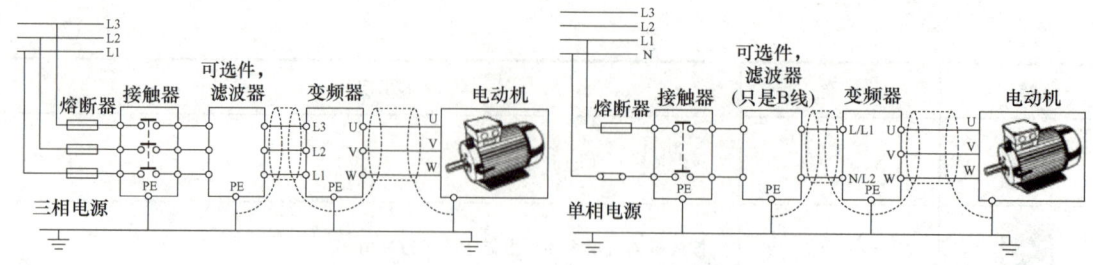

图 5-16 MM420 变频器与交流电动机的连接

5.2.3 G120C 变频器

1. 变频器接口说明

（1）主回路接口及接线

在变频器的主视图方向，可以看到变频器的电源接线端子和电动机的接线端子。另外还有制动电阻的接线端子，主回路接口及接线方法如图 5-17 和图 5-18 所示。

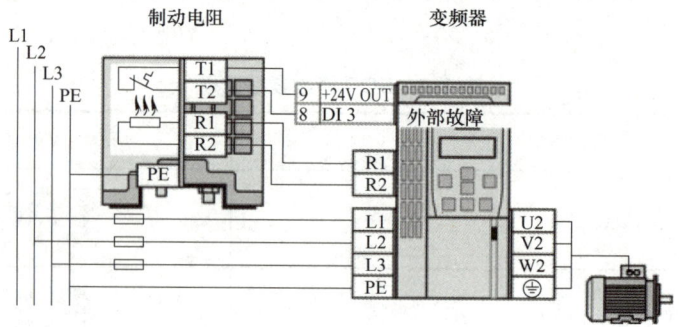

图 5-17 主回路接口

图 5-18 主回路接线参考图

注："制动电阻"为可选件，当电动机高速运转并需要立即停止转动时，则需要用到制动电阻。

（2）控制回路接线

拆开变频器的操作面板后，就可以看到端子盖板，拆卸盖板后可以看到变频器的 I/O 接线端子，如图 5-19 所示。变频器的具体接线如图 5-20 所示。

（3）I/O 接口说明

变频器的 I/O 接口说明，见表 5-7。

2. 变频器 BOP2 面板操作

1) BOP2 面板介绍见表 5-8。

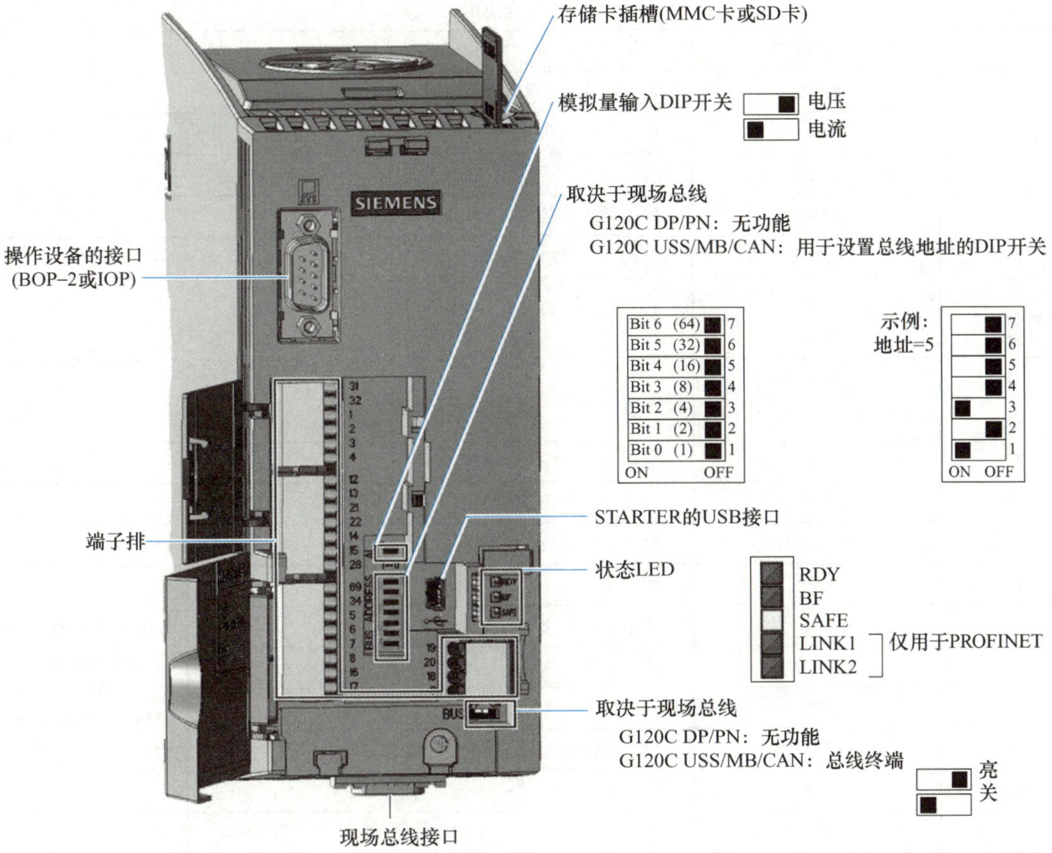

图 5-19 变频器的 I/O 接线端子

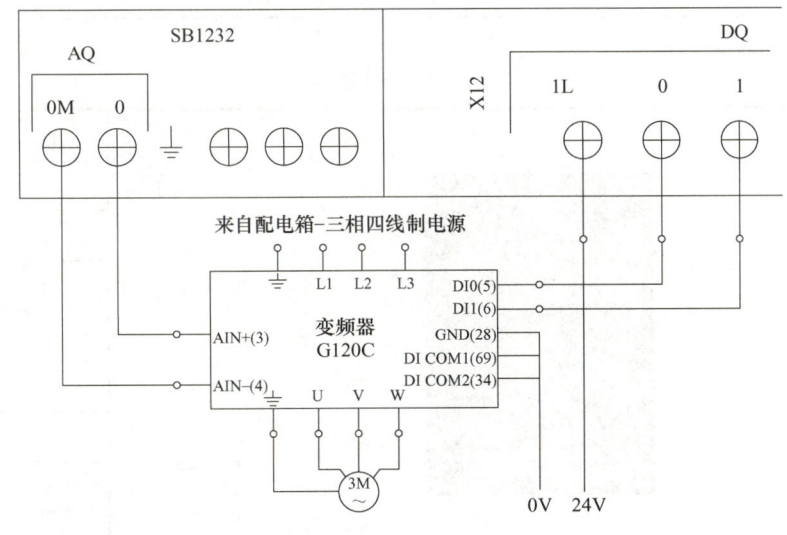

图 5-20 变频器接线图

表 5-7 变频器的 I/O 接口说明

端子号	引脚说明	接线说明	
31	+24V IN	18～30V 可选电源，电流 0.5A	
32	GND IN	与端子号 31 配合使用	
1	+10V OUT	+10V 输出，最少输出 10mA	
2	GND	与端子 1、9 和 12 配合使用	
3	AI0+	模拟量输入信号（-10～10V；0/4～20mA）	
4	AI0-	与端子 3 配合使用	
12	AO0+	模拟量输出信号（0～10V；0～20mA）	
13	GND	与端子 1、9 和 12 配合使用	
31	DO1+	【晶体管型】数字量输出，最大 DC 30V，0.5A	
33	DO1-		
14	T1 MOTOR	温度传感器（PTC、KTY84、双金属）	
15	T2 MOTOR		
28	GND	与端子 1、9 和 12 配合使用	
69	DI COM1	数字量输入公共端 1	
34	DI COM2	数字量输入公共端 2	
5	DI0	数字量输入 1	用于源型或漏型触点的数字量输入，低电压 <5V，高电压 >11V，最高不超过 30V
6	DI1	数字量输入 2	
7	DI2	数字量输入 3	
8	DI3	数字量输入 4	
16	DI4	数字量输入 5	
17	DI5	数字量输入 6	
19	DO0 NO	常开	【继电器输出】最大 30V，0.5A
20	DO0 COM	公共端	
18	DO0 NC	常闭	
9	+24V OUT	DC 24V 输出，最大电流 100mA	

表 5-8 操作面板

序号	说明
0	液晶屏
1	退出键
2	向上键
3	向下键
4	确认键
5	关机键
6	手动/自动键
7	开机/运行键

2）变频器面板的使用操作和参数设置步骤。

变频器面板的操作方法可以参考图 5-21～图 5-24。

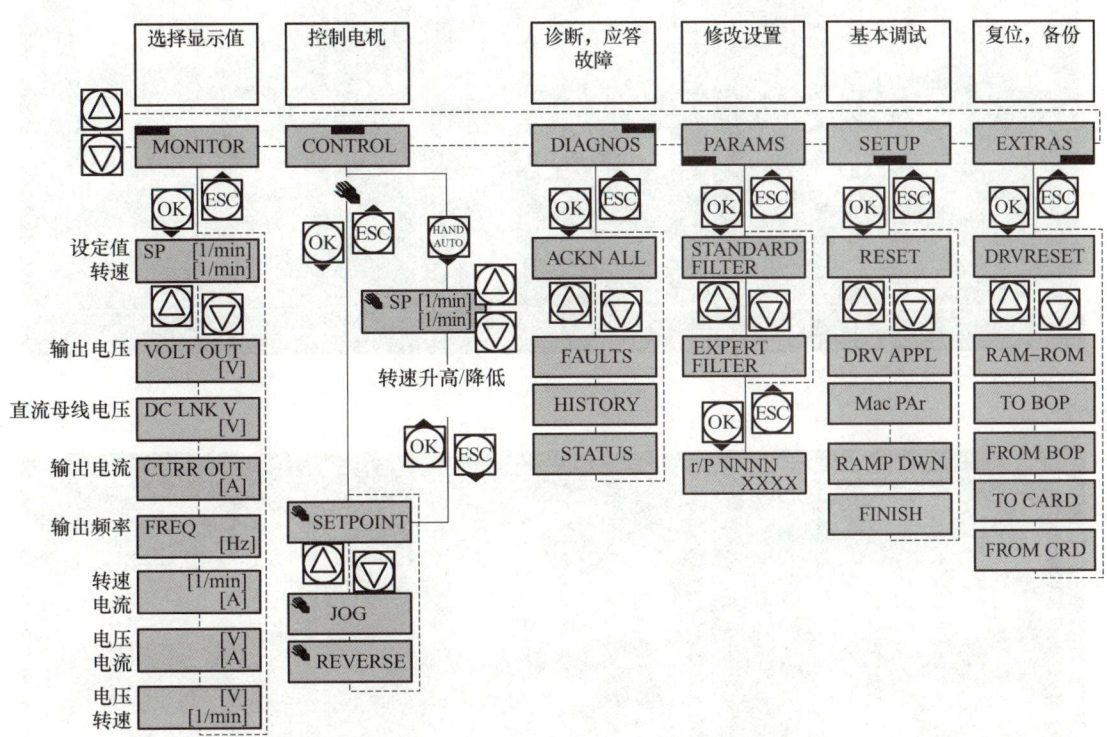

图 5-21　变频器面板的操作方法

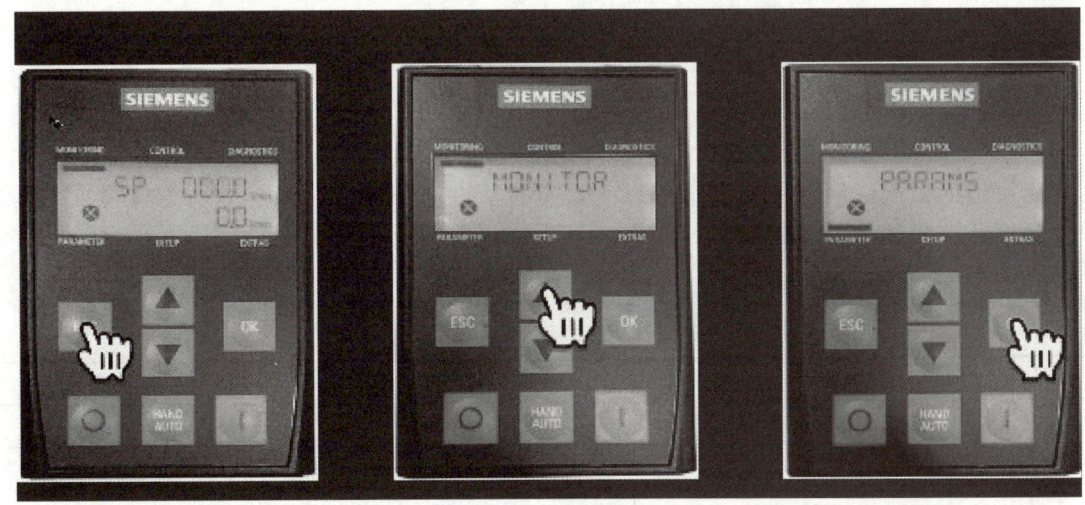

图 5-22　参数设置 1

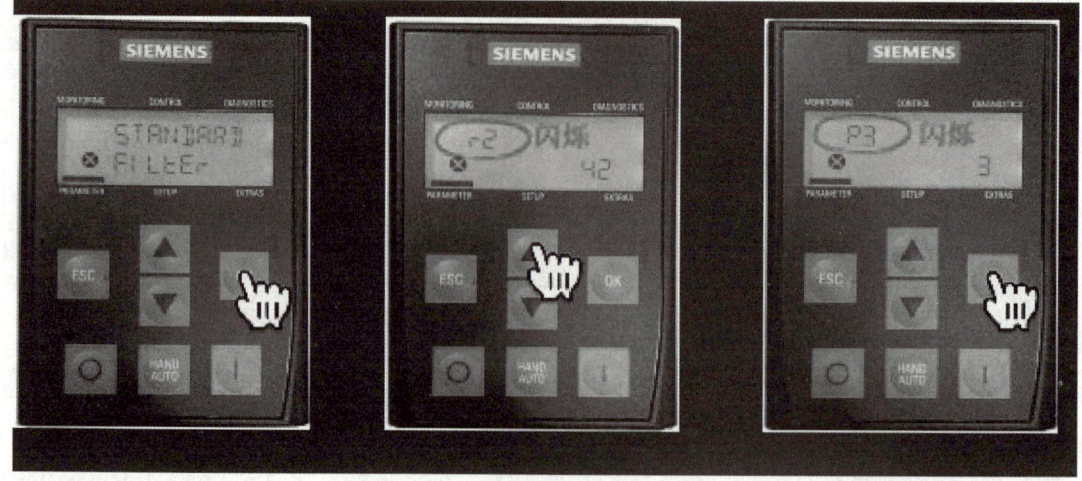

图 5-23 参数设置 2

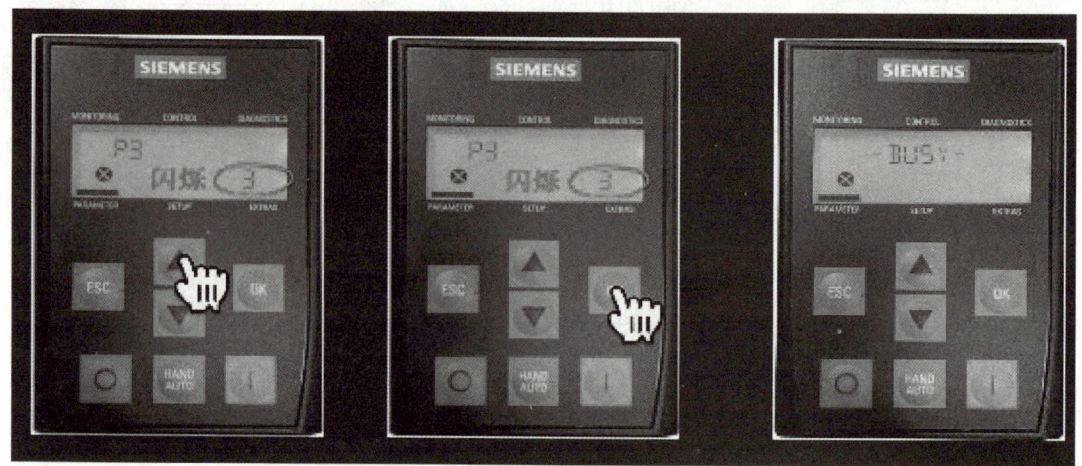

图 5-24 参数设置 3

5.3 项目准备

在实施项目前,应按照材料清单逐一检查智能变频恒压供水系统的所需材料、工具是否齐全,并填写各种材料的数量、规格、是否损坏等情况。智能变频恒压供水系统元件清单见表 5-9。

表 5-9 智能变频恒压供水系统元件清单

序号	材料名称	规格	数量	是否损坏
1	变频器			
2	电动机			
3	PLC			
4	断路器			
5	熔断器			

(续)

序号	材料名称	规格	数量	是否损坏
6	自锁按钮			
7	导线			
8	电工工具套装			
9	压力传感器			

5.4 项目实施

在学习了前面的知识后,我们对智能变频恒压供水系统基础有了全面的了解,为了顺利完成本次项目,要先做好任务分工和实施计划表。

1. 任务分工

三人一组,每名成员要有明确的分工、角色分配及责任,任务分工如下。

1)安装员:小组组长,负责硬件选型及电路安装,并统筹协调与安排小组成员的任务分工。

2)现场调试员:小组成员,安全员,负责参数设置、调试以及小组项目实施过程中的安全事项。

3)资料整理员:小组成员,资料收集整理员,负责项目实施过程中的资料收集、整理等事项。

2. 实施计划表

实施计划表见表5-10。

表5-10 智能变频恒压供水系统实施计划表

实施步骤	实施内容	计划完成时间	实际完成时间	备注
1	硬件选型			
2	电路安装			
3	参数设置			
4	系统调试			
5	资料整理			
6	项目评价			

5.4.1 硬件选型

1. 压力传感器

压力传感器是用采集水压来构成闭环控制系统必不可少的一环,根据要求选用YTZ-150电阻远传压力表和XMT-1270数显仪来实现压力的检测、显示和变送。压力表测量范围0~1MPa,精度1.0;数显仪输出一路4~20mA电流信号给PLC的扩展模块。YTZ-150电阻远传压力表如图5-25所示。

图5-25 YTZ-150电阻远传压力表

2. 硬件选型记录表

根据项目描述，正确选择所需要的硬件型号及数量进行初步测量，并记录在表 5-11 中。

表 5-11 硬件选型记录表

序号	元件名称	型号	数量	测量	备注
1					
2					
⋮					
N					

5.4.2 硬件安装

智能变频恒压供水系统硬件安装与接线

图 5-26 所示为面板设定目标值时的 PID 控制端子接线图，模拟输入端 AIN2 接入反馈信号 0～20mA，数字量输入端 DIN1 接入的带锁按钮 SB1 控制变频器的启停，给定目标值由 BOP 上的 ▲▼ 键设定。

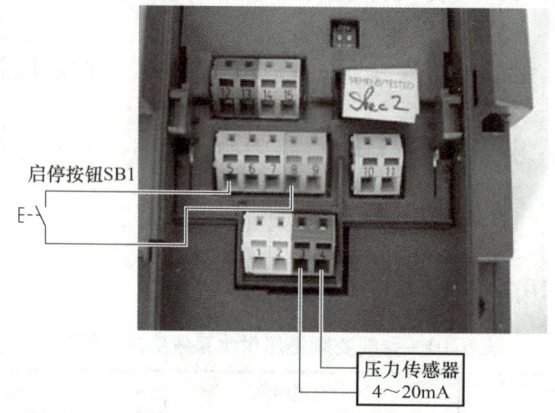

图 5-26 面板设定目标值时的 PID 控制端子接线图

5.4.3 参数设置

变频器参数设置

1）参数复位。恢复变频器工厂默认值，设定 P0010=30 和 P0970=1，按下 P 键，开始复位，复位过程大约为 3s。

2）设置电动机参数，见表 5-12。电动机参数设置完成后，设 P0010=0，变频器当前处于准备状态，可正常运行。

表 5-12 电动机参数设置

参数号	出厂值	设置值	说明
P0003	1	1	设定用户访问级为标准级
P0010	0	1	快速调试
P0100	0	0	功率以 kW 表示，频率为 50Hz
P0304	230	380	电动机额定电压（V）
P0305	3.25	1.05	电动机额定电流（A）

(续)

参数号	出厂值	设置值	说明
P0307	0.75	0.37	电动机额定功率（kW）
P0310	50	50	电动机额定频率（Hz）
P0311	0	1400	电动机额定转速（r/min）

3）设置控制参数，见表 5-13。

表 5-13 控制参数设置

参数号	出厂值	设置值	说明
P0003	1	2	用户访问级为扩展级
P0004	0	0	参数过滤显示全部参数
P0700	2	2	由端子排输入（选择命令源）
*P0701	1	1	端子 DIN1 功能为 ON 正转 /OFF 停车
*P0702	12	0	端子 DIN2 禁用
*P0703	9	0	端子 DIN3 禁用
P0725	1	1	端子 DIN 输入为高电平有效
P1000	2	1	频率设定由 BOP（▲▼）设置
*P1080	0	0	电动机运行的最低频率（下限频率，Hz）
*P1082	50	50	电动机运行的最高频率（上限频率，Hz）
P2200	0	1	PID 控制功能有效

注：标"*"号的参数可根据用户的需要改变，以下同。

4）设置目标参数，见表 5-14。

表 5-14 目标参数设置

参数号	出厂值	设置值	说明
P0003	1	3	用户访问级为专家级
P0004	0	0	参数过滤显示全部参数
P2253	0	2250	BOP 通过改变 P2240 来改变目标值
*P2240	10	60	由 BOP（▲▼）设定的目标值（%）
*P2254	0	0	无 PID 微调信号源
*P2255	100	100	PID 设定值的增益系数
*P2256	100	0	PID 微调信号的增益系数
*P2257	1	1	PID 设定值的斜坡上升时间
*P2258	1	1	PID 设定值的斜坡下降时间
*P2261	0	0	PID 设定值无滤波

当 P2232=0 允许反向时，可以用 BOP 上的▲▼键设定 P2240 为负值。

5）设置反馈参数，见表 5-15。

表 5-15 反馈参数设置

参数号	出厂值	设置值	说明
P0003	1	3	用户访问级为专家级
P0004	0	0	参数过滤显示全部参数
P2264	755.0	755.0	PID 反馈信号由 AIN1+（即模拟输入 1）设定
*P2265	0	0	PID 反馈信号无滤波
*P2267	100	100	PID 反馈信号的上限值（%）
*P2268	0	0	PID 反馈信号的下限值（%）
*P2269	100	100	PID 反馈信号的增益（%）
*P2270	0	0	不用 PID 反馈器的数学模型
*P2271	0	0	PID 传感器的反馈形式为正常

6）设置 PID 参数，见表 5-16。

表 5-16 PID 参数设置

参数号	出厂值	设置值	说明
P0003	1	3	用户访问级为专家级
P0004	0	0	参数过滤显示全部参数
*P2280	3	25	PID 比例增益系数
*P2285	0	5	PID 积分时间
*P2291	100	100	PID 输出上限（%）
*P2292	0	0	PID 输出下限（%）
*P2293	1	1	PID 限幅的斜坡上升/下降时间（s）

5.4.4 系统调试

智能变频恒压供水系统测试与故障分析

1）按下带锁按钮 SB1 时，变频器数字输入端 DIN1 为"ON"，变频器起动电动机。当反馈的电流信号发生改变时，将会引起电动机速度变化。

若反馈的电流信号小于目标值 12mA（即 P2240 值），变频器将驱动电动机升速；电动机速度上升又会引起反馈的电流信号变大，当反馈的电流信号大于目标值 12mA 时，变频器又将驱动电动机降速，从而又使反馈的电流信号变小；当反馈的电流信号小于目标值 12mA 时，变频器又将驱动电动机升速。如此反复，能使变频器达到一种动态平衡，变频器将驱动电动机以一个动态稳定的速度运行。

2）如果需要，则目标设定值（P2240 值）可直接通过按 BOP 上的▲▼键来改变。当设置 P2231=1 时，由▲▼键改变了的目标设定值将被保存在内存中。

3）断开带锁按钮 SB1，数字输入端 DIN1 为"OFF"，电动机停止运行。

5.5 检查评议

智能变频恒压供水系统项目自我评价见表 5-17，项目考核评定见表 5-18。

项目 5　智能变频恒压供水系统的安装与调试

表 5-17　智能变频恒压供水系统项目自我评价

评价内容	分值	得分	需提高部分
硬件选型	20		
硬件安装	20		
参数设置	25		
软件编程	25		
资料整理	10		
不足之处			
优点			

表 5-18　智能变频恒压供水系统项目考核评定

项目分类		考核内容	分值	工作要求	评分标准	教师评分
专业能力 90 分	硬件选型	1. 正确选择所需元件的型号与数量	10	按照需求，正确选择元件型号及数量，满足项目需求	1. 选择型号或者数量错误，每处扣 2 分 2. 其他每错一处扣 1 分	
		2. 正确填写硬件选型表格	10	将所选型号及数量正确填写到硬件选型表格中	若有填写错误，每处扣 2 分	
	硬件安装	1. 能正确使用工具和仪表	10	能够正确使用工具和仪表，无安全隐患	不会用、错误使用不得分，出现安全隐患不得分（教师提问、学生操作）	
		2. 按照电路图正确接线	10	能够正确完成接线	1. 接线安装不规范，每处扣 5 分 2. 接线错误，扣 10 分	
	参数设置	根据表格正确设置变频器参数	10	能根据任务要求正确设置变频器参数	1. 参数设置不全，每处扣 5 分 2. 参数设置错误，每处扣 1 分	
	软件编程	根据需求正确编写程序	10	编写程序能够正常完成系统运行	1. 编写报错扣 5 分 2. 能够实现部分功能得 3 分	
	系统调试	1. 按照电路调试步骤依次调试	20	按照调试步骤进行调试，不得跳过步骤直接测量	根据步骤进行调试，少步骤或者步骤错误，每处扣 5 分	
		2. 按照测量步骤测量出结果并记录	10	程序运行结果正确，表述清楚，口试答辩准确	对运行结果记录不清楚或错误扣 5 分	
职业素质能力 10 分		1. 沟通、团结配合能力	5	善于沟通，积极参与，与组长、组员配合默契	根据自评、互评、教师点评而定	
		2. 清扫场地、整理工位	5	场地清扫干净，工具、桌椅摆放整齐	不合格，不得分	
合计						

5.6 故障及处理

智能变频恒压供水系统项目常见故障及处理见表 5-19。

表 5-19 智能变频恒压供水系统项目常见故障及处理

常见故障	处理方法
水泵不起动或起动频繁	检查水泵控制柜内元件是否正常，检查电源是否正常，检查水泵电动机是否正常。如以上检查均无问题，建议联系厂家或专业维修人员
水泵转速慢或压力达不到设定值	检查水泵进出口管道是否堵塞，检查水泵进出口阀门是否正常开启，检查水泵密封性是否良好。如以上检查均无问题，可以尝试调整变频器的参数，加大输出频率
设备噪声大	检查水泵轴承是否正常，清理水泵管道内空气，调整水泵管道与支架的摩擦。如以上检查无效，建议更换新的水泵轴承或整个水泵

5.7 问题与思考

1. 什么是交—直—交变频器？按照不同的控制方式，间接变频器分为哪几种情况？
2. 什么是交—交变频器？有哪些优缺点？
3. 简述电压型变频器与电流型变频器的工作原理。

5.8 技能测试

一、填空题

1. 变频器一般要求兼有_____和_____功能，通常将这种变频器称为变频变压（VVVF）型变频器。
2. 三相异步电动机变频调速后的机械特性在基频以下调速时属于_____，在基频以上调速时属于_____。
3. 通用变频器控制电路主要由_____、键盘与显示板、电源板与驱动板、外接控制电路等构成。
4. 变频调速器按供电电源的相数可分为_____、三相输入变频器。
5. 通用变频器按输出电压的控制方式可分为 PAM 型变频器、_____。

二、选择题

1. 变频器的额定输出电压是指变频器输出电压中的（　　）。
   A. 最大值　　　B. 最小值　　　C. 中间值　　　D. 瞬时值
2. 变频器电源侧需要使用漏电保护器时，应注意：漏电保护器的动作电流应大于该线路在工频电源下不使用变频器时漏电流的（　　）倍。
   A. 5　　　　　B. 20　　　　　C. 10　　　　　D. 15
3. 变频调速系统在基频以下一般采用（　　）的控制方式。
   A. 恒磁通调速　B. 恒功率调速　C. 变阻调速　　D. 调压调速
4. 交—直—交变频器按输出电压调节方式不同可分 PAM 与（　　）类型。
   A. PYM　　　　B. PFM　　　　C. PLM　　　　D. PWM

5. 变频调速所用的 VVVF 型变频器具有（　　）功能。
   A. 调压　　　　　　B. 调频　　　　　　C. 调压与调频　　　D. 调功率
6. 变频调速中交—直—交变频器一般由（　　）组成。
   A. 整流器、滤波器、逆变器　　　　　　B. 放大器、滤波器、逆变器
   C. 整流器、滤波器　　　　　　　　　　D. 逆变器
7. 变频调速系统中对输出电压的控制方式一般可分为 PWM 控制与（　　）。
   A. PFM 控制　　　B. PAM 控制　　　C. PLM 控制　　　D. PRM 控制
8. 通用变频器的逆变电路中功率开关管现在一般采用（　　）模块。
   A. 晶闸管　　　　B. MOSFET　　　　C. GTR　　　　　D. IGBT
9. 普通变频器的电压级别分别为（　　）。
   A. 100V 级与 200V 级　　　　　　　　B. 200V 级与 400V 级
   C. 400V 级与 600V 级　　　　　　　　D. 600V 级与 800V 级
10. 变频器所允许的过载电流以（　　）来表示。
    A. 额定电流的百分数　　　　　　　　B. 额定电压的百分数
    C. 导线的截面积　　　　　　　　　　D. 额定输出功率的百分数
11. 变频器所采用的制动方式一般有能耗制动、回馈制动、（　　）等几种。
    A. 失电制动　　　B. 失速制动　　　C. 交流制动　　　D. 直流制动
12. 通用变频器的模拟量给定信号有（　　）及 4～20mA 电流信号等种类。
    A. 0～10V 交流电压信号　　　　　　B. 0～5V 交流电压信号
    C. 0～10V 直流电压信号　　　　　　D. 0～10V 交直流电压信号
13. 通用变频器的保护功能有很多，通常有过电压保护、过电流保护及（　　）等。
    A. 电网电压保护　B. 间接保护　　　C. 直接保护　　　D. 防失速功能保护
14. 选择通用变频器容量时，（　　）是反映变频器负载能力的最关键参数。
    A. 变频器的额定容量　　　　　　　　B. 变频器额定输出电流
    C. 最大适配电动机的容量　　　　　　D. 变频器额定电压
15. 通用变频器安装时，应（　　），以便散热。
    A. 水平安装　　　B. 垂直安装　　　C. 任意安装　　　D. 水平或垂直安装
16. 变频器的交流电源输入端子 L1、L2、L3（R、S、T）接线时，（　　），否则将影响电动机的旋转方向。
    A. 应考虑相序　　　　　　　　　　　B. 按正确相序接线
    C. 不需要考虑相序　　　　　　　　　D. 必须按正确相序接线
17. 通用变频器大部分参数（功能码）必须在（　　）下设置。
    A. 变频器 RUN 状态　　　　　　　　B. 变频器运行状态
    C. 变频器停止运行状态　　　　　　　D. 变频器运行状态或停止运行状态
18. 通用变频器安装接线完成后，通电调试前检查接线，以下接线错误的是（　　）。
    A. 交流电源进线接到变频器电源输入端子
    B. 交流电源进线接到变频器输出端子
    C. 变频器与电动机之间接线未超过变频器允许的最大布线距离
    D. 在工频与变频相互转换的应用中有电气互锁
19. 变频器试运行中如电动机的旋转方向不正确，则应调换（　　），使电动机的旋转方向正确。
    A. 变频器输出端 U、V、W 与电动机的接线相序

B. 交流电源进线 L1、L2、L3（R、S、T）的相序

C. 交流电源进线 L1、L2、L3（R、S、T）和变频器输出端 U、V、W 与电动机的接线相序

D. 交流电源进线 L1、L2、L3（R、S、T）的相序或变频器输出端 U、V、W 与电动机的接线相序

20. 变频器与电动机之间的接线最大距离是（　　）。

A. 20m　　　　　　　　　　　　B. 300m
C. 任意长度　　　　　　　　　　D. 不能超过变频器允许的最大布线距离

三、简答题

1. 调频调速系统调频率时为什么要调电压？
2. PWM 变压变频器的优点是什么？
3. 试画出 PWM 逆变器调压的交—直—交变频装置原理图。
4. 说明变频器的外部配置及应注意的问题。

项目 6

自动涂装系统的安装与调试

学习目标

■ 知识目标

- 学习伺服系统的基本原理。
- 掌握伺服系统的组成部分。
- 了解伺服系统的常见故障和维修方法。

■ 技能目标

- 能够使用伺服系统进行运动控制。
- 能够进行伺服系统的参数调试和优化。
- 能够独立设计和实现伺服系统。
- 能够解决伺服系统在实际应用中遇到的问题。

■ 素养目标

- 培养学生全面发展的品德素质,通过参与各种实践活动建立正确的价值观念,培养学生的自我认知能力、独立思考能力、发现问题解决问题的能力。
- 培养学生的创新能力,鼓励学生勇于探索,敢于创新,把自己的创新理念融入课程学习。

6.1 项目描述

工件涂装过程有很多环节,如涂料混合、涂料传输、工件涂装等,大多存在易燃易爆、有毒有腐蚀性的介质,对人体健康有不同程度的危害,不适合由人工现场实时操作。本系统设计借助 PLC 来控制涂料混合、传输及定点涂装等工序,对提高企业生产和管理自动化水平有很大的帮助,同时又提高了生产效率、使用寿命和质量,减少了企业产品质量的波动。

1. 自动涂装系统设计

自动涂装系统的结构及组成如图 6-1 所示,包括进料阀 A、进料阀 B、搅拌机、混料罐、供料阀、储存罐、喷涂泵、喷涂高度电动机、转盘电动机、排风扇和排料阀。

自动调速系统

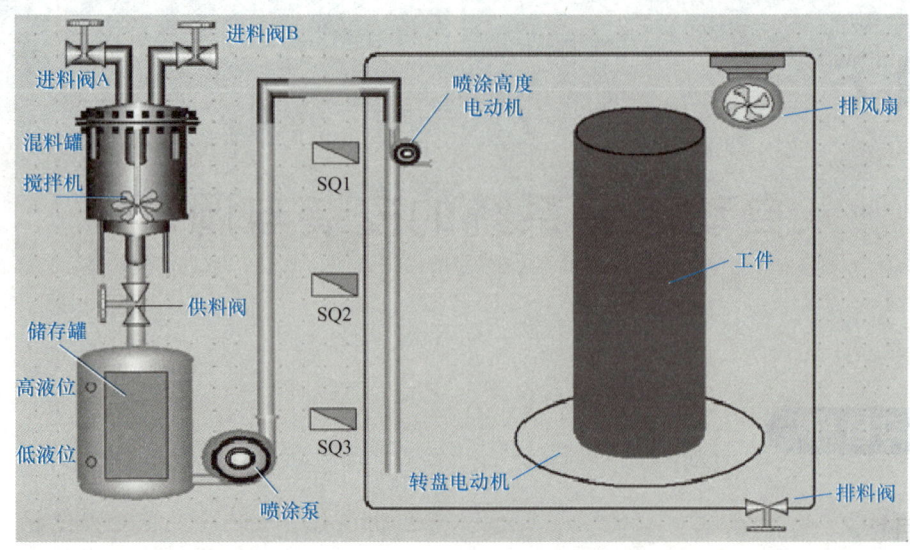

图 6-1 自动涂装系统结构及组成

由图可知,自动涂装系统整体由三部分组成,分别为进料、混料工段,储料工段,涂装工段。系统自动运行过程如下。首先按照加工要求对进料阀 A 与进料阀 B 进行控制,并在混料罐中进行搅拌,搅拌完成后,根据储存罐液位情况控制供料阀状态以及涂装工段运行情况。涂装工段需顺序完成两部分动作,具体动作如下:①喷涂高度电动机运行至 SQ2 处,并且转盘电动机处于起始涂装位置,起动喷涂进料泵开始对工件涂装,同时转盘电动机从起始位置转至结束位置(参数 HMI 设定),该步动作结束;②喷涂高度电动机运行至 SQ3 处,且转盘电动机带动转台运行至 180°后,开始涂装作业,喷涂高度电动机从 SQ3 运行 SQ1 处,同时转盘电动机旋转 360°后,涂装工段动作结束。结束后喷涂高度电动机与转盘电动机自动恢复初始位置。

在涂装工段运行期间排风扇保持低速或高速运行,同时排料阀打开。

2. 系统控制要求

自动涂装控制系统具备三种工作模式:通信测试模式;设备调试模式;自动运行模式。设备上电后触摸屏首先显示用户登录界面如图 6-2 所示;当输入用户名 Admin 及正确密码后,触摸屏即进入模式选择界面,如图 6-3 所示,此时可以选择进入任意一种模式;当输入用户名 User 及正确密码(密码为工位号)后,触摸屏只能进入自动运行模式;当输入密码错误时,弹出密码错误提示对话框。

(1) 通信测试模式

通信测试模式界面参考图如图 6-4 所示。

此模式可检测触摸屏与 3 台 PLC 之间的通信情况,如图 6-4 所示,当 3 台 PLC 上电后处于运行状态时,若系统网络连接正常,则触摸屏中对应的通信指示灯点亮。此外,每一台 PLC 需要分配一个输出点,作为通信测试灯。分两种情况进行测试。

1) 3 台 PLC 之间通信测试:按下 SB1 按钮(主站),从站一 PLC 输出点的通信测试灯亮;再按下 SB1 按钮,从站一 PLC 输出点的通信测试灯保持点亮,从站二 PLC 输出点的通信测试灯亮;再按下 SB1 按钮,从站一、二 PLC 输出点的通信测试灯灭,第一种通信测试完成。

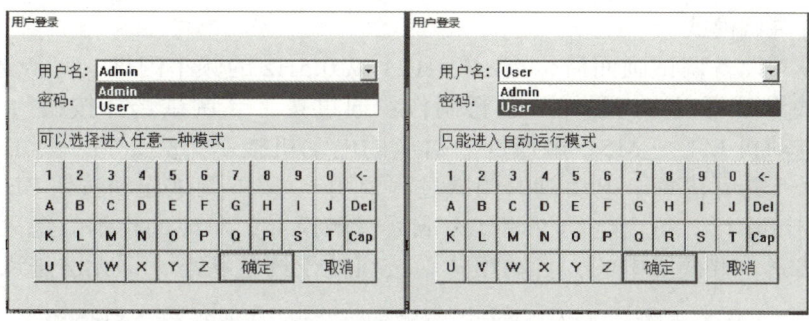

图 6-2 用户登录界面

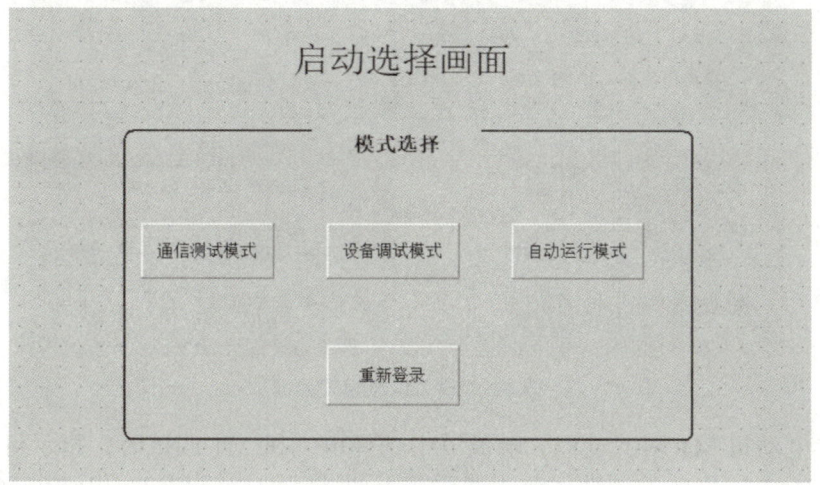

图 6-3 模式选择界面

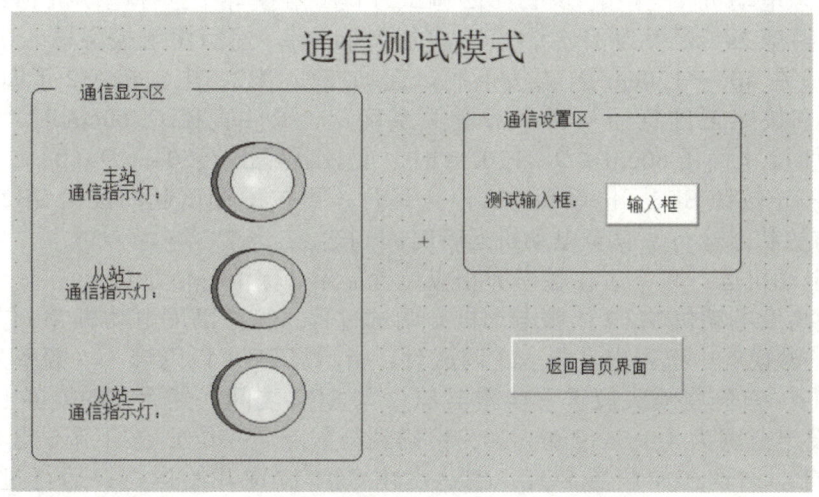

图 6-4 通信测试模式界面参考图

2）触摸屏与 3 台 PLC 之间通信测试：在触摸屏测试框输入 10，主站 PLC 输出点的通信测试灯亮；输入 20，主站、从站一 PLC 输出点的通信测试灯亮；输入 30，主站、从站一、从站二 PLC 输出点的通信测试灯亮；输入其他值，所有通信测试灯熄灭。

(2) 设备调试模式

触摸屏进入设备调试画面后，指示灯 HL1 以 0.5Hz 的频率闪烁，等待选择电动机调试。设备调试界面可以参考图 6-5 进行制作：通过按下"调试选择按钮"，可依次选择需要调试的电动机 M1～M5，触摸屏中对应的电动机指示灯亮，指示灯 HL1 按照新的要求进行闪烁（见下述每个电动机的调试过程说明）。按下调试起动按钮 SB2，被选中的电动机进入调试运行。每个电动机调试完成后，触摸屏上对应的指示灯熄灭。M1～M5 电动机未调试完，触摸屏中的"自动模式"按钮处于红色状态，即无法进入自动模式。

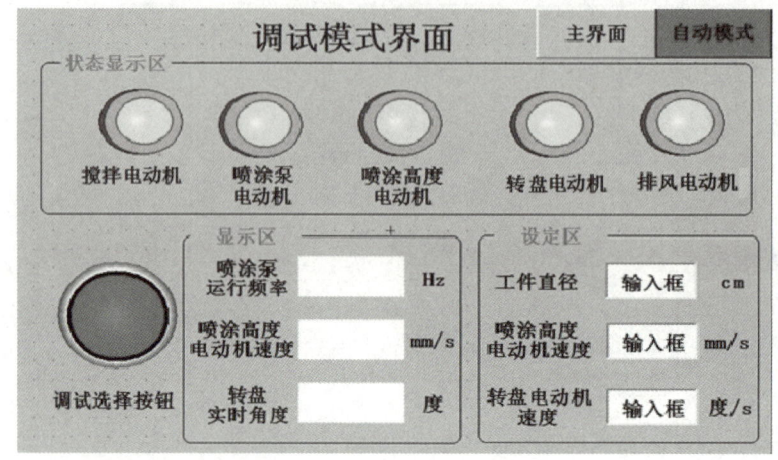

图 6-5　设备调试模式界面

1）搅拌电动机 M1 调试过程。触摸屏中选择电动机 M1 调试时，指示灯 HL1 以闪烁 1s（频率为 1Hz）- 灭 1s 的周期运行。然后按下调试起动按钮 SB2，电动机 M1 起动运行，并按照转 4s- 停 2s 的规律运行 3 个周期后停止，电动机 M1 调试结束。

2）喷涂泵电动机（变频电动机）M2 调试过程　触摸屏中选择电动机 M2 调试时，指示灯 HL1 以闪烁 2s（频率为 1Hz）- 灭 1s 的周期运行。然后由触摸屏输入工件直径（工件直径数值应在 40～120cm），再按下调试起动按钮 SB2，电动机 M2 正向运行 8s，变频器输出频率按照工件直径与频率对应关系确定（工件直径 $D<60cm$ 时，变频器输出 $f=50Hz$；工件尺寸直径 $60cm \leq D \leq 120cm$ 时，变频器输出 $f=50-(D-60)/2$），运行过程中按下调试停止按钮 SB3，电动机 M2 停止运行；再按下调试起动按钮 SB2 时，电动机 M2 继续之前的状态运行，直至电动机运行时间到达。

喷涂泵电动机运行频率应在触摸屏相应位置显示（保留一位小数）。

3）喷涂高度电动机 M3（伺服电动机）调试过程。喷涂高度电动机 M3 结构示意图如图 6-6 所示。触摸屏中选择电动机 M3 调试时，指示灯 HL1 以闪烁 3s（频率为 1Hz）- 灭 1s 的周期运行。首先将喷头位置手动调至 SQ2 与 SQ3 之间，然后在触摸屏上设置喷头的运行速度（设定范围为 4.0～12.0mm/s，精确到小数点后一位），按下调试起动按钮 SB2，电动机 M3 自动回到初始位置 SQ1，到达后由 SQ1 位置开始运行，运行过程如下：在 SQ1 位置等待 2s 开始向 SQ2 运行，在 SQ2 位置停止 2s 后运行至 SQ3，在 SQ3 位置停止 2s 后，返回 SQ1，返回速度为设定运行速度的 1.5 倍。在动作过程中任意时间按下停止按钮 SB3，电动机 M3 在当前位置停止运行；再按下起动按钮 SB2 后电动机 M3 继续当前动作直至调试过程结束。

伺服电动机运行速度应在触摸屏中显示（单位：mm/s）。

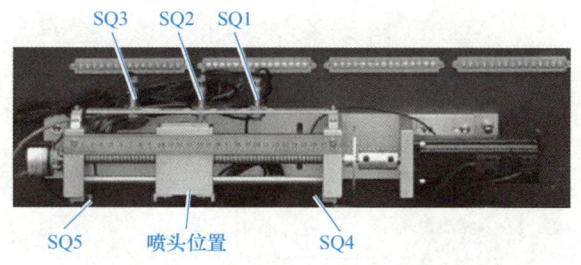

图 6-6 喷涂高度电动机 M3 结构示意图

4) 转盘电动机 M4（步进电动机）调试过程。触摸屏中选择电动机 M4 调试时，指示灯 HL1 以闪烁 4s（频率为 1Hz）- 灭 1s 的周期运行。首先在触摸屏上设置转台的旋转速度（设定范围为 6.0°～12.0°/s，精确到小数点后一位），按下调试起动按钮 SB2，转台正向运行 30°，停止 2s；再正向运行 60°，停止 2s；然后反向运行 90°回到起始位置，电动机 M4 调试结束，此过程中转盘电动机 M4 按照设定的速度沿要求方向旋转相应角度（需要考虑减速比 36:1）。

转台实时位置应在触摸屏中显示 [单位：（°）]。

5) 排风电动机（双速电动机）M5 调试过程。触摸屏中选择电动机 M5 调试时，指示灯 HL1 以闪烁 5s（频率为 1Hz）- 灭 1s 的周期运行。按下起动按钮 SB2，M5 电动机以低速运行 3s 后转换到高速运行，高速状态运行 5s 后停止，电动机 M5 调试结束。

所有电动机（M1～M5）调试完成后（此时触摸屏中"自动模式"按钮由红变绿），按下"自动模式"按钮，将进入自动运行模式。在未进入自动运行模式前，单台电动机可以反复调试。

(3) 自动运行模式

进入自动运行模式后，触摸屏进入自动涂装界面，可参考图 6-7 进行设计。界面要求：

1) 有主界面和复位按钮。

2) 有工件设置区，用来选择工件类型、设置工件直径、设置喷涂带区域起始位置及结束位置。

3) 有参数显示区，显示混料罐混合涂料实时重量、转盘的实时位置、喷涂泵电动机运行频率和喷涂高度电动机速度。

4) 有喷头位置显示区，实时显示喷头的位置情况。

5) 有储存罐显示区，实时显示储存罐中液位状态的变化情况。

6) 有状态显示区，显示阀门和各个电动机的动作运行状态。

自动涂装工艺流程与控制要求如下。

1) 系统初始化状态。进入自动涂装模式后，按下复位按钮，喷涂高度电动机 M3 自动回到初始位置 SQ1，触摸屏转盘实时角度数值清零，储存罐中液位为零，混料罐中涂料重量为零，各电动机处于停止状态，完成以上动作后 HL2 以 0.5Hz 的频率闪烁，表示系统已满足自动运行的初始条件。

2) 运行操作。HL2 以 0.5Hz 频率闪烁的状态下进行工件选择（从下拉菜单中选择甲类或乙类工件，工件选择菜单初始状态为空白），输入工件直径（工件直径数值应在 40～120cm 之间）和涂装带区域起始位置及结束位置（起始位置应在 0°～45°之间，结束位置应在 90°～360°之间）。按下开始按钮 SB4，系统开始自动运行，自动运行过程中运行指示灯 HL2 长亮。

自动调速系统

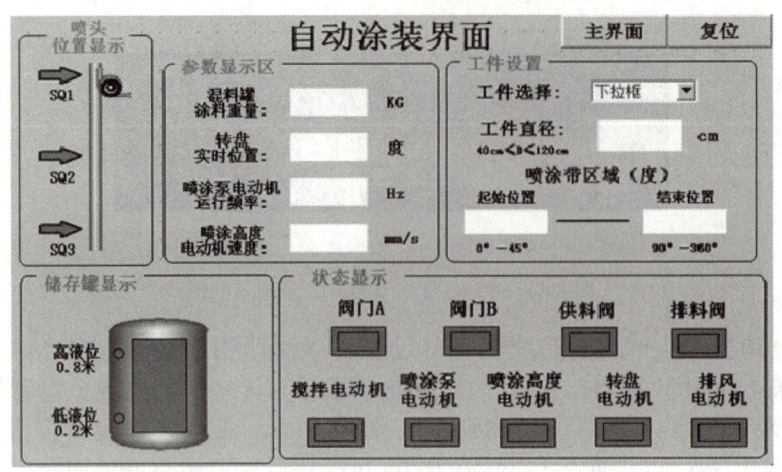

图 6-7 自动涂装界面

3）进料及混料流程。当混料罐中混合涂料剩余重量小于 0.2kg 时，供料阀关闭，进料阀 A 和进料阀 B 依次打开，A、B 两种涂料开始依次进入混料罐；涂料进料量以混料罐底部安装的重量传感器感应结果进行控制。甲类工件所需涂料中 B 涂料重量为 A 涂料重量的 1.5 倍；乙类工件所需涂料中 B 涂料重量为 A 涂料的 0.5 倍。涂料 A 进料开始后，当重量传感器感应重量达到 10kg 时进料阀 A 关闭，涂料 A 停止进料；同时进料阀 B 打开，涂料 B 开始进料，当重量传感器感应罐内涂料总重量达到要求（根据配方重量关系）时进料阀 B 关闭，涂料 B 停止进料。然后搅拌电动机 M1 开始运转，搅拌时间根据所选工件类型决定（选择甲类工件时搅拌 10s，选择乙类工件时搅拌 6s）。搅拌完成后，M1 停止运行。当进料阀 A 开启之后，直至混料电动机动作完成的过程中，供料阀保持关闭状态。

此过程中混料罐涂料重量、进料阀 A、进料阀 B、供料阀、排料阀以及搅拌电动机动作状态应在触摸屏中实时显示。

4）供料及储料流程。当储料罐中所储存的混合涂料液位低于高液位（0.8m），且混料罐中混料电动机完成混料操作的状态下，供料阀打开，涂料由混料罐进入储存罐；当混合涂料液位高于高液位时，供料阀关闭，混合涂料停止进入储存罐；当储存罐中混合涂料的液位高于低液位（0.2m）时，自动涂装流程开始运行，当低于低液位时，自动涂装流程停止运行，待混合涂料液位高于低液位后，各电动机自动恢复停止前的状态继续运行。

此过程中储存罐液位、进料阀以及喷涂泵电动机、喷涂高度电动机、转盘电动机运行状态应在触摸屏中实时显示。

5）自动涂装流程。

① 带状涂装。涂装高度为 SQ2 所确定的位置，起始位置及涂装区域（工件固定在旋转台，转台带动工件旋转）由 HMI 输入，起始位置及结束位置均由所输入的角度值确定，起始位置范围为 0°～45°，结束位置为 90°～360°，输入值精确到个位。首先，喷涂高度电动机 M3 带动喷头由初始位置 SQ1 移动到 SQ2，电动机运行速度为 10mm/s；然后转盘电动机 M4 旋转至涂装起始位置（由 HMI 输入数值决定，旋转速度为 10°/s）；涂装泵电动机 M2 开始运行，同时转盘电动机 M4 继续旋转至涂装结束位置（由 HMI 输入数值决定）后停止，转盘旋转速度为 10°/s；到达结束位置后，喷涂泵电动机 M2 停止运行，完成涂装任务，高度控制电动机 M3 带动喷头自动运行至 SQ3 位置，转盘电动机 M4 自动运行至 180°位置。

② 螺旋状涂装。高度控制电动机 M3 运行至 SQ3 位置，转盘电动机 M4 运行到 180°

位置，等待 5s 后，高度控制电动机 M3 与转盘电动机 M4 同时开始运行，喷涂泵电动机 M2 也开始持续运行，高度控制电动机 M3 由 SQ3 运行至 SQ1，转盘电动机 M4 正向旋转 360°，运行周期为 20s，高度控制电动机 M3 与转盘电动机 M4 应同步运行完成（高度控制电动机 M3 与转盘电动机 M4 同时开始运行，且同时到达结束位置），同时 M2 停止运行。至此，螺旋状涂装过程结束。完成螺旋状涂装任务后，喷头保持在 SQ1 位置，转台自动运行至 0° 位置。

此过程中喷头高度位置、转盘实时位置以及喷涂泵电动机、喷涂高度电动机、转盘电动机运行状态应在触摸屏中实时显示。

6）排风及排料流程。为避免排风气流对涂装质量产生影响，在喷涂泵电动机 M2 工作时，排风电动机 M5 处于低速运行状态，喷涂泵电动机 M2 停止工作时排风电动机 M5 切换至高速运行状态，全部涂装过程完成后排风电动机 M5 继续保持高速运行 10s 后停止。

同时为防止涂装室因积液过多造成工件质量下降，排水阀在自动运行状态下动作，动作要求如下：当自动涂装过程开始时排水阀起动，全部涂装过程完成后继续保持开启状态 10s 后关闭。

此过程中排风电动机以及排水阀状态应在触摸屏中实时显示。

停止操作步骤如下：

① 系统自动运行过程中，按下停止按钮 SB5，系统完成当前涂装动作后停止运行，HL2 以 0.5Hz 的频率闪烁。当停止后再次起动运行时，HL2 长亮，系统保持上次运行的记录。

② 系统自动运行过程中，发生紧急事件旋转急停按钮时（SA1 断开），系统立即停止，HL2 以 2Hz 的频率闪烁；急停恢复后（SA1 闭合），按下触摸屏中的复位按钮，触摸屏工件设置区域所有设定参数清零，所有阀门以及电动机恢复到初始状态；将所有参数重新设定后，系统从初始状态重新开始运行。

（4）非正常情况处理

当电动机 M3 出现越程（左、右超行程位置开关分别为两侧微动开关 SQ4、SQ5）时，伺服系统自动锁住，并在触摸屏自动弹出报警画面"报警画面，设备越程"，单击触摸屏上任意位置解除报警后，系统重新恢复到初次登录后的状态，按复位按钮后所有设置参数置零且全部电动机恢复到初始状态，需重新在 HMI 上设置参数后再次运行。

6.2 相关知识

伺服系统概述

6.2.1 伺服系统概述

"伺服"（Servo）一词源于希腊语"奴隶"，意即"伺候"和"服从"。人们想把"伺服机构"当成一个得心应手的驯服工具，服从控制信号的要求而动作：在信号来到之前，转子静止不动；信号来到之后，转子立即转动；信号消失时，转子能即时自行停转。由于它的"伺服"性能而得名"伺服系统"。

1. 伺服系统的定义

伺服系统又称随动系统，是用来精确跟随或复现某个过程的反馈控制系统。伺服系统是物体的位置、方位、状态等输出被控量能够跟随输入目标（或给定值）任意变化的自动控制系统。它的主要任务是按控制命令要求对功率进行放大、变换与调控等处理，使驱动装置输出的力矩、速度和位置控制非常灵活方便。

伺服系统最初用于国防军工，如火炮的控制，船舰、飞机的自动驾驶，导弹的发射等，后来逐渐推广到国民经济的许多部门，如自动机床、无线跟踪控制等。伺服系统在三轴三联动数控铣床中的应用如图6-8所示。

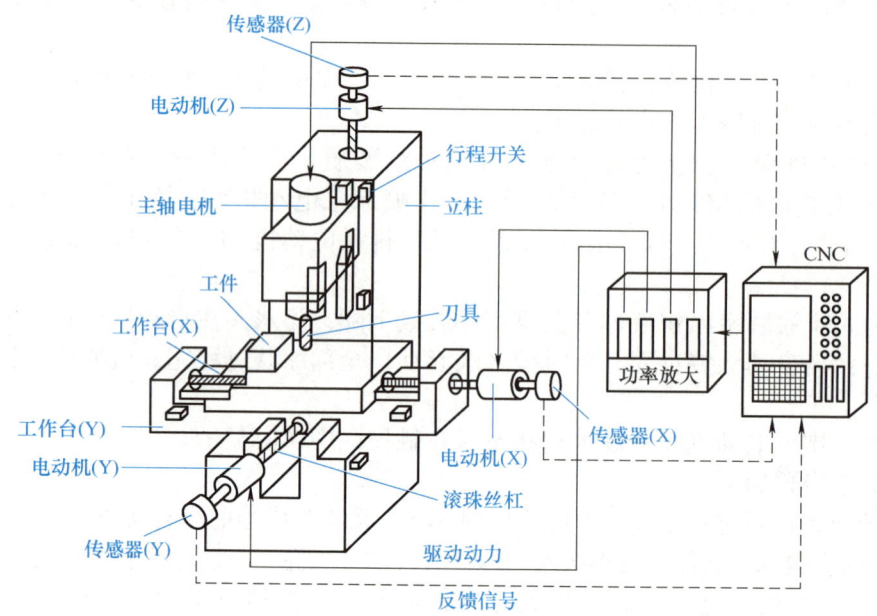

图6-8 伺服系统在三轴三联动数控铣床中的应用

2. 伺服系统的组成

伺服系统主要由伺服控制器、伺服驱动器、伺服电动机、检测单元、传动机构等组成，如图6-9所示。

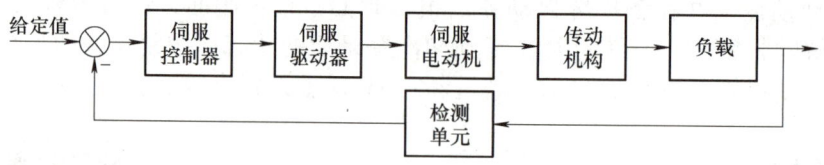

图6-9 伺服系统组成

（1）伺服控制器

伺服控制器是整个运动控制的核心，用于执行逻辑控制和运动控制，采集现场信息并与现场其他设备进行通信。实现形式有模拟式和数字式两种。模拟控制器常用运算放大器及相应的电气元器件实现，具有物理概念清晰、控制信号流向直观等优点，但其控制规律体现在硬件电路和所用的元器件上，因而线路复杂、通用性差，控制效果受到元器件性能、温度等因素的影响。数字控制器硬件电路标准化程度高、制作成本低，而且不受元器件温度的影响，其控制规律体现在软件上，修改起来灵活方便。此外，它还拥有信息存储、数据通信和故障诊断等模拟控制器无法实现的功能。随着微处理器、大规模和超大规模集成电路的发展，目前伺服控制器多采用数字式实现，如工业控制计算机、可编程控制器、DSP或单片机等。

（2）伺服驱动器

伺服驱动器是用来控制伺服电动机的一种控制器，如图6-10所示，主要应用于高精度的定位系统。它将输入的电压控制信号转换为轴上输出的角位移和角速度驱动控制对象。伺服电动机与伺服控制器通常成对出现，伺服控制器给伺服电动机提供电源，并接收伺服电动机反馈回来的编码器信号。

（3）伺服电动机

伺服电动机是一种能够精确控制转速和位置的电动机，如图 6-10 所示。伺服电动机转子转速受输入信号控制，并能快速反应，将接收到的电信号转换成电动机轴上的角位移或角速度输出。在自动控制系统中，用作执行元件，且具有机电时间常数小、线性度高等特性。伺服电动机可分为直流和交流伺服电动机两大类，其主要特点是，当信号电压为零时无自转现象，转速随着转矩的增加而匀速下降。

（4）检测单元

检测单元为伺服系统提供反馈信息，主要用于提供被控对象的位置、速度等信息。检测单元包括各种传感器、信息的转化等部分。常见的检测装置有旋转编码器、旋转变压器、圆形光栅等，如图 6-11 所示。检测单元的精度直接影响控制效果。使用中对检测元件有以下几方面要求：①抗干扰能力高，可以在复杂环境下工作；②能够满足系统所需的精度要求；③成本低，性价比高；④使用简单，方便后期维护。

图 6-10 伺服驱动器和伺服电动机

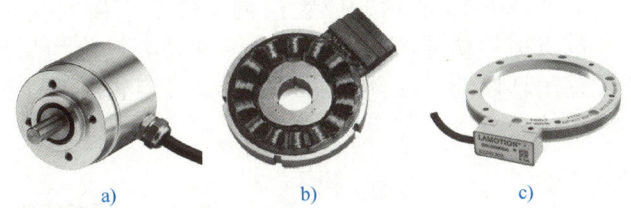

图 6-11 检测单元

a）旋转编码器　b）旋转变压器　c）圆形光栅

3. 伺服系统分类

伺服系统分类如下所示。

伺服系统
- 按调节理论分类
  - 开环伺服系统
  - 半闭环伺服系统
  - 闭环伺服系统
- 按使用的驱动元件分类
  - 步进伺服系统
  - 直流伺服系统
  - 交流伺服系统
- 按进给驱动和主轴驱动分类
  - 进给伺服系统
  - 主轴伺服系统
- 按反馈比较控制方式分类
  - 脉冲、数字比较伺服系统
  - 相位比较伺服系统
  - 幅值比较伺服系统
  - 全数字伺服系统

下面简单介绍开环、半闭环、闭环三种伺服系统。

（1）开环伺服系统

开环伺服系统即无位置反馈的系统，其驱动元件主要是功率步进电动机或液压脉冲电动机。这两种驱动元件的工作原理实质是数字脉冲到角度位移的变换，它不用位置检测元件实现定位，而是靠驱动装置本身，转过的角度正比于指令脉冲的个数；运动速度由进给脉冲的频率决定。开环伺服系统原理图如图 6-12 所示。

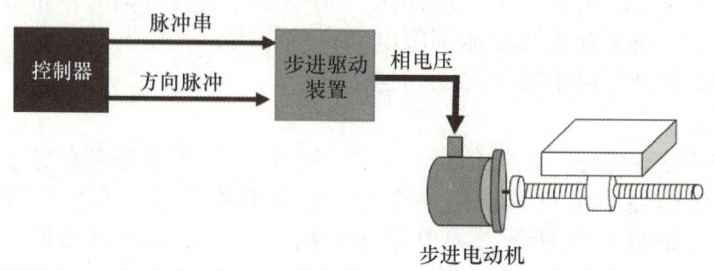

图 6-12　开环伺服系统原理图

开环伺服系统的结构简单，易于控制，但精度差，低速不平稳，高速转矩小，一般用于轻载负载变化不大或经济型数控机床上。

（2）半闭环伺服系统

如图 6-13 所示，位置检测元件不直接安装在进给坐标的最终运动部件上，而是中间经过机械传动部件的位置转换，这种测量称为间接测量。即坐标运动的传动链有一部分在位置闭环以外，在环外的传动误差没有得到系统的补偿，因而这种伺服系统的精度低于闭环系统。

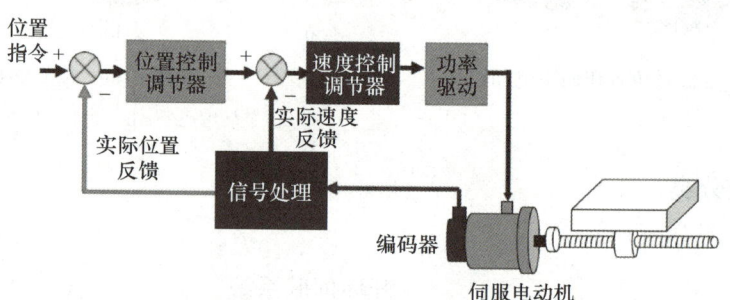

图 6-13　半闭环伺服系统原理图

（3）闭环伺服系统

如图 6-14 所示，闭环伺服系统是误差控制随动系统。数控机床进给系统的误差是 CNC 输出的位置指令和机床工作台（或刀架）实际位置的差值。闭环系统中的运动执行元件不能反映运动的位置，因此需要有位置检测装置。该装置测出实际位移量或者实际所处的位置，并将测量值反馈给 CNC 装置，与指令进行比较，求得误差，以构成闭环位置控制。

半闭环和闭环系统的控制结构是一致的，不同点只是闭环系统环内包括较多的机械传动部件，传动误差均可被补偿，理论上精度可以达到很高，但由于受机械变形、温度变化、振动以及其他因素的影响，其系统稳定性难以调整。此外，机床运行一段时间后，由于机械传动部件的磨损、变形以及其他因素的改变，容易使系统稳定性改变，精度发生变化。因此，目前使用半闭环系统较多，只在具备传动部件紧密度高、性能稳定、使用过程温差变化不大的高精度数控机床上才会使用闭环系统。

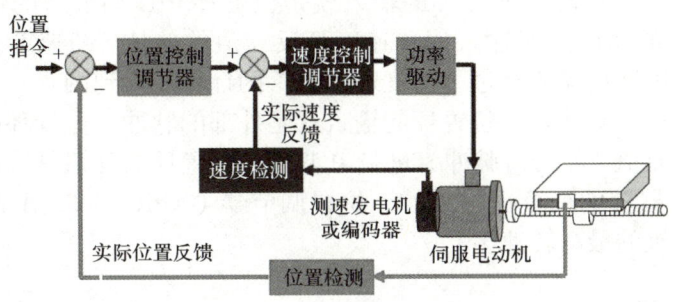

图 6-14 闭环伺服系统原理图

4. 伺服结构与控制原理

交流永磁同步伺服驱动器主要由伺服控制单元、功率驱动单元、通信接口单元、伺服电动机及相应的反馈检测器件组成，其中伺服控制单元包括位置控制器、速度控制器、电流控制器等，结构组成如图 6-15 所示。

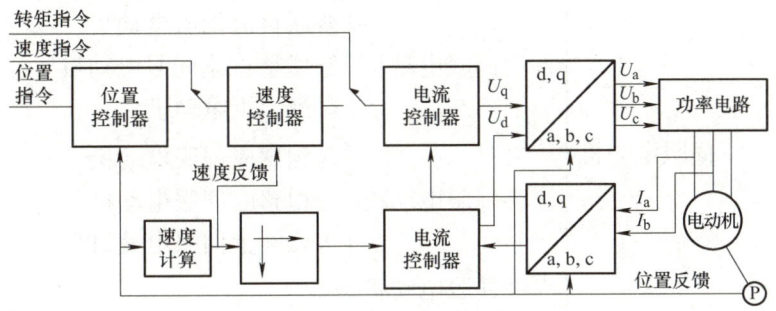

图 6-15 伺服控制单元结构组成

伺服系统一般都是三闭环控制系统（串级 PID），从内到外依次是电流环、速度环和位置环，如图 6-16 所示。电流环反应速度最快，速度环的反应速度必须高于位置环，否则将会造成电动机运转时的振动或反应不良，即电流环增益值高于速度环增益值，速度环增益值高于位置环增益值。伺服驱动器的设计可尽量确保电流环具备良好的反应性能，故用户只需调整位置环、速度环的增益即可。

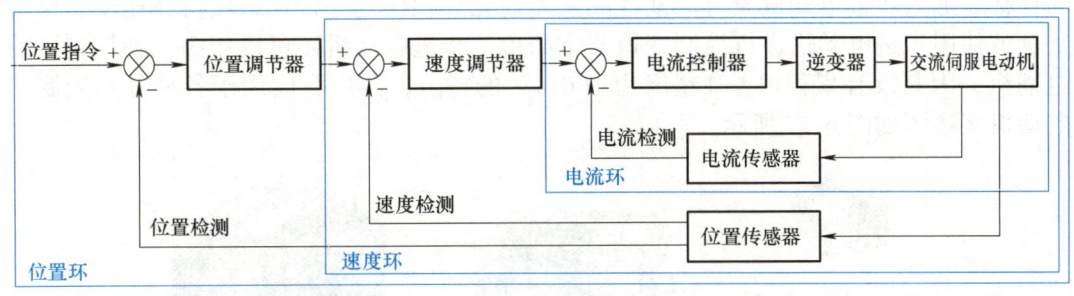

图 6-16 伺服系统三闭环控制框图

第一环为电流环，最内环。此环完全在伺服驱动器内部进行，其 PID 常数已被设定，无需更改。电流环的输入是速度环 PID 调节后的输出，电流环的输出就是电动机每相的相电流。

电流环的功能为对输入值和电流环反馈值的差值进行 PD/PID 调节。电流环的反馈来自驱动器内部每相的霍尔元件。电流闭环控制可以抑制起、制动电流,加速电流的响应过程。

第二环为速度环,中环。速度环的输入就是位置环 PID 调节后的输出以及位置设定的前馈值。电流环的功能为对输入值和速度环反馈值的差值(即速度差)进行 PI 调节。速度环的反馈是编码器反馈值经过"速度运算器"的计算后得到的。

第三环为位置环,最外环。位置环的输入就是外部的脉冲。位置环的功能为对输入值和位置环反馈值的差值(即滞留脉冲)进行 P 调节。位置环的反馈是编码器反馈的脉冲信号经过"偏差计数器"的计算后得到的。位置调节器(APR)的输出幅值限于电流的最大值,决定着电动机的最高转速。

6.2.2 伺服电动机

伺服电动机并非单指某一类型的电动机,只要是在伺服系统中能够满足任务所要求的精度、快速响应性以及抗干扰性的电动机,就可以称之为伺服电动机。

伺服电动机可以是交流异步电动机、交流永磁同步电动机,也可以是直流电动机或步进电动机,当然还可以是直线电动机,但常用的伺服电动机多半是交流永磁同步电动机。伺服电动机分类如下。

$$
\text{伺服电动机}\begin{cases}\text{直流伺服电动机}\begin{cases}\text{普通直流伺服电动机}\\\text{低惯量直流伺服电动机}\\\text{直流力矩电动机}\end{cases}\\\text{交流伺服电动机}\begin{cases}\text{两相感应伺服电动机}\\\text{三相感应伺服电动机}\\\text{永磁同步伺服电动机}\end{cases}\\\text{步进伺服电动机}\end{cases}
$$

1. 步进电动机

步进电动机是将电脉冲信号转变为角位移或线位移的开环控制元件。当步进驱动器接收到一个脉冲信号,它就驱动步进电动机按设定的方向转动一个固定的角度(称为"步距角"),可以通过控制脉冲个数来控制角位移量,同时结合控制脉冲频率来控制电动机转动的速度和加速度,从而达到准确定位和快速调速的目的。在非超载的情况下,电动机的转速、停止位置只取决于脉冲信号的频率和脉冲数,而不受负载变化的影响。这一线性关系的存在,加上步进电动机只有周期性的误差而无累积误差等特点,使得在速度、位置等控制领域使用步进电动机进行控制变得非常简单。步进电动机还可以作为一种控制用的特种电动机,因其没有累积误差(精度为 100%)的特点,而广泛应用于各种开环控制。步进电动机实物图如图 6-17 所示。

图 6-17 步进电动机实物图

角位移或线位移与脉冲数成正比，其转速 n 或线速度 v 与脉冲频率成正比。在负载能力范围内，这种关系不会因电压波动、负载变化、温度变化等原因而变化，其控制性能很好。步进电动机广泛用于数控机床、打印机等控制系统中。

（1）特点与分类

1）步进电动机工作特点。步进电动机具有以下工作特点：

① 步进电动机工作时每相绕组不是恒定地通电，而是按一定的规律轮流通电。

② 每输入一个脉冲电信号，转子转过的角度称为步距角。

③ 步进电动机可以按特定指令进行角度控制，也可以进行速度控制。

角度控制时，每输入一个脉冲，定子绕组就换接一次，输出轴就转过一个角度，其步数与脉冲数一致，输出轴转动的角位移量与输入脉冲成正比。速度控制时，步进电动机绕组中送入的是连续脉冲，各相绕组不断地轮流通电，步进电动机连续运转，它的转速与脉冲频率成正比。改变通电顺序，即改变定子磁场旋转方向，就可以控制电动机正转或反转。

2）步进电动机分类。步进电动机从其结构形式上可分为反应式（Variable Reluctance，VR）、永磁式（Permanent Magnet，PM）、混合式（Hybrid Stepping，HS）、单相步进、平面步进等多种类型，在我国所采用的步进电动机中以反应式步进电动机为主。

① 反应式步进电动机：定子上有绕组，转子由软磁材料组成。结构简单、成本低、步距角小，可达 1.2°，但动态性能差、效率低、发热多、可靠性难保证。

② 永磁式步进电动机：永磁式步进电动机的转子用永磁材料制成，转子的极数与定子的极数相同。其特点是动态性能好、输出力矩大，但这种电动机精度差，步距角大（一般为 7.5° 或 15°）。

③ 混合式步进电动机：混合式步进电动机综合了反应式和永磁式的优点，其定子上有多相绕组、转子上采用永磁材料，转子和定子上均有多个小齿以提高步距精度。其特点是输出力矩大、动态性能好、步距角小，但结构复杂、成本相对较高。

按定子绕组来分，有两相、三相和五相等系列。最受欢迎的是两相混合式步进电动机，约占 97% 以上的市场份额，其原因是性价比高，配上细分驱动器后效果良好。该种电动机的基本步距角为 1.8°，配上半步驱动器后，步距角减少为 0.9°，配上细分驱动器后其步距角可细分达 256 倍（0.007°）。由于摩擦力和制造精度等原因，实际控制精度略低。同一步进电动机可配不同细分的驱动器以改变精度和效果。

（2）工作原理

反应式步进电动机是利用磁阻转矩使转子转动的，是我国目前使用最广泛的步进电动机型式。反应式步进电动机不像传统交直流电动机那样依靠定、转子绕组电流所产生的磁场间的相互作用形成转矩与转速，它遵循磁通总是沿磁阻最小的路径闭合的原理，产生磁拉力形成转矩，即磁阻性质的转矩，所以反应式步进电动机也称为磁阻式步进电动机。

三相步进电动机绕组的通电方式有单三拍、双三拍和六拍等几种。

1）三相单三拍运行方式。如图 6-18 所示为一台三相反应式步进电动机的工作原理图。它的定子上有 6 个极，每个极上都装有控制绕组，每个相对的两极组成一相。转子是 4 个均匀分布的齿，上面没有绕组。

如此循环往复，并按 A-B-C-A 的顺序通电，电动机便按顺时针方向转动。电动机的转速取决于控制绕组与电源接通或开断的变化频率。若按 A-C-B-A 的顺序通电，则电动机逆时针转动。

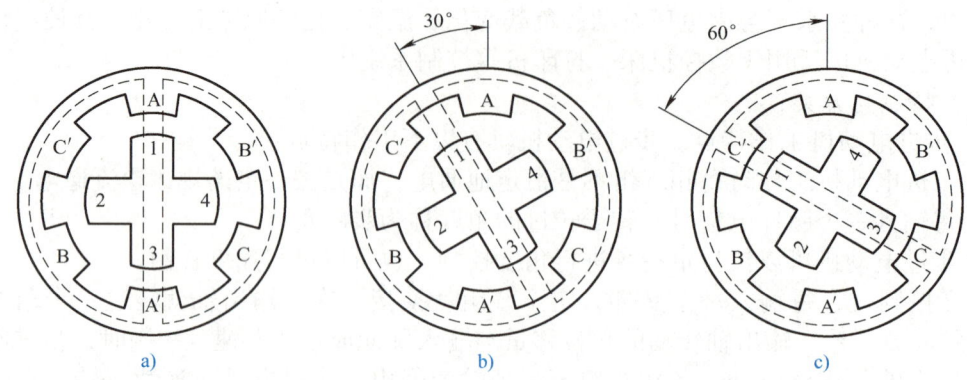

图 6-18 三相反应式步进电动机单三拍工作原理

a）A 相通电　b）B 相通电　c）C 相通电

2）三相双三拍运行方式。在实际使用中，单三拍通电运行方式中在切换时一相控制绕组断电后另一相控制绕组才开始通电，这种情况容易造成失步。此外，由单一控制绕组通电吸引转子，也容易使转子在平衡位置附近产生振荡，故运行的稳定性较差，所以很少采用。

通常将"单三拍"通电运行方式改为"双三拍"通电运行方式，如图 6-19 所示，即按 AB-BC-CA-AB 的通电顺序，即每拍都有两个绕组同时通电。当 A、B 两相同时通电时，转子齿的位置同时受到两个定子极的作用，只有 A 相极和 B 相极对转子齿所产生的磁拉力相等时转子才平衡。

从上述分析可以看出双拍运行时，同样三拍为一循环，所以，按双三拍通电方式运行时，它的步距角与单三拍通电方式相同，也是 30°。

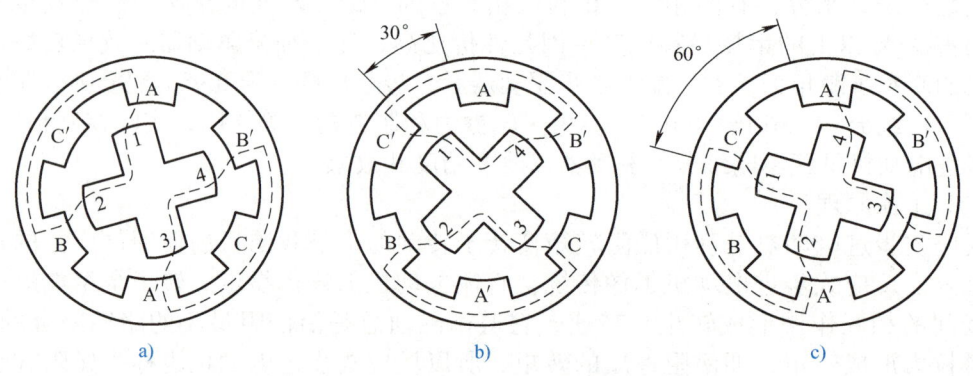

图 6-19 三相反应式步进电动机双三拍工作原理

a）AB 相通电　b）BC 相通电　c）CA 相通电

3）三相六拍运行方式。控制绕组的通电顺序为：A-AB-B-BC-C-CA-A，或是 A-AC-C-CB-B-BA-A，称之为步进电动机工作在三相单、双六拍通电方式。如图 6-20 所示，在这种通电方式下，定子三相控制绕组需经过六次切换通电状态才能完成一个循环，故称"六拍"。在通电时，有时是单个控制绕组通电，有时又为两个控制绕组同时通电，因此称为"单、双六拍"。

在单三拍通电方式中，步进电动机每一拍转子转过的步距角 θ_s 为 30°。采用单双六拍通电方式后，步进电动机由 A 相控制绕组单独通电到 B 相控制绕组单独通电，中间还要经过 A、B 两相同时通电这个状态，也就是说要经过两拍，转子才转过 30°，所以在这种通电方式下，三相步进电动机的步距角 θ_s=30°/2=15°。

从上述分析可知，即使同一台步进电动机，若通电运行方式不同，其步距角也不相同。

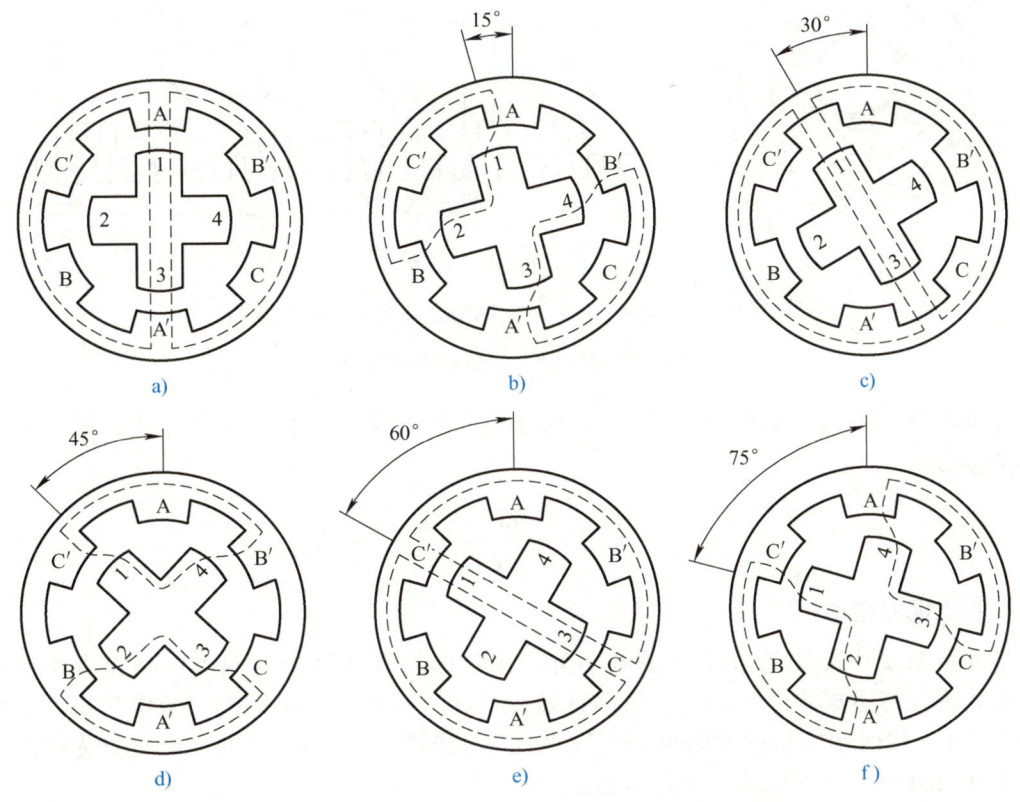

图 6-20 三相反应式步进电动机六拍工作原理

a) A 相通电 b) AB 相通电 c) B 相通电 d) BC 相通电 e) C 相通电 f) CA 相通电

4) 小步距角步进电动机。上述反应式步进电动机结构虽然简单，但是步距角较大，往往满足不了系统的精度要求，例如用在数控机床中就会影响到加工工件的精度，所以在实际中常采用一种小步距角的三相反应式步进电动机，工作原理如图 6-21 所示。

定子有 6 个极，上面装有控制绕组，这些绕组组成 A、B、C 三相。转子上均匀分布 40 个齿，定子每个极上有 5 个齿，定转子的齿宽和齿距都相同。因转子上共有 40 个齿，每个齿的齿距为 360°/40=9°，而每个定子磁极的极距为 360°/6=60°，所以每一个极距所占的齿距数都不是整数 (60°/9°)。

当 A 极面下的定、转子齿对齐时，B 极、C 极面下的齿就分别和转子齿相错 1/3 的转子齿距，即 3°。

步进电动机步距角 θ_s 的大小是由转子的齿数 Z_r、控制绕组的相数 m 和通电方式所决定的。它们之间的关系为

$$\theta_s = \frac{360°}{mZ_rC} \tag{6-1}$$

式中，C 为通电状态系数，单拍或双拍通电运行方式时，$C=1$；单、双拍通电运行方式时，$C=2$。

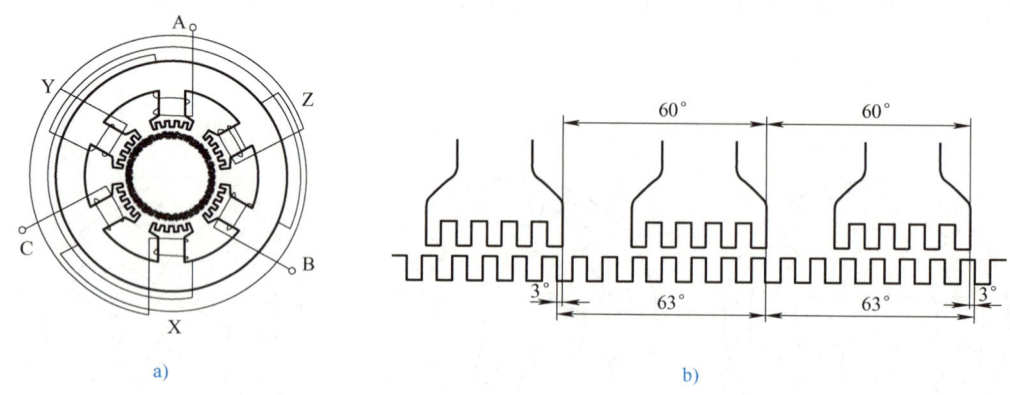

图 6-21 三相反应式小步距角步进电动机工作原理

a）步进电动机　b）步进电动机的展开图

若步进电动机通电的脉冲频率为 f，由于转子经过 Z_rC 个脉冲旋转一周，则步进电动机的转速为

$$n = \frac{60f}{mZ_rC} \tag{6-2}$$

2. 直流伺服电动机

在伺服系统中使用的直流伺服电动机，按转速的高低可分为两类：高速直流伺服电动机和低速大转矩宽调速电动机。目前在数控机床进给驱动中采用的直流电动机，主要是 20 世纪 70 年代研制成功的大转动惯量宽调速直流伺服电动机。这种电动机分为电励磁和永磁体励磁两种，占主导地位的是后者。

（1）工作原理

直流伺服电动机的工作原理和普通直流电动机相同。只要在其励磁绕组中有电流通过且产生了磁通，当电枢绕组中通过电流时，这个电枢电流与磁通相互作用产生的转矩就会使伺服电动机投入工作。直流电动机和低惯量型直流伺服电动机工作原理如图 6-22 所示。

由于电刷和换向器的作用，使得转子绕组中的任何一根导体，只要一转过中性线，由定子 S 极下的范围进入定子 N 极下的范围，那么这根导体上的电流一定要反向；同理，由定子 N 极下的范围进入定子 S 极下的范围，导体上的电流也要发生反向。因此转子的总磁动势（主磁极磁动势与电枢磁动势）正交。转子磁场与定子磁场相互作用产生了电动机的电磁转矩，从而使电动机转子转动。

（2）控制方式

直流伺服电动机就是一台他励直流电动机，由 $n = \dfrac{U_a - I_a R_a}{C_e \Phi}$ 可知，改变电枢电压 U_a 和改变励磁磁通 Φ 都可以改变电动机的转速。

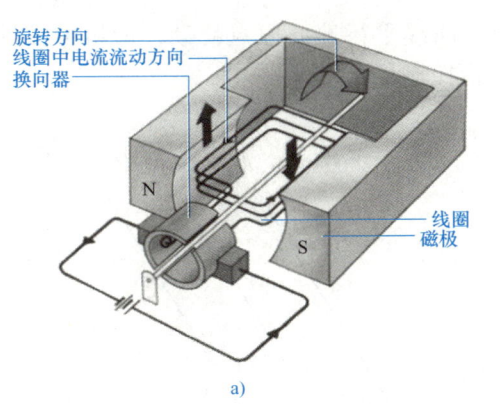 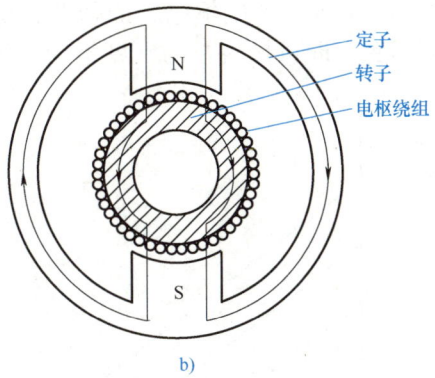

图 6-22 直流电动机和低惯量型直流伺服电动机工作原理

a）直流电动机　b）低惯量型直流伺服电动机

1）电枢控制。励磁磁通保持不变，改变电枢绕组的控制电压。当电动机的负载转矩不变时，升高电枢电压，电动机的转速就升高；反之转速就降低。电枢电压等于零时，电动机不转。电枢电压改变极性时，电动机反转。电枢控制原理图如图 6-23 所示。

2）磁场控制。电枢绕组电压保持不变，改变励磁回路的电压。若电动机的负载转矩不变，当升高励磁电压时，励磁电流增加，主磁通增加，电动机转速就降低；反之，转速升高。改变励磁电压的极性，电动机转向随之改变。

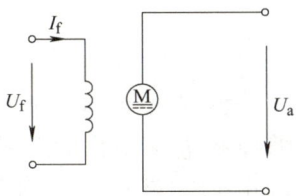

图 6-23　电枢控制原理图

尽管磁场控制也可达到控制转速大小和旋转方向的目的，但励磁电流和主磁通之间是非线性关系，且随着励磁电压的减小其机械特性变软，调节特性也是非线性的，故少用。

（3）运行特性

伺服电动机的运行特性包括机械特性和调节特性。

1）机械特性。直流伺服电动机的机械特性是指当电源电压 $U=$ 常值、气隙每极磁通量 $\Phi=$ 常值时，电动机的转速 n 和电磁转矩 T_e 之间的关系曲线，即 $n=f(T_e)$。在直流伺服电动机的诸多特性中，机械特性是最重要的特性，它是选用直流伺服电动机的依据。

直流伺服电动机的机械特性方程与直流电动机的机械特性方程基本相同，即

$$n = \frac{U_a}{C_e \Phi} - \frac{T_e R_a}{C_e C_T \Phi^2} = n_0 - kT_e \tag{6-3}$$

式中，U_a 为电枢电压；R_a 为电枢回路总电阻；n 为转速；Φ 为每极磁通；C_e 为电动势常数；C_T 为转矩常数；T_e 为电磁转矩；$n_0 = \frac{U_a}{C_e \Phi}$ 为直流伺服电动机的理想空载转速；$k = \frac{R_a}{C_e C_T \Phi^2} = \frac{\Delta n}{\Delta T}$ 为直线斜率，斜率 k 大，转矩变化时转速变化大，机械特性软，反之，斜率 k 小，机械特性就硬。

改变电枢电压 U_a，电动机的机械特性就发生变化。由机械特性方程可知，电动机的理想空载转速 n_0 随电枢电压 U_a 成正比变化，但是，机械特性的斜率 k 与电枢电压 U_a 无关，k 即保持不变。所以，对应于不同的电枢电压，可以得到一组相互平行的机械特性曲线，

如图 6-24a 所示。随电枢电压的降低，机械特性曲线平行地向原点移动，但机械特性曲线的斜率不变，即机械特性的硬度不变。这是电枢控制的优点之一。

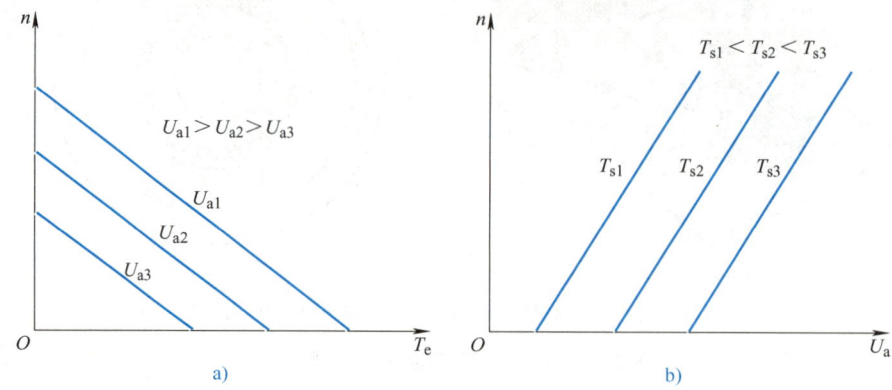

图 6-24　机械特性和调节特性

a）不同控制电压时的机械特性　b）不同负载时的调节特性

2）调节特性。直流伺服电动机的调节特性是指负载转矩 T_L 恒定时，电动机的转速随控制电压变化的关系，即 $n=f(U_a)$，当负载转矩保持不变时，电动机轴上的总转矩 $T_s=T_L+T_0$（式中，T_0 为电动机的空载转矩）也不变，因此电动机稳态运行时，其电磁转矩 $T_e=T_s$ 为常数。

由机械特性方程可得电动机的转速 n 与控制电压 U_a 的关系为

$$n = \frac{U_a}{C_e\Phi} - \frac{T_s R_a}{C_e C_T \Phi^2} = k_1 U_a - A \tag{6-4}$$

式中，$k_1 = \dfrac{1}{C_e\Phi}$，为特性曲线的斜率；$A = \dfrac{T_s R_a}{C_e C_T \Phi^2}$，为由负载转矩决定的常数。

对应的直流伺服电动机的调节特性如图 6-24b 所示，它们也是一组平行的直线。直线的斜率为 k_1，它与负载的大小无关，仅由直流伺服电动机的参数决定。

由图 6-24 可知，这些调节特性曲线与横轴的交点，就表示在一定负载转矩时电动机的始动电压。负载转矩一定时，若电动机的控制电压大于相对应的始动电压，它便能转动起来并达到某一转速；反之，控制电压小于相对应的始动电压，则电动机的最大电磁转矩仍小于负载转矩，电动机就不能起动。所以，调节特性曲线的横坐标从零到始动电压的这一范围称为在一定负载转矩时伺服电动机的失灵区。显然，失灵区的大小是与负载转矩成正比的。

（4）特点与分类

直流伺服电动机通过电刷和换向器产生的整流作用，使磁场磁动势和电枢电流磁动势正交，从而产生转矩。其电枢大多为永久磁铁。

1）优点：同交流伺服电动机相比，直流伺服电动机起动转矩大，调速广且不受频率及极对数限制（特别是电枢控制的），机械特性线性度好，从零转速至额定转速具备可提供额定转矩的性能，功率损耗小，具有较高的响应速度、精度和频率及优良的控制特性。

2）缺点：因为直流电动机要实现额定负载下恒定转矩的性能，故电枢磁场与转子磁场必须维持 90°，这就要借助电刷及换向器。而电刷和换向器的存在增大了摩擦转矩，换向火花带来了无线电干扰，除了会造成组件损坏之外，使用场合也受到限制，寿命较低，需要定期维修，使用维护较麻烦。

为了适应各种不同随动系统的需要，直流伺服电动机从结构上做了许多改进，如无槽电枢伺服电动机、空心杯形电枢伺服电动机、印刷绕组电枢伺服电动机、无刷直流执行伺服电动机、扁平形结构的直流力矩电动机。直流伺服电动机的特点及应用范围见表6-1。

表6-1 直流伺服电动机的特点及应用范围

类型	励磁方式	产品型号	结构特点	性能特点	应用范围
一般直流执行电动机	电磁式	SZ或SY	与普通直流电动机相同，但电枢铁心长度与直径之比大一些，气隙较小	具有下垂的机械特性和线性调节特性，对控制信号响应速度快	一般直流伺服系统
无槽电枢直流电动机	永磁式	SWC	电枢铁心为光滑圆柱体，电枢绕组用环氧树脂粘在电枢铁心表面，气隙较大	具有一般直流执行电动机的特点，而且转动惯量和机电时间常数好，换向良好	需要快速动作、功率较大的直流伺服系统
空心杯型电枢执行电动机	电磁式	SYK	电枢绕组用环氧树脂浇注成杯形，置于内外定子之间，内外定子分别用软磁材料和永磁材料制成	除具有一般直流执行电动机的特点外，转动惯量和机电时间常数非常小，低速运转平滑，换向良好	需要快速动作的直流伺服系统
印刷绕组电枢伺服电动机	永磁式	SN	在圆盘形绝缘薄板上印刷裸露的绕组构成电枢，磁极轴向安装	转动惯量小，机电时间常数小，低速运行性能好	用于低速、起动和反转频繁的控制系统
无刷直流执行伺服电动机	永磁式	SW	由晶体管开关电路和位置传感器代替电刷和换向器，转子用永磁铁做成，电枢绕组在定子上且做成多相式	既保持了一般直流执行电动机的优点，又克服了换向器和电刷带来的缺点，寿命长，噪声低	要求噪声低、对无线电不产生干扰的控制系统
直流力矩电动机	永磁式		转子做成扁平型结构	可以不经过减速机构直接带动负载，反应速度快，速度特性硬度大，能在堵转和低速下运行	适用于对速度和位置控制精度要求很高的系统

3. 交流伺服电动机

传统的交流伺服电动机是指两相异步伺服电动机，由于受性能限制，主要应用于几十瓦以下的小功率场合。近年来，随着电动机理论、电力电子技术、计算机控制技术及自动控制理论等学科领域的发展，三相异步电动机及永磁同步电动机的伺服性能大为改进，采用三相异步电动机及永磁同步电动机的交流伺服系统在高性能领域应用日益广泛。这里主要介绍两相异步伺服电动机和永磁同步伺服电动机。

（1）两相异步伺服电动机

1）工作原理。两相异步伺服电动机的基本结构和工作原理与普通异步电动机相似，从结构上看，电动机由定子和转子两大部分构成。定子为两相绕组，在空间相差90°电角度。其中一相为励磁绕组，运行时接至电压为 U_f 的交流电源上；另一相为控制绕组，施加与 U_f 同频率、大小或相位可调的控制电压 U_c，通过 U_c 控制伺服电动机的起停及运行转速。转子绕组为自行闭合的多相对称绕组。运行时定子绕组通入交流电流，产生旋转磁场，在闭合的转子绕组中出现感应电动势、产生转子电流，转子电流与磁场相互作用产生电磁转矩。

注意：由于励磁绕组电压 U_f 固定不变，而控制电压 U_c 是变化的，故通常情况下两相绕组中的电流不对称，电动机中的气隙磁场也不是圆形旋转磁场，而是椭圆形旋转磁场。

两相异步伺服电动机的转子电阻必须足够大，原因是①扩大转速范围并使机械特性尽可能接近线性；②实现无"自转"现象。

2）不同转子电阻的异步电动机机械特性。若转子电阻足够大，可使 $s_m \geq 1$，如图 6-25 曲线 3、4 所示，在 $0<s<1$ 的范围内呈现出下垂的机械特性，相应地电动机从零到同步转速的整个范围内均能稳定运转。此外，由图 6-25 还可以看到，随着转子电阻的增大，机械特性也更接近于线性关系。

3）自转现象与转子电阻的关系。转子电阻较小时，单相运行的机械特性如图 6-26 所示，在电动机运行的转差范围内（即 $0<s<1$ 时），$T_1>T_2$，合成转矩 $T_e=T_1-T_2>0$（转速接近同步转速 n_s 时除外）。当突然切除控制电压，即令 $U_c=0$ 时，电动机不能停止转动，而是以转差率 s_1 稳定运行于 B 点。

可见，当转子电阻较小，无控制信号时，电动机也可能继续旋转，造成失控，这种现象就是所谓的自转现象。

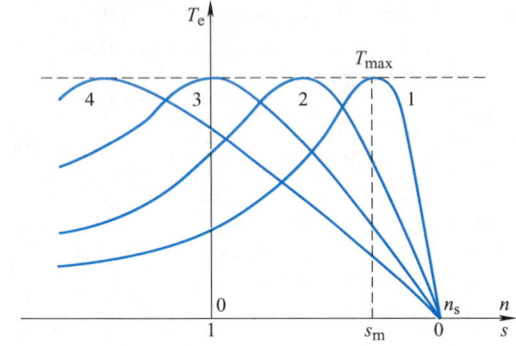

图 6-25 不同转子电阻时的异步电动机机械特性

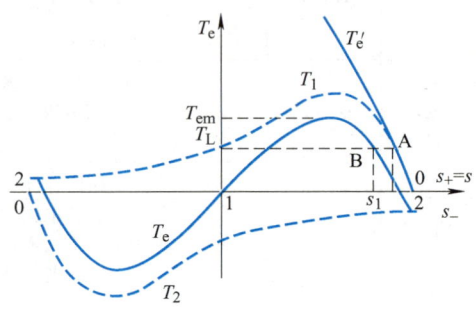

图 6-26 转子电阻较小时单相运行的机械特性

增大转子电阻，正、反向旋转磁场产生最大转矩所对应的临界转差率将增大，正向旋转磁场产生最大转距对应的转差率 $s_{m+}<1$ 时，相应的 T_1、T_2 及合成转矩 T_e 如图 6-27 所示，可见电动机的合成转矩随之减少。但由于在 $0<s<1$ 的范围内，T_e 仍大部分为正值，若最大转矩 T_{em} 仍大于 T_L，电动机将稳定运行于 C 点，仍存在自转现象，只是转速较低。

如果转子电阻足够大，致使正向旋转磁场产生最大转矩对应的转差率 $s_{m+}>1$，则可使单相运行时电动机的合成电磁转矩在电动机运行范围内均为负值，即 $T_e<0$，如图 6-28 所示。

当控制电压消失后，由于电磁转矩为制动性转矩，使电动机迅速停止旋转。可见，在这种条件下，电动机不会产生自转现象。因此，增大转子电阻是克服两相异步伺服电动机自转现象的有效措施。

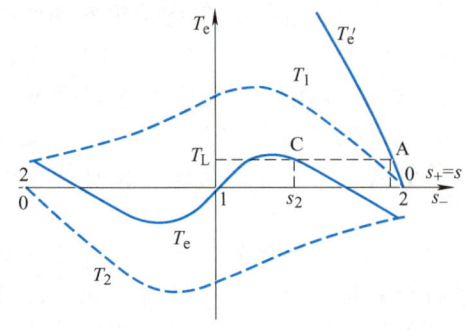

图 6-27 增大转子电阻但 $s_{m+}<1$ 时

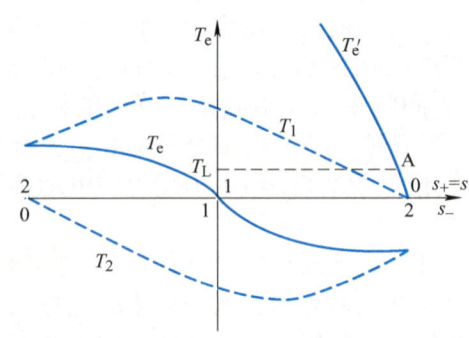

图 6-28 增大转子电阻至 $s_{m+}>1$

（2）永磁同步伺服电动机

永磁同步伺服电动机（Permanent-magnet Synchronous Motor，PMSM）是交流永磁伺服电动机的一种。定子由三相绕组以及铁心构成，并且电枢绕组常以星形连接；在转子结构上，PMSM 用永磁体取代电励磁，从而省去了励磁线圈、集电环和电刷。与普通电动机相比，PMSM 还必须装有转子永磁体位置检测器，用来检测磁极位置，并以此对电枢电流进行控制，达到对 PMSM 伺服控制的目的。

定子绕组分为集中式绕组与分布式绕组两类。集中式绕组线性接线如图 6-29 所示，分布式绕组线性接线如图 6-30 所示。

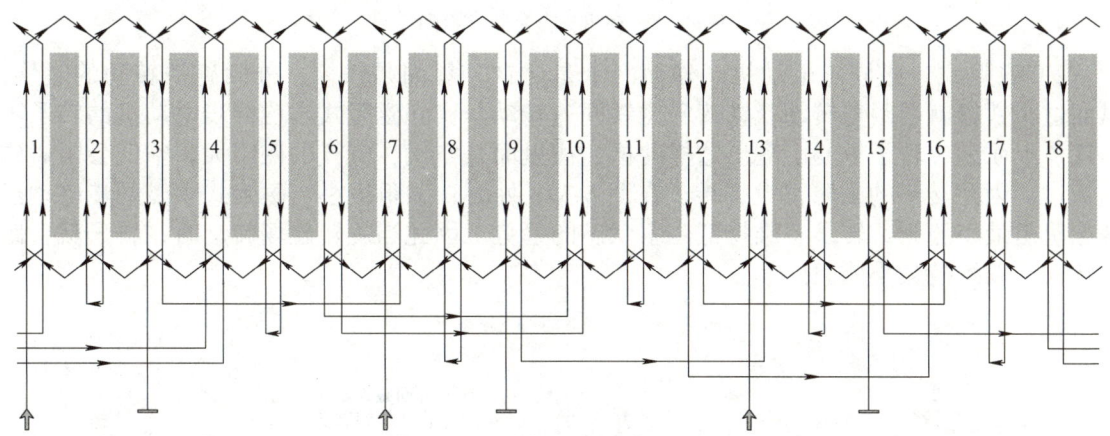

图 6-29　集中式绕组线性接线图

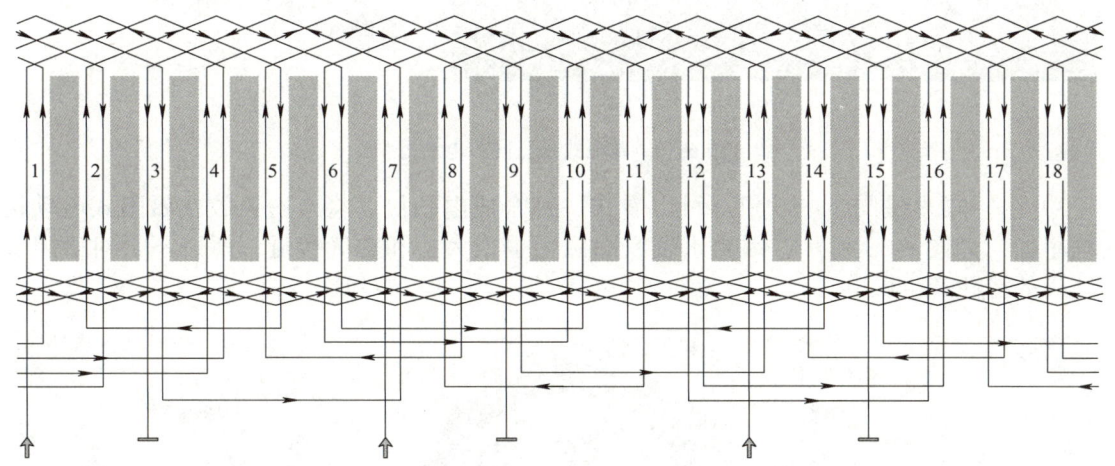

图 6-30　分布式绕组线性接线图

转子绕组的转子可以制成实心的形式，也可以由叠片压制而成，其上装有永磁体材料。其中，根据转子结构不同可以分为以下几种电动机。

1）表面式永磁同步电动机。直接将永磁铁贴在转子铁心上，转子的 S 极和 N 极交替分布，旋转磁场磁级和转子磁级成 45°夹角，当旋转磁场的 N 极顺时针转动时，一方面会将转子的 S 极向前拉，另一方面会将转子的 N 极向前推，带动转子转动，如图 6-31 所示；电动机工作时，电子空单元会始终保持旋转磁场磁极和转子磁极成 45°夹角，可以使电动机获得最大输出转矩，电子控制单元还要保证转子和旋转磁场始终同速转动。

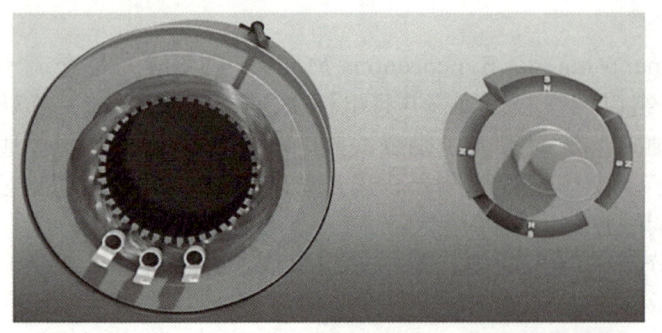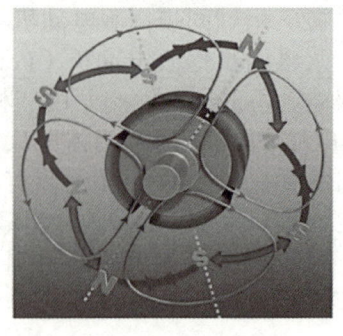

图 6-31 表面式永磁同步电动机

2）磁阻式永磁同步电动机。外面两个是磁铁，里面是铁棒，外面磁铁转动的时候，里面这个铁棒就会跟着转动，铁棒和磁铁同速转动。实际磁阻式永磁同步电动机的转子不是铁棒，而是在转子铁心上刻出这样的槽，槽里面是空气，空气的磁阻大，空气会阻碍磁场通过，因此转子的磁阻很大，转子在图 6-32b 处时，磁阻很小。磁阻式永磁同步电动机遵循磁阻最小原则，转子有维持低磁阻状态的趋势，因此当旋转磁场转动时，转子就会跟着转动，以维持最小磁阻。

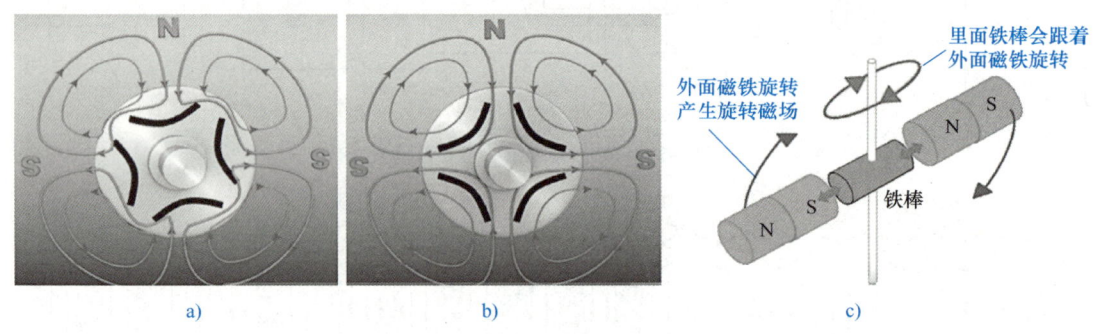

图 6-32 磁阻式永磁同步电动机

3）内置式永磁同步电动机。可以看作一种合成电动机，将永磁铁放在磁阻式电动机的槽里面，如图 6-33 所示，因为永磁铁的磁阻也很大，和空气接近，所以不会对磁阻式电动机的特性产生影响。

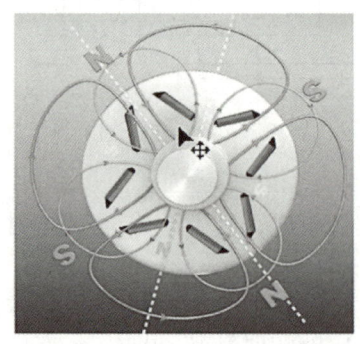

图 6-33 内置式永磁同步电动机

永磁同步电动机的转子可以制成一对磁极，也可制成多对。当定子磁场以同步转速 n 逆时针方向旋转时，根据异性极相吸的原理，定子旋转磁极就吸引转子磁极，带动转子旋转，转子的旋转速度与定子磁场的旋转转速 n 相等。当电动机转子上的负载转矩增大时，定、转子磁极轴线间的夹角 θ 就相应增大；反之，则夹角 θ 减小。定、转子磁极间的磁力线如同具有弹性的橡皮筋一样，随着负载的增大和减小而拉长和缩短。虽然定、转子磁极轴线之间的夹角会随负载的变化而改变，但只要负载不超过某极限，转子就始终跟着定子旋转磁场以同步转速 n_s 转动，即转子转速为

$$n = n_s = \frac{60f}{P} \tag{6-5}$$

式中，f 为电源频率；P 为极对数。

(3) 交流伺服电动机特点

1) 高精度：交流伺服电动机能够实现高精度的位置、速度和转矩控制，可以满足各种高精度加工需求。

2) 高响应速度：交流伺服电动机响应速度快，可在瞬间完成位置、速度和转矩控制，能够适应高速运动的需求。

3) 低噪声：交流伺服电动机工作时噪声低，不会对生产环境和人员造成干扰。

4) 稳定性好：交流伺服电动机的控制系统稳定性好，能够保证高精度运动的稳定性。

5) 易于操作：交流伺服电动机控制系统简单易用，操作方便。

6.2.3 步进电动机驱动器

1. Kinco 3M458 步进电动机驱动器

Kinco 3M458 是一款三相步进电动机驱动器，它采用了交流伺服驱动原理，并具备交流伺服运转特性，能输出三相正弦电流。可与多种步进电动机联接，驱动电流 3.0～5.8A。广泛应用于各种数控机床、包装机械、纺织机械、工艺绣品机械、印刷机械、激光雕刻、切割机等工业自动化控制领域。图 6-34 所示为 Kinco 3M458 步进电动机驱动器模块的面板图。

> 步科 3M458 步进电动机安装与调试

图 6-34 步进电动机驱动器模块的面板图

(1) 电气参数

Kinco 3M458 三相步进电动机驱动器主要电气参数如下。

- 供电电压：直流 24～40V。
- 输出相电流：3.0～5.8A。
- 控制信号输入电流：6～20mA。

- 冷却方式：自然风冷。

（2）性能特点

1）采用交流伺服驱动原理，具备交流伺服运转特性，三相正弦电流输出。

2）内部驱动直流电压达 40V，能提供更好的高速性能。

3）具有电动机静态锁紧状态下的自动半流功能，可大大降低电动机的发热。

4）具有最高可达 10000 步/转的细分功能，细分可以通过拨动开关设定。

5）几乎无步进电动机常见的共振和爬行区，输出相电流通过拨动开关设定。

6）控制信号的输入电路采用光耦隔离。

7）采用正弦的电流驱动，使电动机的空载起跳频率达到 5kHz（1000 步/转）左右。

（3）驱动器的典型接线图

驱动器的典型接线图如图 6-35 所示。控制器为 PNP 输出时，把驱动器的信号负端连起来接 0V，驱动器的信号正端为信号输入端。输入信号电平为 12V 时，输入端串联一只 1kΩ 限流电阻；输入信号电平为 24V 时，输入端串联一只 2kΩ 限流电阻。任何错误都会使驱动器停止工作，且报警指示灯亮，此时及时切断电源，清除故障后重新上电。

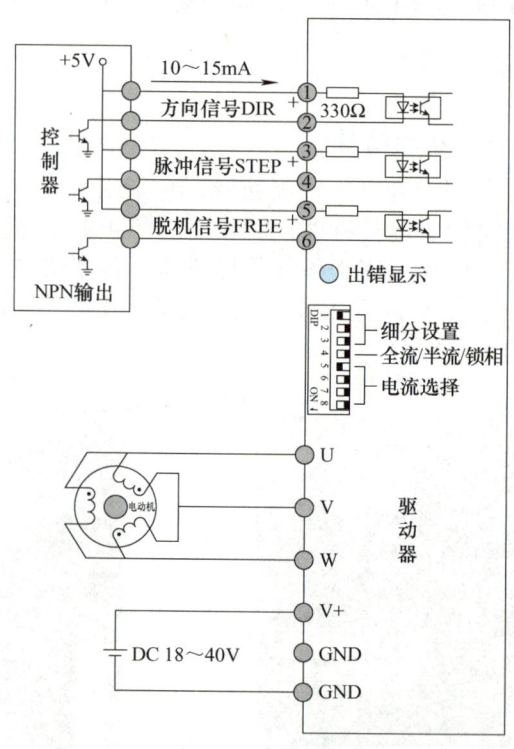

图 6-35　驱动器的典型接线图

1）脉冲信号（与 TTL 电平兼容）：内部光耦导通时触发，光耦电流 10mA±20%。为了可靠响应，低电平应大于 4μs。

2）方向信号：电平高低变化控制电动机运行方向。为了可靠响应，方向信号应优先于脉冲信号至少 10μs 建立。

3）脱机信号：内部光耦导通时，驱动器将切断电动机电流使电动机轴处于可自由旋转状态。当无需此功能时，FREE 端可悬空。

（4）DIP 功能设定

在驱动器的侧面连接端子中间有一个红色的八位 DIP 功能设定开关，可以用来设定驱动器的工作方式和工作参数。图 6-36 所示为该 DIP 开关功能说明。

2. 步科步进电动机 3S57Q-04056

Kinco 3M458 三相步进电动机驱动器配套步科三相步进电动机 3S57Q-04056，步距角为 1.8°，即在无细分的条件下 200 个脉冲电动机转一圈（通过驱动器设置细分精度，最高可以达到 10000 个脉冲电动机转一圈）。

3S57Q-04056 部分技术参数见表 6-2。

开关序号	ON功能	OFF功能
DIP1~DIP3	细分设置用	细分设置用
DIP4	静态电流全流	静态电流半流
DIP5~DIP8	电流设置用	电流设置用

细分设定表如下：

DIP1	DIP2	DIP3	细分
ON	ON	ON	400步/转
ON	ON	OFF	500步/转
ON	OFF	ON	600步/转
ON	OFF	OFF	1000步/转
OFF	ON	ON	2000步/转
OFF	ON	OFF	4000步/转
OFF	OFF	ON	5000步/转
OFF	OFF	OFF	10000步/转

输出相电流设定表如下：

DIP5	DIP6	DIP7	DIP8	输出电流
OFF	OFF	OFF	OFF	3.0A
OFF	OFF	OFF	ON	4.0A
OFF	OFF	ON	ON	4.6A
OFF	ON	ON	ON	5.2A
ON	ON	ON	ON	5.8A

图 6-36 DIP 开关功能说明

表 6-2 3S57Q-04056 部分技术参数

参数名称	步距角	相电流/A	保持扭矩	阻尼扭矩	惯量
参数值	1.8°	5.8A	1.0N·m	0.04N·m	0.3kg·cm²

3S57Q-04056 的三个相绕组必须连接成三角形，接线图如图 6-37 所示。

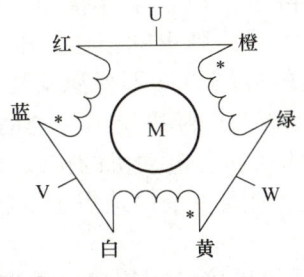

图 6-37 三相电动机六引线接线图

6.2.4 伺服驱动器

伺服驱动器（Servo Drive）又称为伺服控制器、伺服放大器，是用来控制伺服电动机的一种控制器，其作用类似于变频器作用于普通交流电动机，属于伺服系统的一部分，主要应用于高精度的定位系统。它一般通过位置、速度和转矩 3 种方式来对伺服电动机进行控制，实现高精度的传动系统定位，目前是传动技术的高端产品。

1. Panasonic AC 伺服驱动器

松下 MHMD022G1U 永磁同步交流伺服电动机，及 MADHT1507E 全数字交流永磁同步伺服驱动器，可以作为运输机械手的运动控制装置。驱动器的外观和面板如图 6-38 所示。

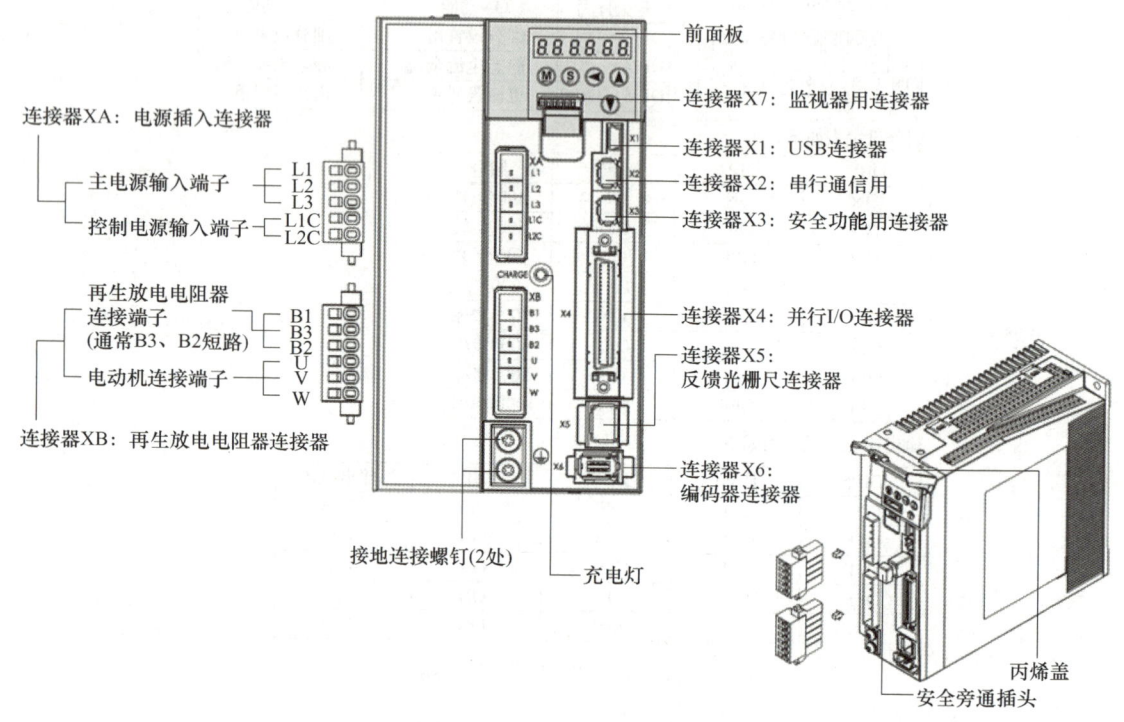

图 6-38 驱动器外观和面板

（1）伺服驱动器主回路接线图

MADHT1507E 伺服驱动器面板上有多个接线端口，部分接口介绍如下。

1）XA：电源输入接口，AC 220V 电源连接到 L1、L3 主电源端子，同时连接到控制电源端子 L1C、L2C 上。

2）XB：电动机接口和外置再生放电电阻器接口。U、V、W 端子用于连接电动机。必须注意，电源电压务必按照驱动器铭牌上的指示，电动机接线端子（U、V、W）不可以接地或短路，交流伺服电动机的旋转方向不像感应电动机可以通过交换三相相序来改变，必须保证驱动器上的 U、V、W、E 接线端子与电动机主回路接线端子按规定的次序一一对应，否则可能造成驱动器的损坏。电动机的接线端子和驱动器的接地端子以及滤波器的接地端子必须保证可靠地连接到同一个接地点上。机身也必须接地。B1、B3、B2 端子是外接放电电阻。

3）X6：连接到电动机编码器信号接口，连接电缆应选用带有屏蔽层的双绞电缆，屏蔽层应接到电动机侧的接地端子上,并且应确保将编码器电缆屏蔽层连接到插头的外壳(FG)上。

4)X4:I/O 控制信号端口,其部分引脚信号定义与选择的控制模式有关。伺服电动机用于定位控制,选用位置控制模式,所采用的是简化接线方式,如图 6-39 所示。

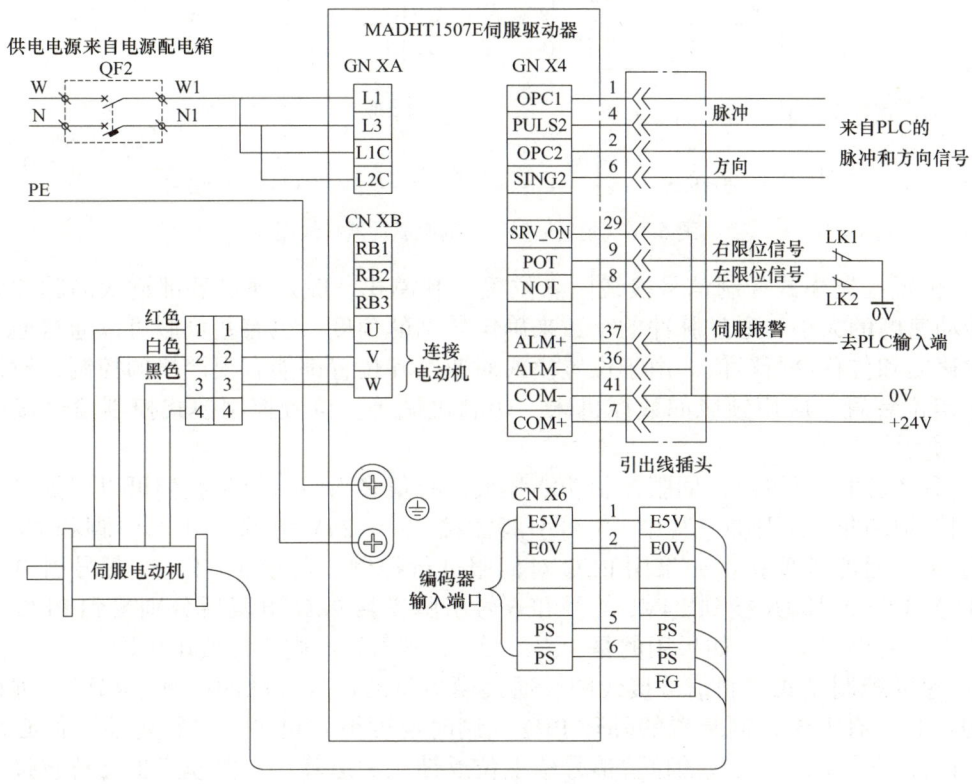

图 6-39 伺服驱动器电气接线图

(2)光电编码器与伺服驱动器接线图

编码器采用 5 线增量式编码器,信号连接电缆选用带有屏蔽层的双绞电缆,其线径不小于 $0.18mm^2$,最长不超 20m,5V 电源供电、电缆较长时,建议电源双接线,以免电压跌落。将编码器电缆的屏蔽层接到电动机侧的接地端子上,确保将编码器电缆的屏蔽层接到驱动器侧插头 X6 的外壳(FG)上。如果是航空插头,需将编码器电缆的屏蔽层接到电动机侧的 J 端子上。编码器信号电缆与电源电缆 [L1、L2、L3,L1C(r)、L2C(t),U、V、W 和接地] 尽可能远离(不小于 30cm),不要放在同一线槽内。插头 X6 上未用到的引脚不必接线,详细接线如图 6-40 所示。

(3)伺服驱动器模式控制及信号接线图

一般伺服都有 3 种控制方式:速度控制方式、转矩控制方式、位置控制方式。速度控制和转矩控制都是用模拟量来控制,位置控制是通过脉冲来控制。如果对位置和速度有一定的精度要求,而对实时转矩不是很关心,用速度或位置模式比较好;如果上位控制器有比较好的闭环控制功能,用速度控制效果会好一点;如果本身要求不是很高,或者基本没有实时性的要求,用位置控制方式对上位控制器没有很高的要求。就伺服驱动器的响应速度来看,转矩模式运算量最小,驱动器对控制信号的响应最快;位置模式运算量最大,驱动器对控制信号的响应最慢。

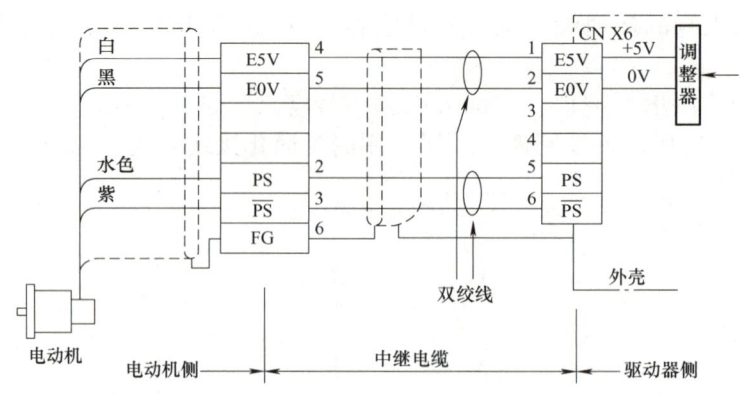

图 6-40 光电编码器与伺服驱动器接线图

1)位置控制模式控制信号接线图。位置控制模式一般是通过外部输入的脉冲频率来确定转动速度的大小,通过脉冲的个数来确定转动的角度,也有些伺服可以通过通信方式直接对速度和位移进行赋值。由于位置模式对速度和位置都能有很严格的控制,所以一般应用于定位装置,应用领域如数控机床、印刷机械等。位置控制模式控制信号接线图如图 6-41 所示。

根据接线图可以看出,伺服控制功能强大,有很多引脚,但是我们可以根据自己的需求,只接其中的部分引脚。其中,7 号引脚需接 12～24V 电源,41 号引脚和 29 号引脚短接到 0V,是必须要接。如果用 PLC 对伺服进行控制,若接 3、4、5、6 号引脚,则需要将 3 号和 5 号引脚短接到 24V,4 号和 6 号引脚串接 2kΩ 电阻后分别接到 PLC 的脉冲输出和方向输出端子上。如果用的是 1、4、2、6 号引脚,则不需要串电阻。

2)速度控制模式控制信号接线图。通过模拟量的输入或脉冲的频率都可以进行转动速度的控制,有上位控制装置的外环 PID 控制时速度模式也可以进行定位,但必须把电动机的位置信号或直接负载的位置信号给上位反馈以做运算。位置模式也支持直接负载外环检测位置信号,此时电动机轴端的编码器只检测电动机转速,位置信号则直接由最终负载端的检测装置来提供,这样做的优点在于可以减少传动过程中的误差,增加整个系统的定位精度。速度控制模式控制信号接线图如图 6-42 所示。

此种控制模式下,7 号引脚需接 12～24V 电源,41 号引脚和 29 号引脚短接到 0V,是必须要接的。可以将 0～10V 的电压接到 14 以及 15 号引脚上,设置好相关参数之后,就可以通过改变 0～10V 的电压来控制电动机的运行速度。有一点要注意,将电压变为 0V 可以停止电动机的运行,但是通常情况下,模拟量不会完全为 0,因此可以控制 26 号引脚,通过接通 26 号引脚将伺服停止。想要使用此功能,需要对 Pr315 进行设置,将其值改为 1 后,保存到驱动器中即可。

3)转矩控制模式控制信号接线图。转矩控制方式是通过外部模拟量的输入或直接地址赋值来设定电动机轴对外的输出转矩大小,具体表现为,例如 10V 对应 5N·m 的话,当外部模拟量设定为 5V 时电动机轴输出为 2.5N·m;如果电动机轴负载低于 2.5N·m 时电动机正转,外部负载等于 2.5N·m 时电动机不转,大于 2.5N·m 时电动机反转(通常在有重力负载的情况下产生)。可以通过即时改变模拟量的设定来改变设定的力矩大小,也可通过通信方式改变对应的地址数值来实现。该模式主要应用在对材质的受力有严格要求的缠绕和放卷装置中,例如绕线装置或拉光纤设备,转矩的设定要根据缠绕半径的变化随时更改,以确保材质的受力不会随着缠绕半径的变化而改变,转矩控制模式控制信号接线图可参考速度控制模式控制信号接线图。

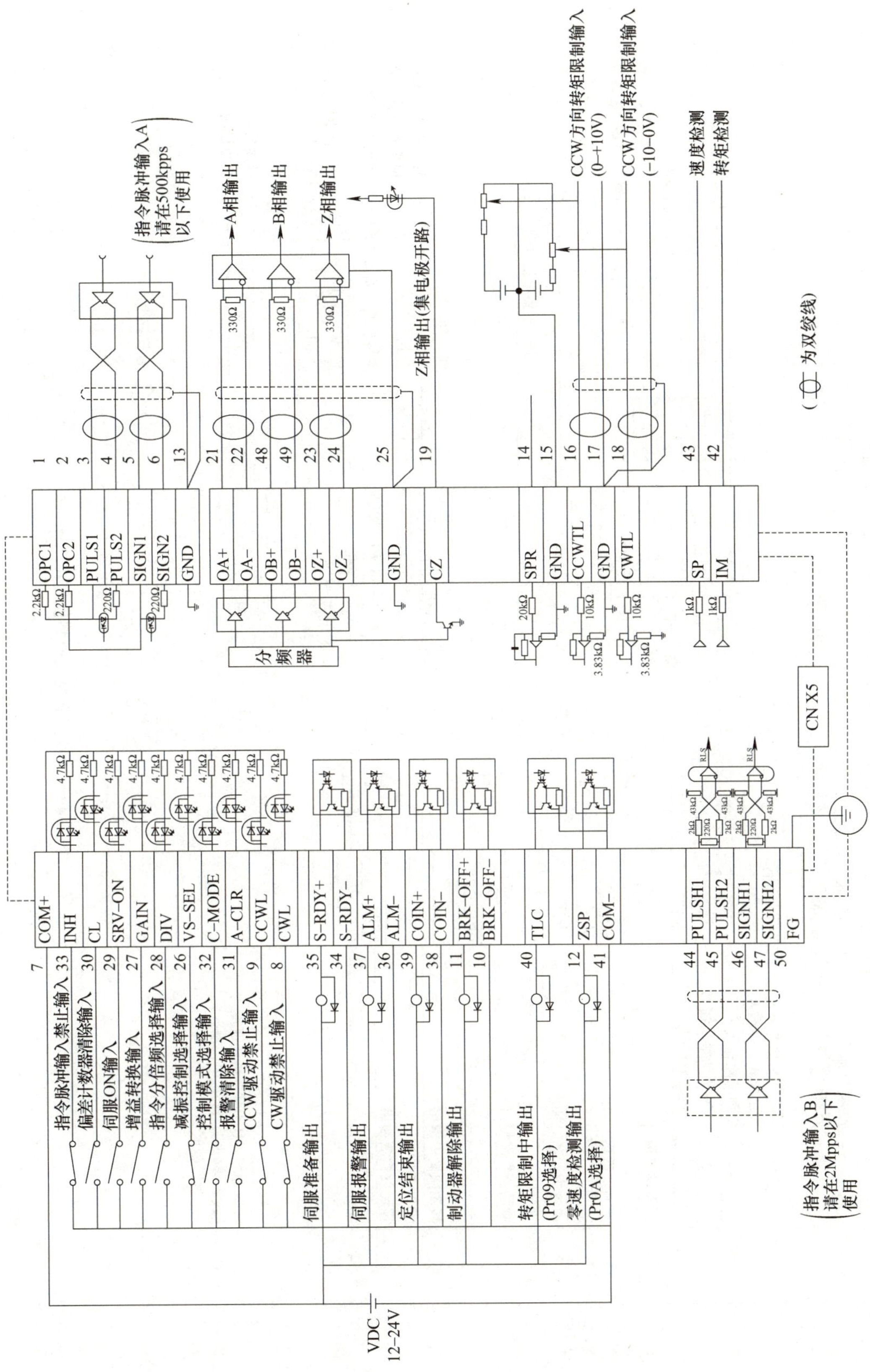

图 6-41 位置控制模式控制信号接线图

注：PPS 为每秒脉冲数。

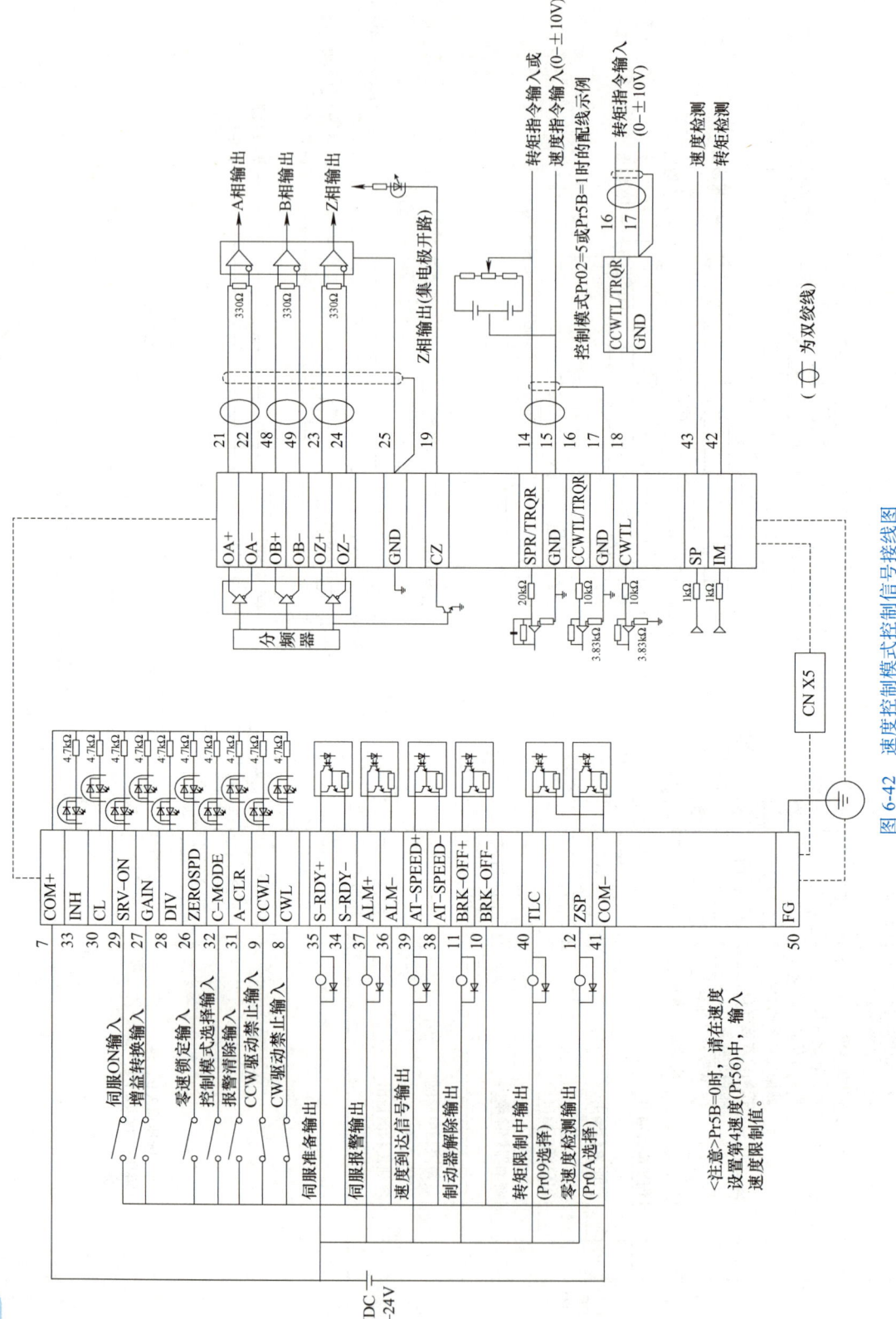

图 6-42 速度控制模式控制信号接线图

（4）伺服驱动器参数设置与调整

松下的伺服驱动器有 7 种控制方式，即位置控制、速度控制、转矩控制、位置 / 速度控制、位置 / 转矩、速度 / 转矩、全闭环控制。位置方式就是输入脉冲串来使电动机定位，电动机转速与脉冲串频率相关，电动机转动的角度与脉冲个数相关；速度方式有两种，一是通过输入直流 –10 ～ +10V 指令电压调速，二是选用驱动器内设置的内部速度来调速；转矩方式是通过输入直流 –10 ～ +10V 指令电压调节电动机的输出转矩，这种方式下运行必须要进行速度限制，有如下两种方法：①设置驱动器内的参数来限制；②输入模拟量电压限速。

驱动器面板操作说明如图 6-43 所示。

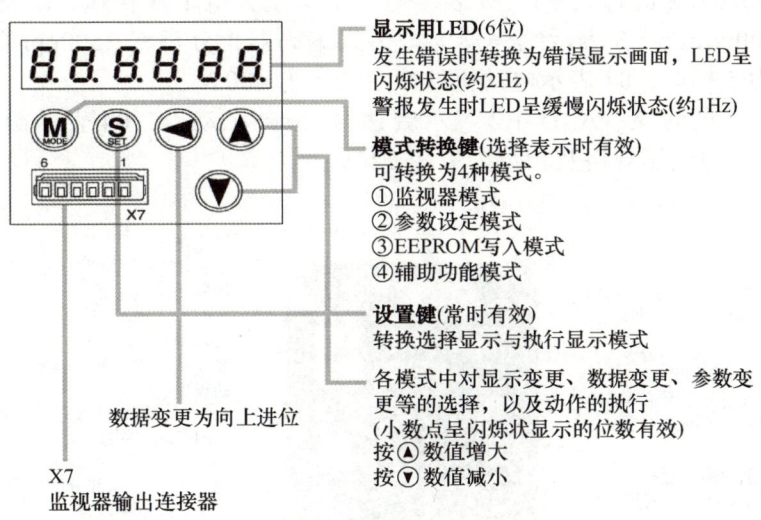

图 6-43　驱动器面板操作说明

MADHT1507E 伺服驱动器的参数共有 218 个，在 Pr000 ～ Pr639 之间。参数设置具体有两种方式，第一种是在驱动器面板上进行设置，各个按钮的说明见表 6-3；第二种是与计算机连接后，借助专门的调试软件 Panatern 进行设置，此种方法更加便捷，但是当现场条件不允许或者只需要修改少量参数时，就需要用操作面板手动调节参数。

表 6-3　伺服驱动器面板功能

按钮说明	激活条件	功能
MODE	在模式显示时有效	在以下几种模式之间切换：1）监视器模式；2）参数设定模式；3）EEPROM 写入模式；4）辅助功能模式
SET	一直有效	用来在模式显示和执行显示之间切换
▲ ▼	仅对闪烁的那一位数有效	改变模式里的显示内容、更改参数、选择参数或执行选中的操作
◀		把移动的小数点移动到更高位数

面板操作说明如下。

1）参数设置。先按"SET"键，再按"MODE"键，选择到"Pr00"后，按向上、向下或向左方向键选择通用参数的项目，按"SET"键进入。然后按向上、向下或向左方向键调整参数，调整完后，长按"S"键返回。选择其他项再调整。

2）参数保存。按"M"键选择到"EE-SET"后按"SET"键确认，出现"EEP-"，然后按向上键3s，出现"FINISH"或"RESET"，然后重新上电即保存。

2. 台达 B2 系列驱动器

台达 ECMA-C30604PS 永磁同步交流伺服电动机，及 ASD-B-20421-B 全数字交流永磁同步伺服驱动装置作为位置控制装置，驱动器的面板如图 6-44 所示。

ECMA-C30604PS 的含义：ECM 表示电动机类型为电子换相式，C 表示电压及转速规格为 220V/3000r/min，3 表示编码器为增量式编码器，分辨率 2500ppr（每转脉冲数），输出信号线数为 5 根线，04 表示电动机的额定功率为 400W。

ASD-B20421 的含义：ASD-B2 表示台达 B2 系列驱动器，04 表示额定输出功率为 400W，21 表示电源电压规格及相数为单相 220V。

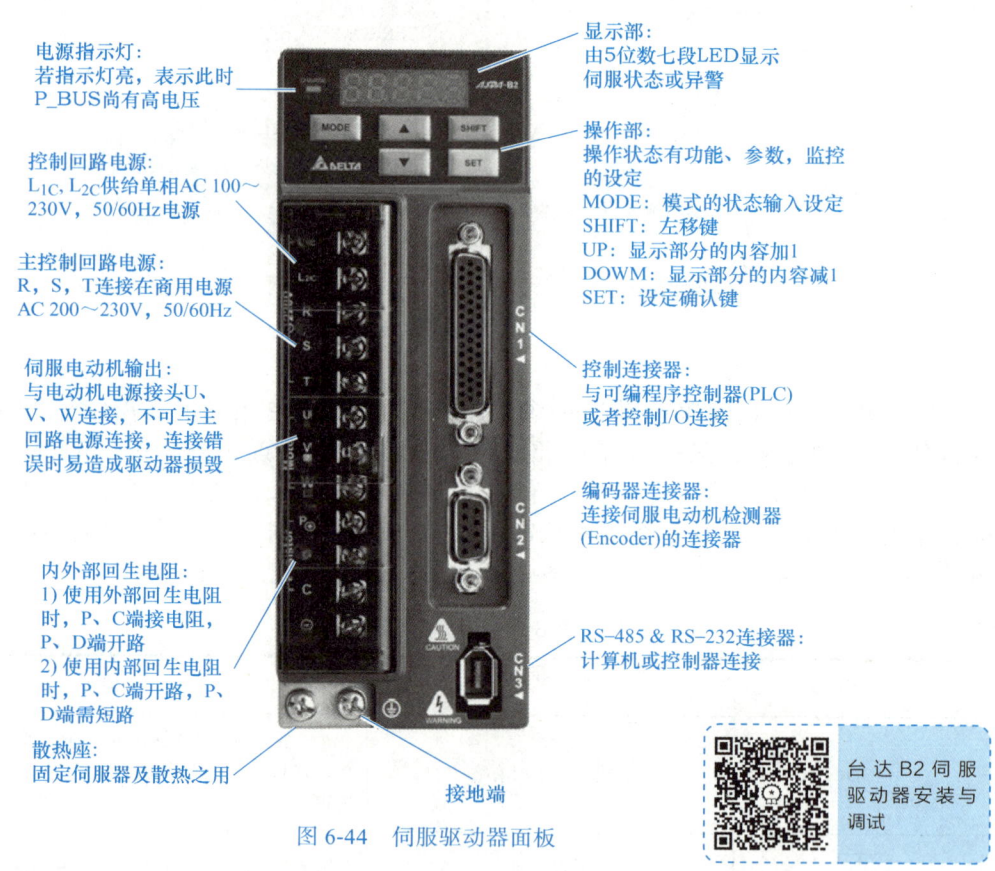

图 6-44 伺服驱动器面板

（1）伺服驱动器电源接线

伺服驱动器电源接线法分为单相与三相两种，单相仅容许用于 1.5kW 与 1.5kW 以下机种。MC 为电磁接触器线圈及自保持电源，与主电路电源连接。驱动器的连接器与端子见表 6-4。

表 6-4 驱动器的连接器与端子

端子记号	名称	说明			
L_{1C}、L_{2C}	控制电路电源输入端	连接单相交流电源（根据产品型号，选择适当的电压规格）			
R、S、T	主电路电源输入端	连接三相交流电源（根据产品型号，选择适当的电压规格）			
U、V、W、FG	电动机连接线	连接至电动机			
		端子记号	线色	说明	
		U	红	电动机三相主电源电力线	
		V	白		
		W	黑		
		FG	绿	连接至驱动器的接地处 ⏚	
$P_⊕$、D、C、⊖	回生电阻端子或回生单元或是 $P_⊕$、⊖接点	使用内部电阻	$P_⊕$、D 端短路，$P_⊕$、C 端开路		
		使用外部电阻	电阻接于 $P_⊕$、C 两端，且 $P_⊕$、D 端开路		
		使用外部回生单元	接于 $P_⊕$、⊖ 两端，且 $P_⊕$、D 与 $P_⊕$、C 开路（N 端内建于 L_{1C}、L_{2C}、⊖、R、S、T）。$P_⊕$：连接 V_BUS 电压的正端，⊖：连接 V_BUS 电压的负端		
⏚（两处）	接地端子	连接至电源地线以及电动机的地线			
CN1	I/O 连接器（选购品）	连接上位控制器			
CN2	编码器连接器（选购品）	连接电动机的编码器			
CN3	通信端口连接器（选购品）	连接 RS-485 或 RS-232			
CN4	预备接头	保留			
CN5	模拟电压输出端子	模拟数据监视（输出），MON1，MON2，GND			

单相电源接线如图 6-45 所示。

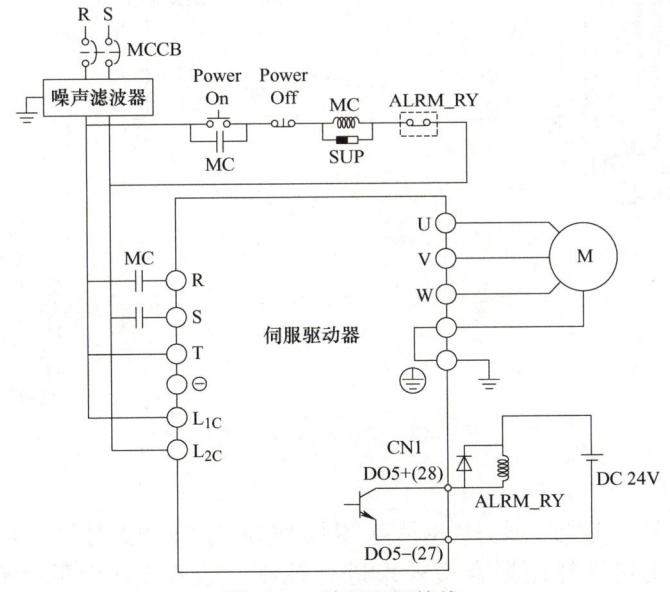

图 6-45 单相电源接线

三相电源接线如图 6-46 所示。

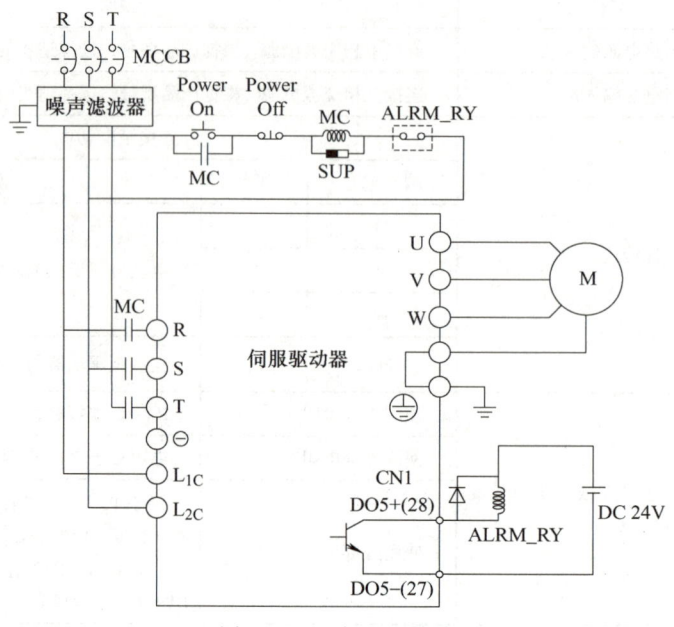

图 6-46　三相电源接线

（2）编码器与伺服驱动器接线

编码器连接示意图如图 6-47 所示。

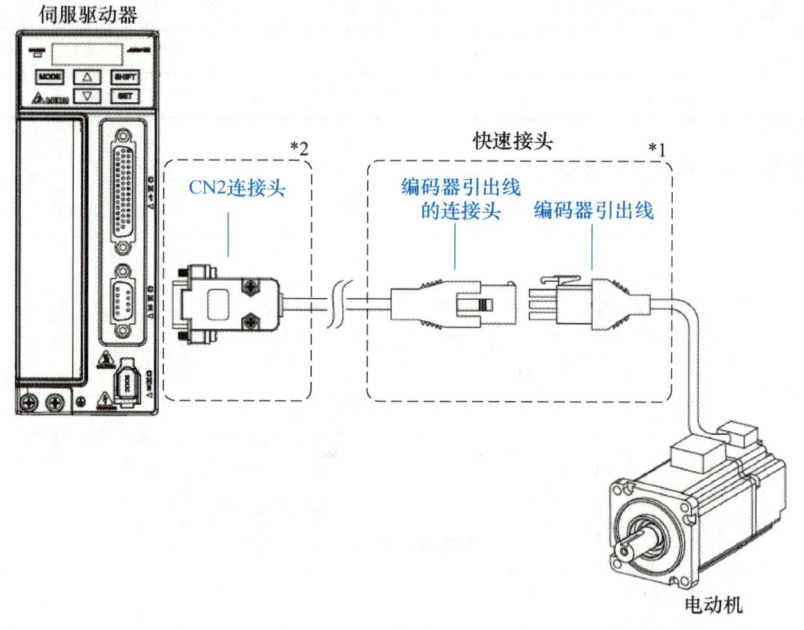

图 6-47　编码器连接示意图

（3）控制模式

驱动器提供位置、速度、转矩 3 种基本操作模式，可以用单一控制模式，即固定在一种模式控制，也可选用混合模式来进行控制，表 6-5 列出了所有的控制模式及其说明。

表 6-5 伺服驱动器控制模式

模式名称		模式代号	模式码	说明
单一模式	位置模式（端子输入）	Pt	00	驱动器接收位置命令，控制电动机至目标位置。位置命令由端子输入，信号形态为脉冲
	位置模式（内部寄存器输入）	Pr	01	驱动器接收位置命令，控制电动机至目标位置。位置命令由内部寄存器提供（共八组寄存器），可利用 DI 信号选择寄存器编号
	速度模式	S	02	驱动器接收速度命令，控制电动机至目标转速。速度命令可由内部缓存器提供（共 3 组缓存器），或由外部端子输入模拟电压（−10～+10V）。命令根据 DI 信号来选择
	速度模式（无模拟输入）	Sz	04	驱动器接收速度命令，控制电动机至目标转速。速度命令仅可由内部缓存器提供（共 3 组缓存器），无法由外部端子提供。命令根据 DI 信号来选择
	转矩模式	T	03	驱动器接收转矩命令，控制电动机至目标转矩。转矩命令可由内部缓存器提供（共 3 组缓存器），或由外部端子输入模拟电压（−10～+10V）。命令根据 DI 信号来选择
	转矩模式（无模拟输入）	Tz	05	驱动器接收转矩命令，控制电动机至目标转矩。转矩命令仅可由内部缓存器提供（共 3 组缓存器），无法由外部端子提供。命令根据 DI 信号来选择
混合模式		Pt–S	06	Pt 与 S 可通过 DI 信号切换
		Pt–T	07	Pt 与 T 可通过 DI 信号切换
		Pr–S	08	Pr 与 S 可通过 DI 信号切换
		Pr–T	09	Pr 与 T 可通过 DI 信号切换
		S–T	10	S 与 T 可通过 DI 信号切换

1）位置（Pt）模式标准接线。位置模式被应用于精密定位的场合，例如产业机械，具有方向性的命令脉冲输入可经由外界来的脉冲操纵电动机的转动角度。本装置可接收高达 4Mpps（每秒脉冲数）的脉冲输入。在位置闭环回路系统中，以速度模式为主体，外部增加增益型位置控制器及前置补偿，同时，如同速度模式，两种操纵模式（手动、自动）由使用者来选择。位置模式标准接线如图 6-48 所示。

2）速度模式标准接线。速度模式（S 或 Sz）被应用于精密控速的场合，例如 CNC 加工中心。本装置有两种命令输入模式：模拟输入及缓存器输入。模拟输入可经由外界来的电压操纵电动机的转速。缓存器输入有两种应用方式：第一种为使用者在作动前，先将不同速度命令值设于 3 个命令缓存器中，再由 CN1 中 DI 的 SP0、SP1 来进行切换；第二种为利用通信方式来改变命令缓存器的内容。为了消除命令缓存器切换产生的不连续性，本装置也提供完整 S 形曲线规划。在闭环回路系统中，本装置采用增益及累加整合型（PI）控制器。

同时两种操纵模式（手动、自动）也可由使用者来选择。手动增益模式由用户设定所有参数，同时所有自动或辅助功能都被关掉；自动增益模式提供一般估测负载惯量且同时调变驱动器参数的机能，此时使用者所设定的参数被当作初始值。速度模式标准接线如图 6-49 所示。

自动调速系统

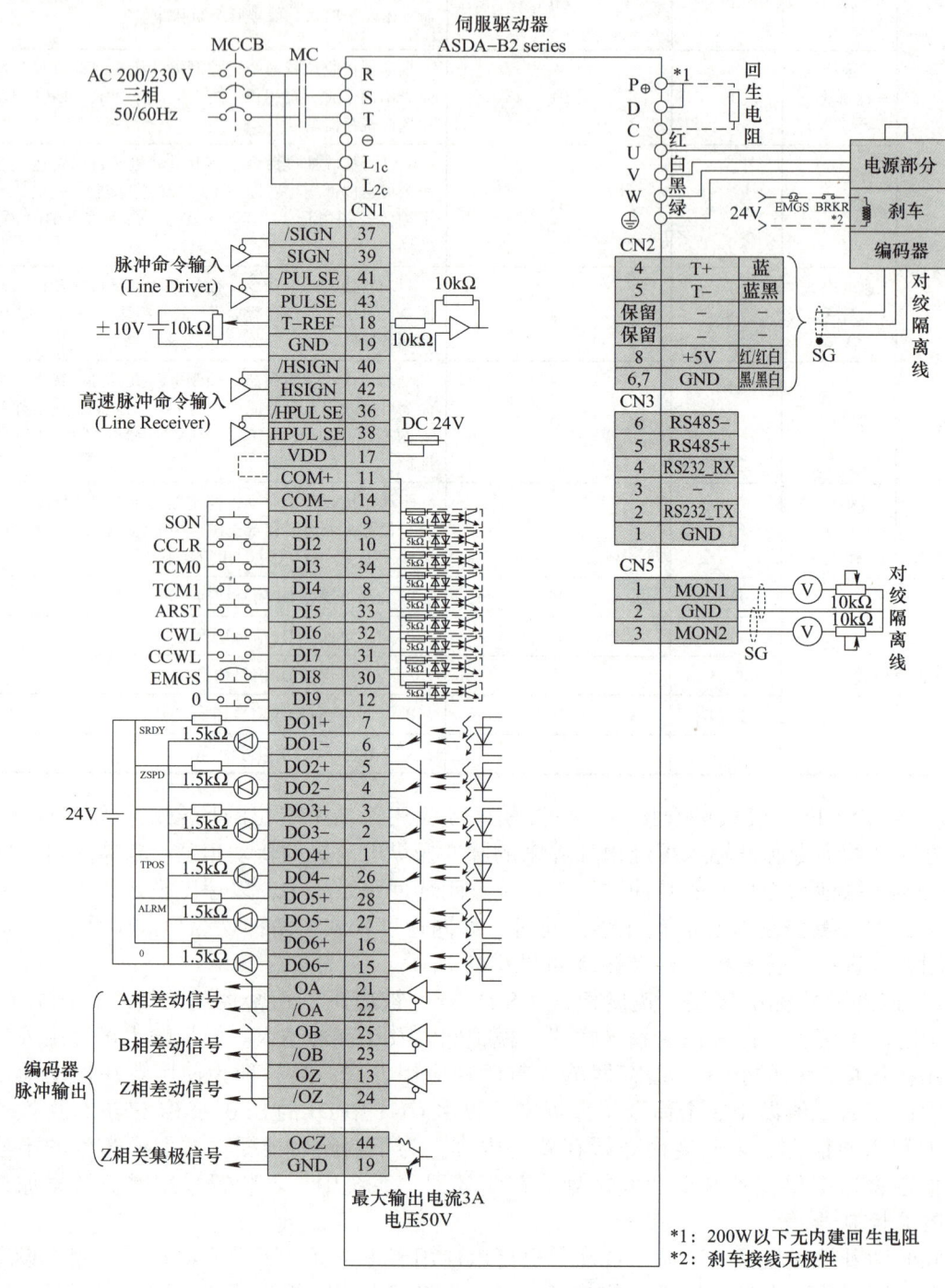

图 6-48 位置模式标准接线

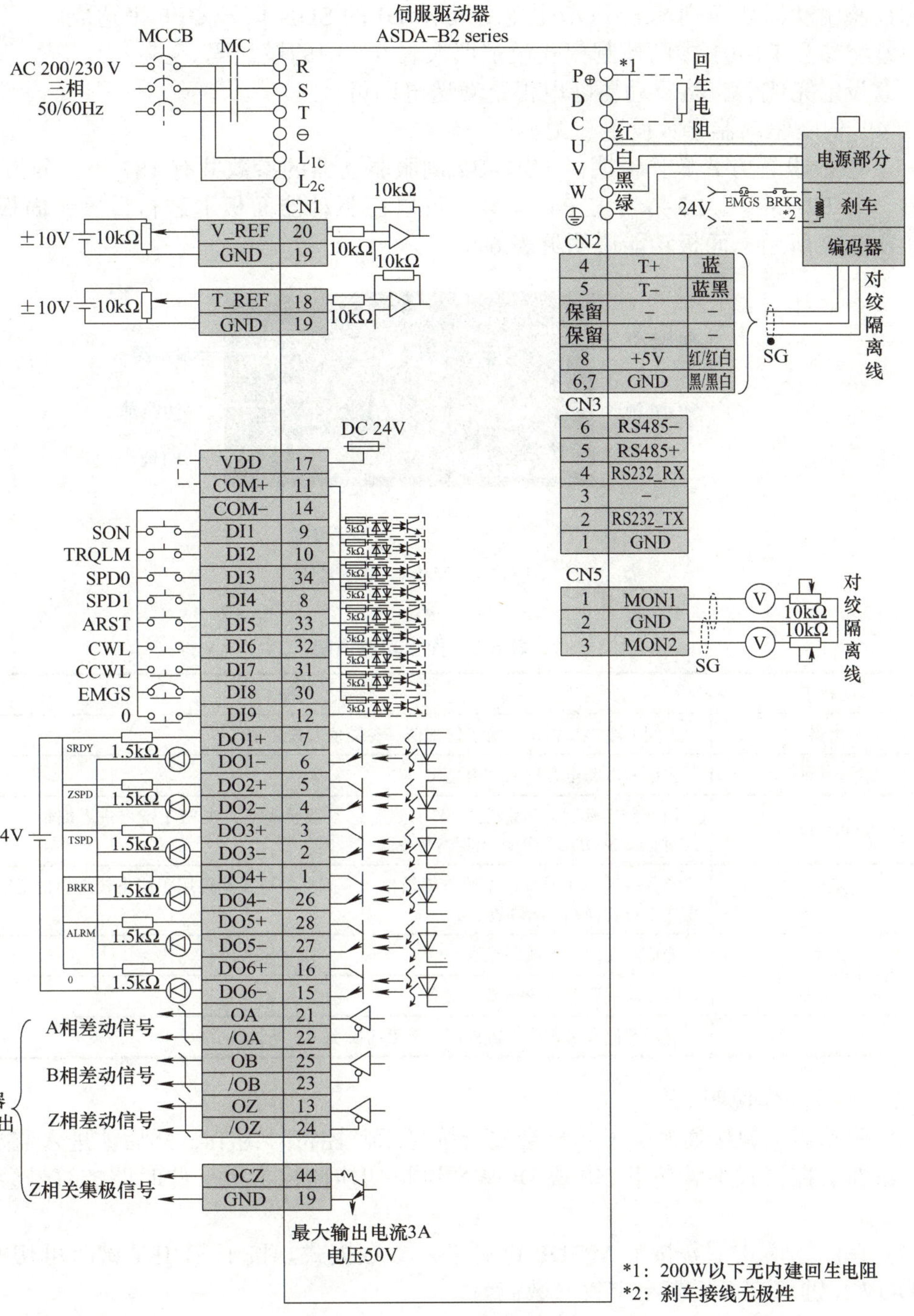

项目6 自动涂装系统的安装与调试

图6-49 速度模式标准接线

3）转矩模式。转矩模式（T或Tz）被应用于需要做转矩控制的场合，如印刷机、绕线机等。本装置有两种命令输入模式：模拟输入及缓存器输入。模拟输入可经由外界来的电压操纵电动机的转矩，缓存器输入由内部参数的数据（P1-12～P1-14）作为转矩命令。转矩模式标准接线图可参考速度模式标准接线图。

改变模式的步骤如下：

① 将驱动器切换到 Servo Off 状态，可由 DI 的 SON 信号 OFF 来达成。
② 将参数 P1-01 中的控制模式设定填入表 6-5 中的模式码。
③ 设定完成后，将驱动器断电再重新送电即可。

（4）伺服驱动器参数设置与调整

1）参数设置方式操作说明。ASD-B2 伺服驱动器的参数共有 187 个，分为 P0-××、P1-××、P2-××、P3-××、P4-××，可以在驱动器面板上进行设置，面板各部分名称如图 6-50 所示，面板功能说明见表 6-6。

图 6-50　面板各部分名称

表 6-6　面板功能说明

名称	功能
显示器	五组七段显示器用于显示监视值、参数值及设定值
电源指示灯	主电源电路电容量的充电显示
MODE 键	切换监控模式/参数模式/异常显示，参数模式下，按 SET 键可进入编辑模式，在编辑模式时，按 MODE 键可跳出到参数模式
SHIFT 键	参数模式下可改变群组码。编辑模式下闪烁字符左移可用于修正较高的设定字符值。监视模式下可切换高/低位数显示
UP 键	变更监视码、参数码或设定值
DOWN 键	变更监视码、参数码或设定值
SET 键	显示及储存设定值。监视模式下可切换 10/16 进制显示

2）面板操作说明。

① 驱动器电源接通时，显示器会先持续显示监控符号约 1s，然后才进入监控模式。

② 在监控模式下若按下 UP 或 DOWN 键可切换监控参数。此时监控符号会持续显示约 1s。

③ 在监控模式下若按下 MODE 键可进入参数模式。按下 SHIFT 键时可切换群组码。UP/DOWN 键可变更后两个字符参数码。

④ 在参数模式下按下 SET 键，系统立即进入设定模式。显示器同时会显示此参数对应的设定值。此时可利用 UP/DOWN 键修改参数值或按下 MODE 键脱离设定模式并回到参数模式。

⑤ 在设定模式下可按下 SHIFT 键使闪烁字符左移，再利用 UP/DOWN 键快速修正较高位的设定字符值。

⑥ 设定值修正完毕后按下 SET 键，即可进行参数储存或执行命令。

⑦ 完成参数设定后显示器会显示结束代码「-END-」，并自动恢复到监控模式。

6.3 项目准备

本项目使用浙江亚龙教育装备股份有限公司"YL-158GA1型电气控制系统实训考核装置"。该平台由实训柜、门板电气控制元件(组件)、仪表、PLC实训考核单元挂板、网络组态挂板、PLC控制型机床挂板、电动机单元、运动单元、温度控制组件等组成。其外观如图6-51所示。

在实施项目前,应按照材料清单逐一检查的所需材料、工具是否齐全,并填写各种材料的数量、规格、是否损坏等情况。自动涂装系统元件清单见表6-7。

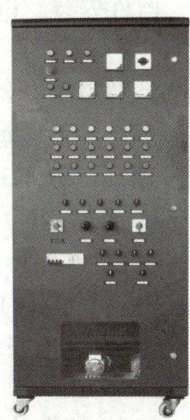

图6-51 YL-158GA1正反面外观图

表6-7 自动涂装系统元件清单

序号	名称	型号及规格	数量	制造商	备注
1	实训柜	850mm×800mm×1700mm	1台	亚龙	钢结构,带自锁脚轮,作为电气控制系统的机械部分和电气设备的安装载体,设备可自由、灵活地布置、安装
2	主令电气及仪表单元	YL-158GA1-BM1 YL-158GA1-BM2	各1套	亚龙	包括进线电源控制与保护、主令电气控制元件、指示灯、触摸屏、显示仪表、紧急停止按钮等 每门一组,配置不同。如触摸屏和温控模块只在YL-158GA-BM1
3	PLC网络组态单元	YL-158GA1-B0	1套	亚龙	包括中型PLC、小型PLC、模拟量模块、扩展模块、0~20mA标准恒流源、0~10V标准恒压源、数字式显示仪表、台达伺服驱动器、步科步进驱动器等
4	PLC控制单元	YL-158GA1-B1	1套	亚龙	包括小型PLC、模拟量模块、扩展模块、0~20mA标准恒流源、0~10V标准恒压源、数字式显示仪表、变频器等
5	继电控制单元	YL-158GA1-B2	1套	亚龙	包括断路器、熔断器、接触器、中间继电器、热保护继电器、行程开关、时间继电器等 同时还安装由伺服、步进电动机驱动的(可相互转换)、传感器、微动开关、滚珠丝杠、增量型编码器组成的小车运动装置
6	可编程控制器	PLC	1套	西门子	见表6-9
7	触摸屏		1台	昆仑通态	7寸彩屏 TPC7062K 以太网口
8	工具		1套		

6.4 项目实施

本次实训工作任务有两个:

1)按"自动涂装系统控制说明书"设计电气控制原理图,并按图完成元器件选型、元器件安装、电路连接（含主电路）和相关元器件参数设置。

2）按"自动涂装系统控制说明书"编写 PLC 程序及触摸屏程序，完成后下载至设备 PLC 及触摸屏，并调试该电气控制系统达到控制要求。

为了顺利完成本次项目，将任务分工和实施计划安排如下。

1. 任务分工

四人一组，每名成员要有明确的分工、角色分配及责任，任务分工如下。

1）电气控制原理图设计：小组组长，负责设计图纸，制定 I/O 分配表，并统筹协调小组成员工作任务，配合小组成员完成系统测试。

2）设备安装与接线：小组成员，负责项目接线与参数调试，以及小组项目实施过程中的安全事项。

3）软件开发与调试：小组成员，负责编写 PLC 程序及触摸屏程序，以及故障排查、现场调试等工作。

4）资料整理员：小组成员，负责项目实施过程中的资料收集、整理等事项。

2. 实施计划表

实施计划表见表 6-8。

表 6-8 自动涂装系统实施计划表

实施步骤	实施内容	计划完成时间	实际完成时间	备注
1	硬件选型			
2	电路设计			
3	电路安装			
4	参数设置			
5	软件编程			
6	现场调试			
7	资料整理			
8	项目评价			

6.4.1 硬件选型

西门子可编程控制系统主要部件见表 6-9。

表 6-9 西门子可编程控制系统主要部件

序号	名称	型号	数量	单位	备注
1	西门子电源	6ES7307-1BA01-0AA0	1	块	PS307
2	西门子 PLC	6ES7314-6EH04-0AB0 S7-300CPU314C-2PN/DP	1	块	16DI/16DO

(续)

序号	名称	型号	数量	单位	备注
3	CPU模块	6ES7288-1SR40-0AA0 125*100*81mm	1	块	西门子继电器输出 AC 220V 供电 24 输入/16 输出
4	CPU模块	6ES7288-1ST30-0AA0	1	块	西门子晶体管输出 DC 24V 供电 18 输入/12 输出
5	西门子模拟量输入输出模块	S7-200 SMART EM06 6ES7288-3AM06-0AA0	1	套	4 输入/2 输出
6	西门子安装导轨	6ES7390-1AB60-OAAO	1	条	160mm
7	西门子前连接器（螺钉型）	6ES7392-1AMOO-OAAO	1	套	40 针
8	内存卡	6ES7953-8LG20-OAAO	1	张	MMC128K
9	国产交换机	5 口	1	套	
10	PLC 下载线		3	条	压好水晶头
11	西门子变频器	MM420 或 G120C	1	台	带 BOP 面板

6.4.2 电路设计

自动涂装系统由以下电气控制回路组成。

1）混料搅拌机由搅拌电动机 M1 驱动。M1 为三相异步电动机，只进行单向正转运行，需考虑过载保护，热继电器电流整定为 0.25A。

2）喷涂泵由电动机 M2 驱动，M2 为三相异步电动机，由变频器进行无级调速控制。变频器输出频率与工件直径对应关系如下：工件直径 $D<60cm$ 时，变频器输出 $f=50Hz$；工件直径 $60cm \leq D \leq 120cm$ 时，变频器输出频率 $f=50-(D-60)/2$；电动机加速时间 0.5s，减速时间 1.5s。

3）喷头位置由喷涂高度电动机 M3 控制。M3 为伺服电动机，带动丝杠运行。已知丝杠的螺距为 4mm，伺服电动机旋转一周需要 1000 个脉冲，并使用旋转编码器对喷头位置进行检测。喷头由滑块来模拟。

4）工件旋转台由转盘电动机 M4 驱动。M4 为步进电动机，带动工作旋转台运行，其中减速比为 36:1，步进电动机旋转一周需要 2000 个脉冲。

5）工件涂装仓排风扇由排风电动机 M5 驱动。M5 为双速电动机。

电动机旋转以"顺时针旋转为正向、逆时针旋转为反向"为准。

储存罐有效储液高度为 0~1m，使用投入式液位传感器进行液位高度测量（液位由控制柜正面的模拟量 0~10V 模拟，0~10V 对应 0~1m）；喷头高度控制电动机由 3 个位置预置点（SQ1~SQ3）控制喷涂位置；混料罐 A、B 料进料累计重量由重量传感器确定（传感器量程为 0~30kg，以控制柜背面的模拟量 0~10V 模拟）。进料阀 A、进料阀 B、供料阀和排料阀用 I/O 点模拟，地址自行定义。电动机接线参考图 6-52，PLC 接线参考图 6-53。

自动调速系统

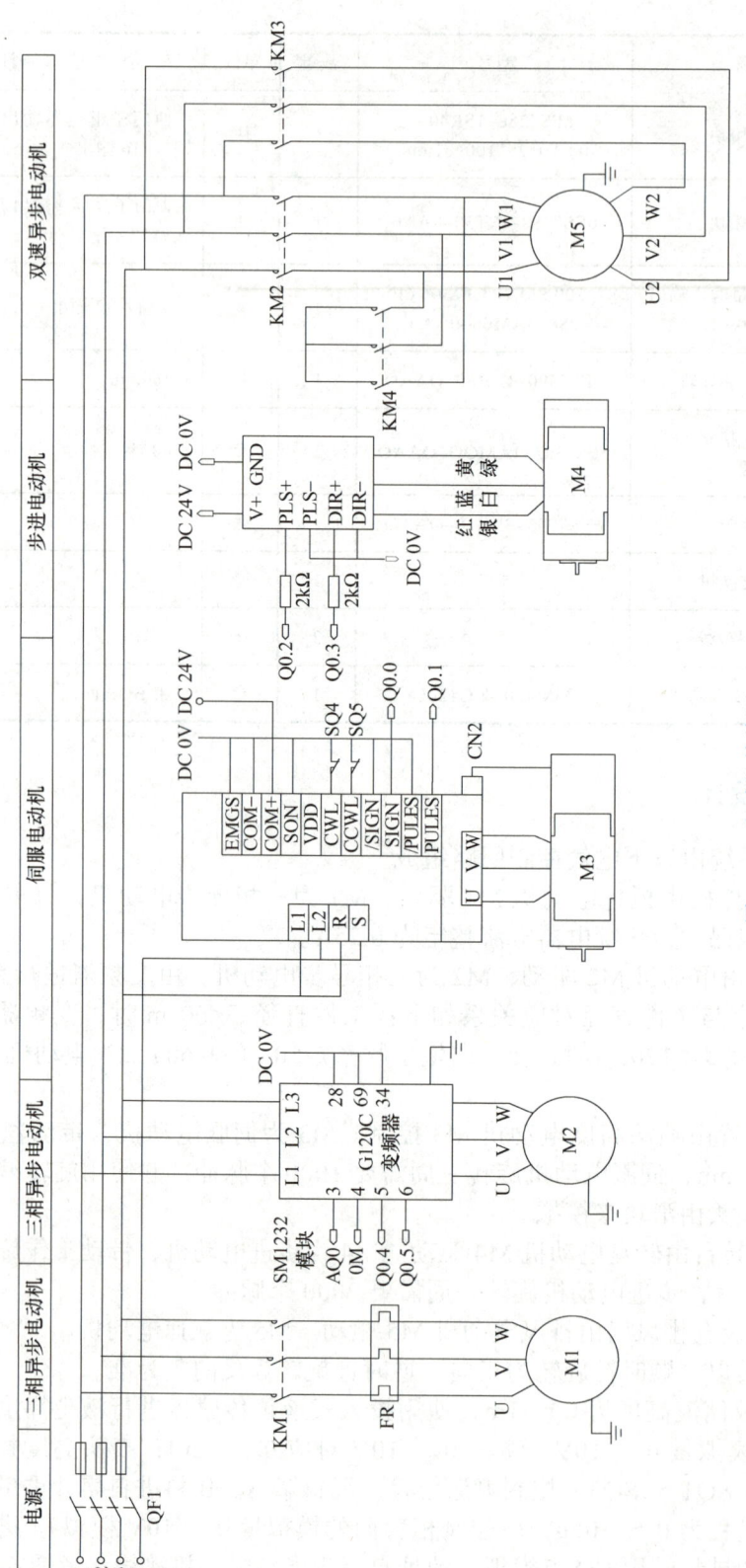

图 6-52 电动机接线图

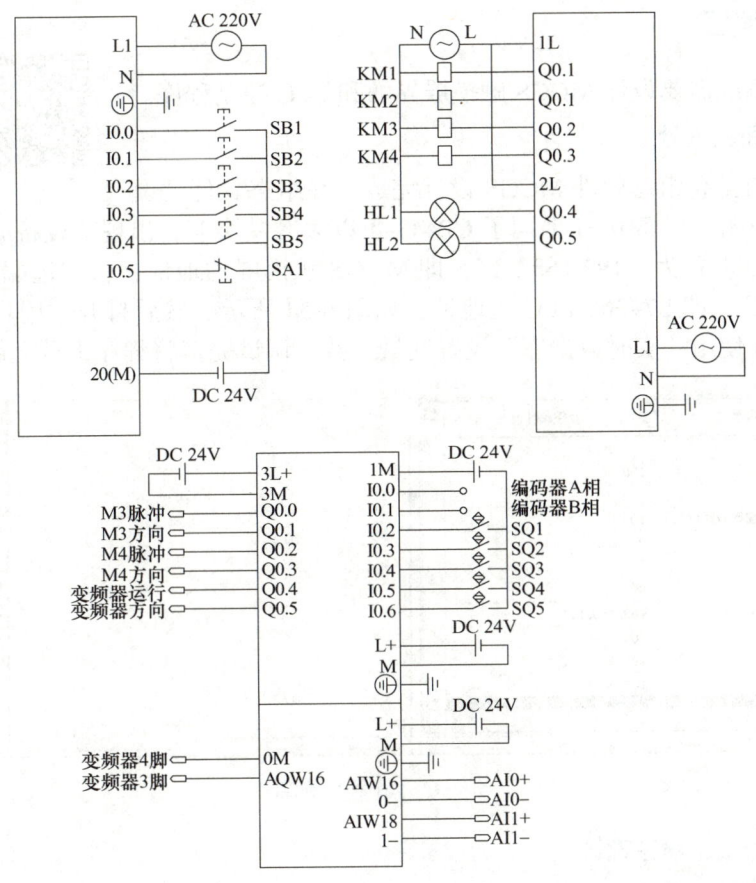

图 6-53 PLC 接线参考图

6.4.3 参数设置

G120C 变频器的安装与调试

根据自动涂装系统的控制要求，部分参数设置见表 6-10。

表 6-10 部分参数设置

序号	元件	型号	参数值	
1	热继电器	FR	整定电流 =0.25A	
2	变频器	MM420	P700=2	P1000=2
			P701=1	P702=12
			P1120=0.5	P1121=1.5
		G120C	P15=12	P756=0
			P120=0.5	P121=1.5
		E740	Pr.7=0.5	Pr.8=1.5
			Pr.73=0	Pr.79=2
3	步进电动机	3M458	DIP1–DIP3	OFF、ON、ON
4	伺服电动机	ASDA-B2	P1-44：P1-45=160：1	

6.4.4 软件编程

自动涂装系统需要设计 MCGS 触摸屏界面和 PLC 控制程序。

> 西门子 PLC 与 MCGS 通信交互界面设计

1. 人机界面的设计

人机界面由昆仑组态软件 MCGS 设计完成。在组态软件"设备窗口"中,双击"设备 0—[西门子 CP443-1 以太网模块]",出现"设备编辑"窗口,将"本地 IP 地址"设置为"192.168.2.1",即 MCGS 触摸屏的地址,将"远端 IP 地址"设置为"192.168.2.2",即 S7-300 PLC 的地址,如图 6-54 所示。然后打开"用户窗口"界面进行画面设计,并使用"实时数据库"设置变量参数,调试完毕将程序下载至触摸屏。

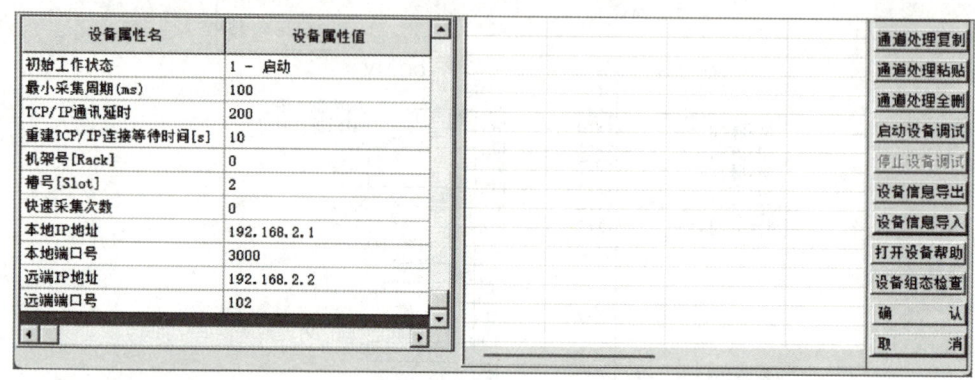

图 6-54　组态 IP 配置

2. S7-300 PLC 程序设计

（1）S7-300 PLC 硬件组态

硬件组态包括添加 S7-300 PLC 导轨、添加电源模块和 CPU 模块、新建以太网通信、设置 S7-300 PLC 地址"192.168.2.2"等常规步骤,由于涉及 S7-300 PLC 与两个 S7-200 SMART PLC（简写为 SMART PLC）的通信,硬件组态需要添加两处配置。

一是在 PLC 的"周期 / 时钟存储器"选项中,将 MB0 作为时钟存储器。该设置是为了使用 MB0 的 M0.0 上升沿来启动 S7-300 PLC 的读写子程序 FB14 和 FB15,该点的通断周期为 10Hz；二是在"网络组态"窗口建立两个连接,两个连接的本地地址均为"192.168.2.2",S7-200 SMART PLC（ST30）地址为"192.168.2.3",该连接的 ID 为 1,如图 6-55 所示,S7-200 SMART PLC（SR40）地址为"192.168.2.4",该连接的 ID 为 2。

（2）S7-300 PLC 程序编写

S7-300 PLC 的程序编写主要实现以下两个功能：

1）S7-300 PLC 与两个 SMART PLC 的通信编程。调用 S7-300 PLC 的"PUT"和"GET"指令,分别与两个 SMART PLC 间实现 40 个字节的"GET"和 40 个字节的"PUT"。这里用 S7-300 PLC 的 M 存储器与 SMART PLC 的 V 存储器进行数据传输。

> 西门子 PLC 之间的通信测试

如：在程序段 1 的 FB14 调用中,将 SMART PLC（ST30）的 VB1-VB40 与 S7-300 PLC 的 MB1～MB40 建立通信,数据传输方向为指向 S7-300 PLC。

2）建立两个 SMART PLC 之间的通信。两个 SMART PLC 之间要进行数据交换,以实现设计要求。一种方法是通过 SMART PLC 的"PUT/GET"向导来实现；另一种方法是借助 S7-300 PLC 间接实现两个 SMART PLC 之间的通信。建议采用第二种方法。

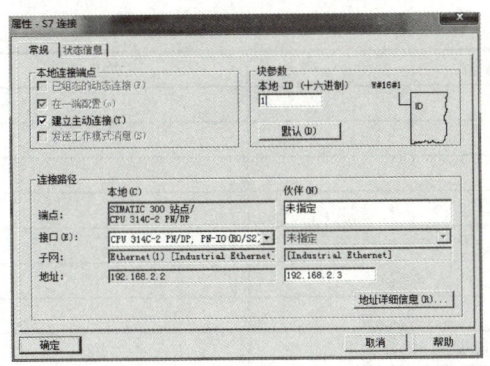 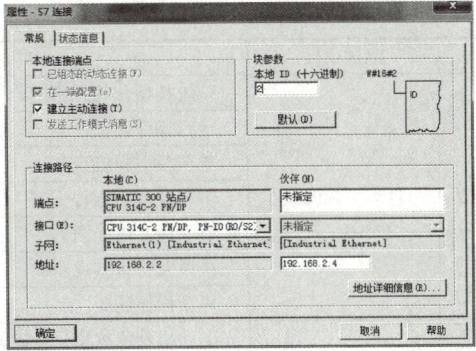

图 6-55 配置 S7 连接

3. S7-200 SMART PLC 程序设计

该部分程序设计包括 SMART PLC（ST30）和 SMART PLC（SR40）两部分。其中 SMART PLC（ST30）的程序编写较为复杂，因为喷涂高度控制电动机、转盘电动机以及喷涂泵变频电动机均由该 PLC 控制。为降低编程难度，将 SMART PLC（ST30）一个字的 V 存储区地址映射到 SMART PLC（SR40）输出 QW0。这里仅简要阐述 SMART PLC（ST30）的编程。

根据设计要求，SMART PLC（ST30）需要两个模拟量输入和一个模拟量输出，分别对应储存罐液位、混料罐重量检测以及变频器的模拟量控制。因此添加模拟量扩展模块 EM AM06，并配置模拟量输入 0 通道 ±10V，模拟量输入 2 通道 0～20mA，模拟量输出 0 通道 ±10V。

此外，喷涂高度控制电动机是伺服电动机，转盘电动机是步进电动机，因此需要在 PLC 运动控制向导中，组态运动轴 0 和运动轴 1。轴 0 控制喷头高度控制电动机并选择测量单位"mm"，轴 1 控制转盘电动机并选择测量单位"度"。

程序采用模块化的编写方法。在 main 程序中分别调用子程序"调试模式"和"运行模式"，两种模式的运行条件由触摸屏中的按钮进行选择。在"调试模式"中分别建立子程序"搅拌电动机调试""喷涂电动机调试""喷涂高度电动机调试""转盘电动机调试""排风电动机调试"，每一个子程序的运行条件均有触摸屏按钮设置。"自动运行模式"由于有较为固定的流程，可采用顺序控制指令的编程方法进行编写。

6.4.5 项目测试

在硬件和软件调试结束后，开始进行项目测试和结果记录，见表 6-11。

自动涂装系统系统测试与故障分析

表 6-11 项目测试和结果记录

序号	测试项目	实训步骤	实训结果
1	通信测试模式	3 台 PLC 之间做通信测试	
		触摸屏与 3 台 PLC 之间做通信测试	
2	设备调试模式	搅拌电动机 M1 调试	
		喷涂泵电动机（变频电动机）M2 调试	
		喷涂高度电动机 M3（伺服电动机）调试	
		转盘电动机 M4（步进电动机）调试	
		排风电动机（双速电动机）M5 调试	

(续)

序号	测试项目	实训步骤	实训结果
3	自动涂装模式	系统初始化状态调试	
		运行操作测试	
		进料及混料流程测试	
		供料及储料流程测试	
		自动涂装流程测试	
		排风及排料流程测试	
		停止操作测试	
4	非正常情况处理	电动机越程故障，触摸屏报警测试	
		触摸屏解除报警测试	
		系统重启测试	

6.5 检查评议

自动涂装系统项目自我评价见表6-12，项目考核评定见表6-13。

表6-12 自动涂装系统项目自我评价

评价内容	分值	得分	需提高部分
硬件选型	10		
电路设计	10		
设备接线	10		
参数设置	20		
软件编程	20		
项目测试	20		
资料整理	10		
不足之处			
优点			

表6-13 自动涂装系统项目考核评定

项目分类	考核内容	分值	工作要求	评分标准	教师评分
专业能力 90分	硬件选型	1.正确选择所需元件的型号与数量	10	按照需求，正确选择元件型号及数量，满足项目需求	1.选择型号或者数量错误，每处扣2分 2.其他每错一处扣1分	
		2.正确填写硬件选型表格	10	按照选择型号及数量正确填写硬件选型表格	若有填写错误，每处扣2分	
	硬件接线	1.控制线路接线	10	1.严格按照电路图进行布线，避免接错或漏接 2.对接线进行标识和记录，方便维护和检修 3.接线完成后进行电气测试，确保正常运行	不会接线或者接线错误不得分，出现安全隐患不得分，少接、漏接一处扣2分	

(续)

项目分类		考核内容	分值	工作要求	评分标准	教师评分
专业能力 90分	硬件接线	2. 接线工艺标准	10	低压电器元件安装布局合理；连接的所有导线必须压接接线头；连接的所有导线两端必须套上写有编号的号码管等	未安装号码管，压接接线头太少，露铜超2mm，工艺安装混乱等，每处扣2分	
	调试记录	1. 按照电路调试步骤依次调试	40	按照调试步骤进行调试，不得跳过步骤直接测量	根据步骤进行调试，少步骤或者步骤错误，每处扣5分	
		2. 按照测量步骤记录测量结果	10	程序运行结果正确，表述清楚，记录准确	对运行结果记录不清楚或错误扣5分	
职业素质能力 10分		1. 相互沟通、团结配合能力	5	善于沟通，积极参与，与组长、组员配合默契	根据自评、互评、教师点评而定	
		2. 清扫场地、整理工位	5	场地清扫干净，工具、桌椅摆放整齐	不合格，不得分	
合计						

6.6 故障及处理

自动涂装系统安装与调试项目常见故障及处理方法见表6-14。

表 6-14 自动涂装系统安装与调试项目常见故障及处理方法

分类	常见故障	处理方法
调试过程中常见故障及处理方法	混料搅拌机无法起动	1. 检查系统接线是否正确 2. 检查PLC对应输出是否正常 3. 检查热继电器是否过热保护
	喷涂泵运行不正常	1. 检查PLC程序 2. 调节变频器参数
	喷涂高度控制不精准	1. 校准PTO运动包络数据 2. 调节伺服驱动器参数
	工件旋转台旋转角度不对	1. 检查步进电动机驱动器配置 2. 检查程序脉冲配置
	排风扇无法高速运行	1. 调整电动机接线 2. 检查接触器情况 3. 检查PLC程序

6.7 问题与思考

1. 简述反应式步进电动机的工作原理。
2. 什么是伺服电动机？其基本特征是什么？
3. 为什么伺服系统要采用三环嵌套结构，可不可以采用双环结构？

6.8 技能测试

一、填空题

1. 在伺服控制系统中，使输出量能够以一定_____跟随输入量变换而变换的系统称为_____，亦称为伺服系统。
2. 伺服系统按调节理论可分为：_____、_____、_____。
3. 伺服系统按使用的驱动元件可分为：_____、_____、_____。
4. 伺服系统的基本控制模式有_____、_____、_____。
5. 伺服系统能够进行精确控制，主要是因为内部电路具有三环结构，这三环分别是_____、_____和_____。
6. 伺服系统中，当选用了位置控制模式也就表明要通过_____信号来控制伺服电动机的调速。调速是通过_____来控制转速的大小，通过_____来控制转动的角度。

二、判断题

1. 交流伺服电动机由于结构简单、成本低廉、无电刷磨损、维修方便，被认为是一种理想的伺服电动机。（   ）
2. 步进电动机主要用于开环控制系统，也可以用于闭环控制系统。（   ）
3. 交流伺服电动机除了电动机本体之外，常带有一个编码器来实现运行状态的检测。（   ）
4. 伺服系统的制动单元可以消耗制动过程中产生的能量，从而保证伺服电动机实现快速且安全的制动。（   ）
5. 伺服系统是闭环控制，步进电动机只能是开环控制。（   ）

三、选择题

1. 交、直流伺服电动机和普通交、直流电动机的（   ）。
   A. 工作原理及结构完全相同　　　　B. 工作原理相同，但结构不同
   C. 工作原理不同，但结构相同　　　D. 工作原理及结构完全不同
2. 以下哪一项不是对伺服系统的基本要求？（   ）
   A. 稳定性好　　　B. 精度高　　　C. 快速响应无超调　　D. 高速，转矩小
3. 关于伺服系统，下列描述正确的是（   ）。
   A. 伺服系统内部的闭环回路主要有电压环、电流环和转速环
   B. 伺服系统内部的闭环反馈可以是正反馈也可以是负反馈
   C. 伺服系统的几个常见的控制量可以同时实现实时控制
   D. 伺服系统内部的转矩环其实就是电流环，检测变量是电动机绕组中的电流
4. 伺服电动机和其他感应电动机相比，最显著的优点是什么？（   ）
   A. 服电动机体积小
   B. 伺服电动机具有大范围的恒转矩特点
   C. 伺服电动机是闭环控制
   D. 伺服电动机是一种特殊的异步电动机，与普通的异步电动机具有兼容性
5. 已知一台直流伺服电动机的电枢电压 U=110V，额定运行时电枢电流 I=0.4A，转速

$n=100r/min$,电枢电阻 $R=250\Omega$,则可求得 C_e 为（   ）。

A. 10   B. 1   C. 0.1   D. 0.01

四、简答题

1. ASD-B 系列交流伺服驱动器的 DI 端子有哪些，对应哪些参数？DO 端子有哪几个，对应哪些参数？

2. 伺服电动机在哪些情况下可能发生过热？请列举两个可能的原因。

五、作图题

1. 已知伺服电动机所带编码器的分辨率为 2500p/r（每圈脉冲数），四倍频，测量丝杠螺距为 2.2mm，伺服电动机与丝杠之间减速带的减速比为 1∶2.6，该伺服系统在位置控制模式下实现丝杠所带工作台的精确移位控制。

1）画出驱动器与 PLC 的接线图（所用端子编号及名称要标注清楚）；

2）说明这一控制需要设置哪些伺服参数。

2. 某机床工作台采用 ASD-B 系列伺服电动机驱动，其速度运行示意图如图 6-56 所示：

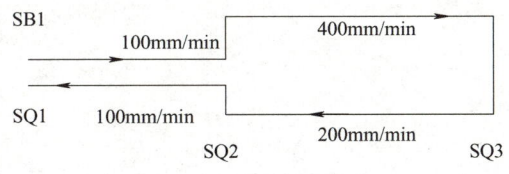

图 6-56 作图题 2 图

工作台在原位，当按下系统起动按钮 SB1 后，工作台将以 100mm/min 的速度慢速向前切入，当撞到行程开关 SQ2 后，工作台速度转为 400mm/min 加速前进，当撞到 SQ3 后以 200mm/min 的速度快速返回，当再次撞到 SQ2 后，工作台速度又降为 100mm/min，直至回到原位撞到原位行程开关 SQ1 后停止工作。

1）画出驱动器与 PLC 的接线图（所用端子编号及名称要标注清楚）；

2）说明这一控制需要设置哪些伺服参数。

参 考 文 献

[1] 郭艳萍. 交直流调速系统 [M]. 北京：人民邮电出版社，2019.
[2] 刘建华. 自动调速系统 [M]. 北京：机械工业出版社，2021.